冶金工业出版社

普通高等教育“十四五”规划教材

计算机在材料中的应用实验指导

（第2版）

主　编　白凌云　李文魁　向军淮

副主编　江龙发　张　豪

扫码输入刮刮卡密码
查看本书数字资源

北　京

冶　金　工　业　出　版　社

2024

内 容 提 要

本书共 19 个训练项目，涵盖了 Origin、Jade、ChemDraw、KingDraw、HSC Chemistry、Image Tool、正交试验助手、Nano Measurer 等材料学、材料化学分析过程中的实用软件，具体内容包括数据作图、拟合，XRD 数据对应的物相分析，分子结构（2D/3D）绘制，反应方程式书写，反应装置图绘制，化学信息查询，化学反应过程中吉布斯自由能变化的计算，反应产物的种类、分布等预测，图片对应物质的组织含量，孔隙率计算，化学反应最佳参数确定，图片中颗粒尺寸统计等。

本书可作为高等院校材料学、材料化学专业本科生和研究生的教材，也可作为材料领域科研人员和技术人员应用计算机解决理论和实际问题的参考书。

图书在版编目(CIP)数据

计算机在材料中的应用实验指导/白凌云，李文魁，向军淮主编．—2 版．—北京：冶金工业出版社，2024. 6. —（普通高等教育“十四五”规划教材）. —ISBN 978-7-5024-9902-0

Ⅰ. TB3-33

中国国家版本馆 CIP 数据核字第 2024MV1700 号

计算机在材料中的应用实验指导（第 2 版）

出版发行 冶金工业出版社　　**电　话**（010）64027926
地　址 北京市东城区嵩祝院北巷 39 号　　**邮　编** 100009
网　址 www. mip1953. com　　**电子信箱** service@ mip1953. com

责任编辑 杜婷婷　美术编辑 吕欣童　版式设计 郑小利
责任校对 梁江凤　责任印制 禹　蕊
北京富资园科技发展有限公司印刷
2016 年 5 月第 1 版，2024 年 6 月第 2 版，2024 年 6 月第 1 次印刷
787mm×1092mm　1/16；11. 5 印张；274 千字；169 页
定价 39. 00 元

投稿电话　(010)64027932　投稿信箱　tougao@cnmip. com. cn
营销中心电话　(010)64044283
冶金工业出版社天猫旗舰店　yjgycbs. tmall. com
（本书如有印装质量问题，本社营销中心负责退换）

第2版前言

随着科学技术的飞速发展，计算机技术已成为推动材料科学进步的重要力量。在材料科学领域，计算机的应用不仅提高了研究效率，还拓宽了研究视野，使得材料的设计、分析和模拟更加精确和高效。本书旨在深入探讨计算机技术在材料科学中的实际应用，以及这些技术如何帮助学生、研究人员及工程师解决实际问题。

本书在第1版的基础上做了如下优化：

（1）软件丰富多样化。为顺应实际需求，本书在第1版的基础上，添加了KingDraw、HSC Chemistry、Image Tool、正交试验助手等软件内容，丰富了软件种类，有助于提高读者运用计算机手段分析和解决问题的能力。

（2）引用数据自主化。本书替换了第1版中的部分图片，尤其在分析案例中，全部更换为编者所在研究团队获得的实验结果和图片，使结果的分析过程和教学过程更具真实性和针对性。

（3）跨学科视角。本书强调计算机科学、物理学、化学和工程学在材料科学中的交叉应用，以培养读者的跨学科思维。

（4）练习与实践。本书补充了练习题目，帮助读者将理论知识转化为实践技能。

（5）数字化资源。本书中涉及的软件操作过程，均已制作讲解视频，与书中内容同步，还包含了部分习题的讲解，读者扫描书中二维码即可查看，方便读者更直观、高效地学习软件的操作和使用方法。

本书共19个训练项目，涉及8个软件的安装、简介、具体操作及相关练习等，具体为Origin（包括8.0、9.0版本）、Jade 6.0、ChemDraw、

KingDraw、HSC Chemistry、Image Tool、正交试验助手、Nano Measurer。由于软件的升级较快，故本书多选用开源、基本功能能够满足实际需求的软件进行介绍。本书针对最基本的实用技能和常见问题进行讲解，对于提高读者的实际操作能力具有较强的指导作用。

本书由江西科技师范大学白凌云、李文魁、向军淮担任主编，南昌海关技术中心江龙发、江西科技师范大学张豪担任副主编，江西科技师范大学王军、杨千兰、张洪华、沈友良及冶金工业信息标准研究院刘栋栋参编。

本书在编写过程中，采纳了江西科技师范大学材料专业师生近年来在实验课程中提出的建议和意见，还参考了有关文献资料，在此一并表示感谢。

由于编者水平所限，书中不妥之处，敬请广大读者批评指正。

编　者

2024年4月

第1版前言

随着材料科学与计算机技术的不断发展，研究人员对于材料的研究及分析手段越来越多样化，数据的采集、处理和分析过程往往需要计算机辅助进行，相应地对学生掌握多种计算机软件的能力都提出了一定要求，材料研究相关的分析和计算，成为每一个材料类专业的学生都要掌握的一项实用专业技能，“计算机在材料中的应用”相关课程也由此而生。

但在实际教学过程中，大量的软件在课程中只需要进行浅显的介绍和基本应用训练，学生入门后可以结合自身学习、研究及工作需要进行深入的自学。所以“计算机在材料中的应用”课程缺乏一本合适的教材，目前市面上的教材通常理论性较强，内容较为繁杂，实际操作性差，而且知识点对于普通本科生偏难，令学生望而生畏，丧失学习兴趣。本书结合目前各高校材料类本科教学中常用的计算机软件，对其基础操作进行介绍，并结合实际的数据分析实例，锻炼学生的操作能力。

本书针对最基本的实用技能和常见问题进行讲解，对于提高材料类专业学生的实际动手能力具有较强的指导作用。同时，本书的数据、操作练习、参考答案、软件操作视频、拓展内容等资源，均可在课程的网站中下载，作为教材的有益补充。

本书在编写的过程中参考和采纳了江西科技师范大学材料专业学生近年来在实验课程中提出的建议和意见，还参考了大量的文献资料，如中南大学的黄继武老师撰写的《MDI Jade 使用手册》等。同时，编者也查看并参考了很多网络信息，如小木虫、丁香园等，在此一并表示感谢，但因无法知道确切的作者，如有问题，请联系编者，以便进行更正和修改。

本书由白凌云、李文魁、向军淮担任主编，参加编写的有江龙发、王军、杨干兰、张洪华、陈智琴、张淑芳。

本书配套的操作视频读者可从冶金工业出版社官网（http：//www.cnmip.com.cn）教学服务栏目中下载。

由于编者水平所限，书中不妥之处，敬请广大读者批评指正。

编　者

2015年12月28日

目　录

训练1 Origin软件操作（一）

——数据操作、图表处理

Origin视频讲解

Origin是美国Microcal公司推出的数据分析和绘图软件，其主要特点为使用简单，采用直观的、图形化的、面向对象的窗口菜单和工具栏操作，支持鼠标右键、支持拖拽方式绘图等。

数据分析包括数据的排序、调整、计算、统计、频谱变换、曲线拟合等多种完善的数学分析功能。Origin绘图则是基于模板的，操作简单，软件本身提供几十种二维和三维绘图模板，同时用户可以自己定制模板。

材料类专业学生在学习和科研中可能遇到的数据分析、作图等，主要为对试样制备过程、检测结果的数据进行分析、作图，因此在本软件的学习过程中，将对以上各项功能进行重点讲解。

1.1 学习目的和要求

通过该训练，学生能够对Origin软件有一个整体的认识，对其功能、操作界面等具有整体的把握和了解，掌握常用功能键的含义和作用。

本训练主要介绍数据的导入、排序、数列变换、规范化数据图处理以及选择区域作图等基本操作，这些是该软件的一些基本操作，也是最简单、最实用的操作，要求学生能够熟练掌握，为接下来的深入学习打下基础。

1.2 软件操作

1.2.1 数据排序

Origin可以做到单列、多列甚至整个工作表数据排序，命令为“sort...”。

（1）导入数据：File→Open...→选择数据，如图1-1和图1-2所示。

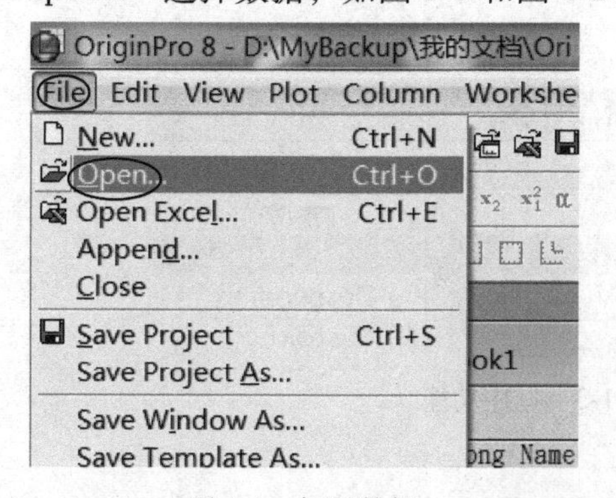

图1-1 打开数据

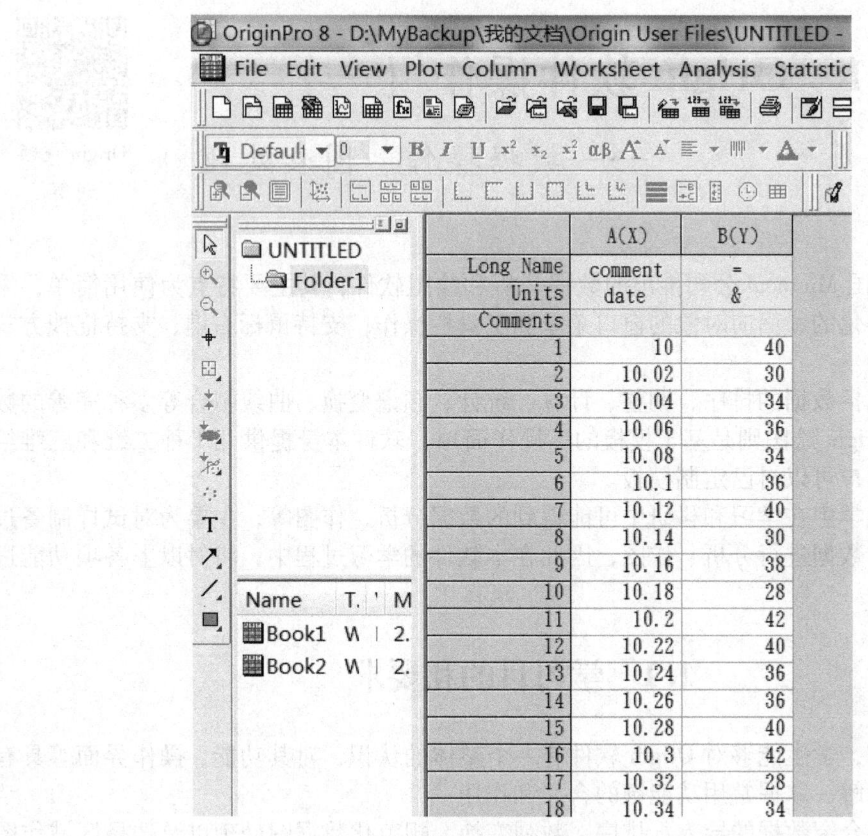

图 1-2　数据界面

（2）选中一列，选择“Worksheet”菜单：Worksheet→Sort Columns→Ascending（升序排列）/Descending（降序排列），如图 1-3 所示。

（3）完成一列的排序，如图 1-4 所示。

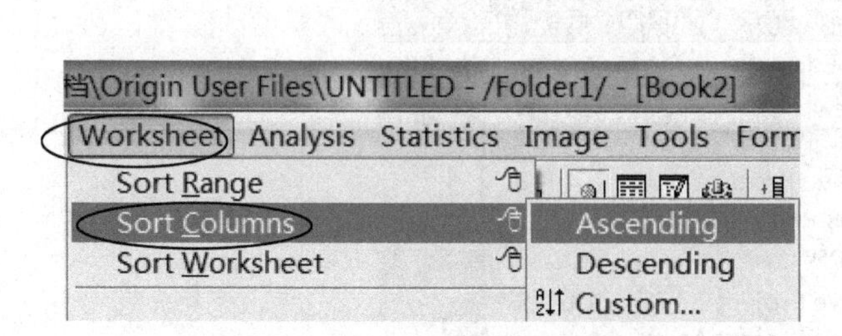

图 1-3　排序功能

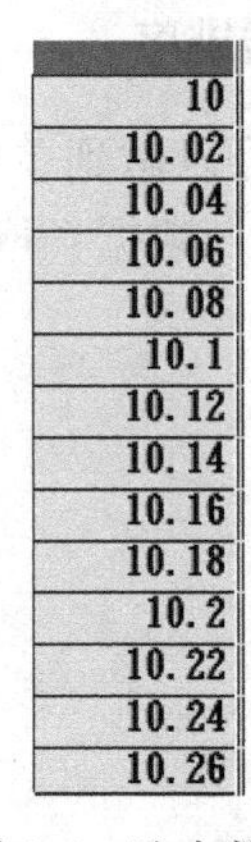

图 1-4　选中数列

（4）同样操作，练习降序排列。

（5）更为复杂的是整个工作表排序，鼠标移到工作表左上角的空白方格内，光标转变为斜向下的箭头时单击，选定整个工作表，再按需求排序，如图 1-5 和图 1-6 所示。

	A(X)	B(Y)
Long Name	comment	=
Units	date	&
Comments		
1	10	190
2	10.02	182
3	10.04	178
4	10.06	174

图 1-5　选中整个工作表

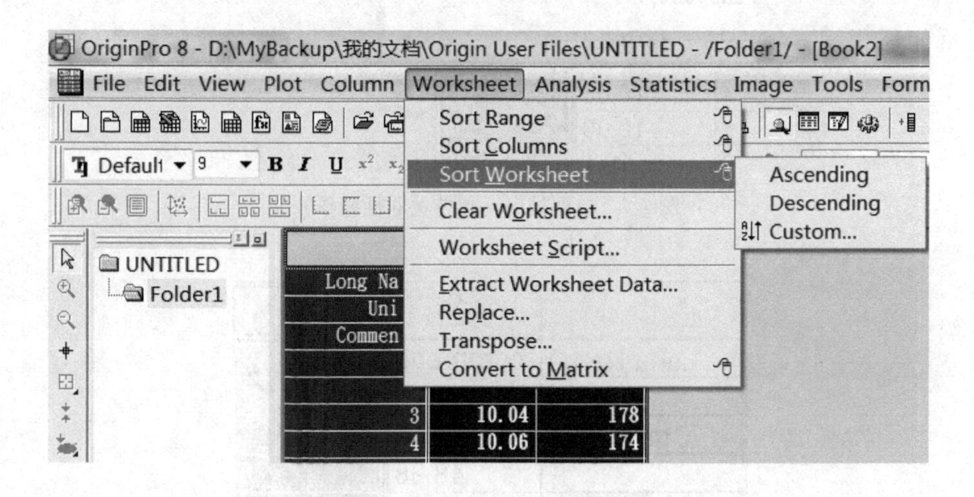

图 1-6　工作表排序功能键

注意：通常处理的为两组相关联数据，而整个工作表排序会打乱这种关联性，因此，在实际关联数据处理中不需要进行排序，否则会导致无效作图或分析，如 XRD、TG/DSC 数据作图、分析等。

若要对某一列排序，并且保证整个数据列表的数据关联性，可以进行如下操作。

（1）选中一列需要排序的数列，单击“Worksheet→Sort Worksheet→Ascending（升序排列）/Descending（降序排列）”，如图 1-7 所示。

（2）变换后的数据 X 与 Y 之间仍保持关联，并且将选中数列排序，如图 1-8 所示。

1.2.2　变换数列

变换数列也是一种常见操作，即生成一组新数列，与已知数列有某种换算关系。该操作在多条曲线需要在一张图上出现时，会起到区分各曲线的作用。同时，使用公式编辑出的新数据，会得到需要的新曲线。

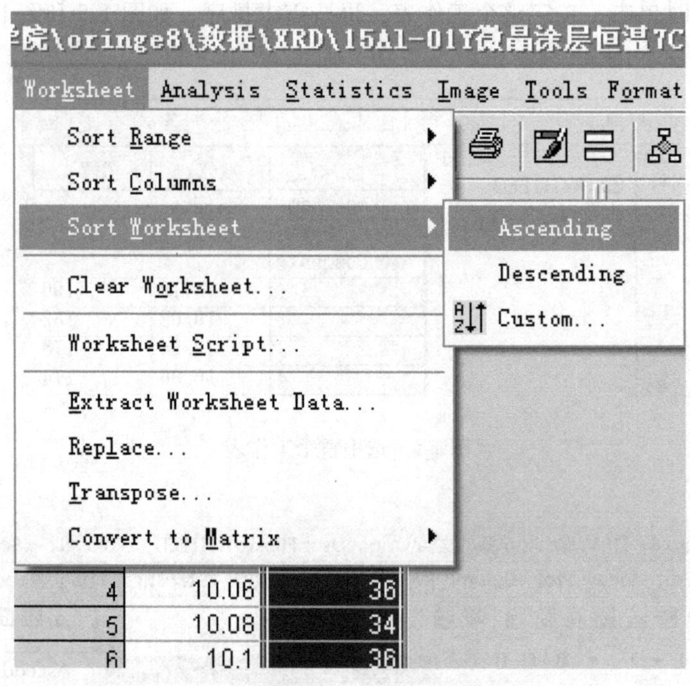

图 1-7　单列排序（保持关联性操作）

	A(X)	B(Y)
Long Name	comment	=
Units	date	&
Comments		
1	48.98	6
2	50.76	8
3	53.52	8
4	59.38	8
5	54.7	8
6	75.6	8
7	71.68	8
8	53.92	10

图 1-8　单列排序后结果

（1）导入数据，然后单击“Add New Columns”，加入新列，如图 1-9 和图 1-10 所示。

（2）选择“C(Y)”列，右键单击，选择“Set Column Values”，出现对话框，如图 1-11 所示。

（3）设置 C 列数值：例如方框中输入“Col(B)+200”，即设置 C 列数据为 B 列数值加 200 得到，单击“OK”，得到 C 列数据，如图 1-12 所示。

Add New

	A(X)	B(Y)
Long Name	comment	=
Units	date	&
Comments		
1	10	40
2	10.02	30
3	10.04	34
4	10.06	36
5	10.08	34

图 1-9　加入新列功能键

	A(X)	B(Y)	C(Y)
Long Name	comment	=	
Units	date	&	
Comments			
1	10	40	
2	10.02	30	
3	10.04	34	
4	10.06	36	
5	10.08	34	

图 1-10　加入新列效果

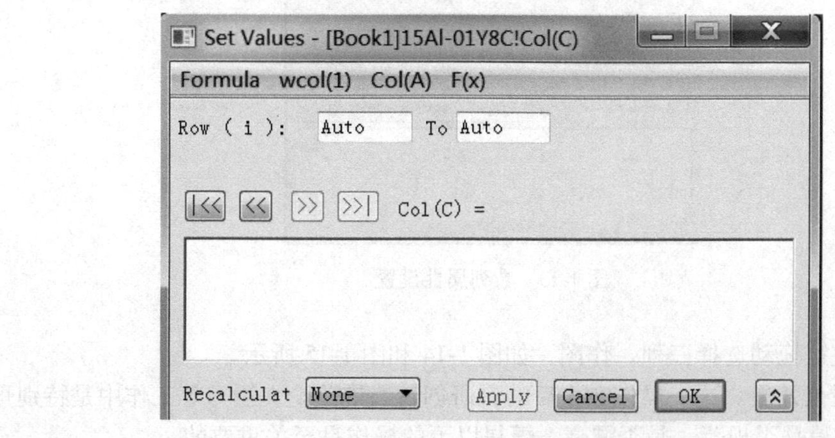

图 1-11　设置数列值

	A(X)	B(Y)	C(Y)
Long Name	comment	=	
Units	date	&	
Comments			
1	10	40	240
2	10.02	30	230
3	10.04	34	234
4	10.06	36	236
5	10.08	34	234
6	10.1	36	236
7	10.12	40	240
8	10.14	30	230

图1-12　新数列数据生成

（4）双击C列或者点右键选择“Properties”，这里可以设置列的属性，如图1-13所示。

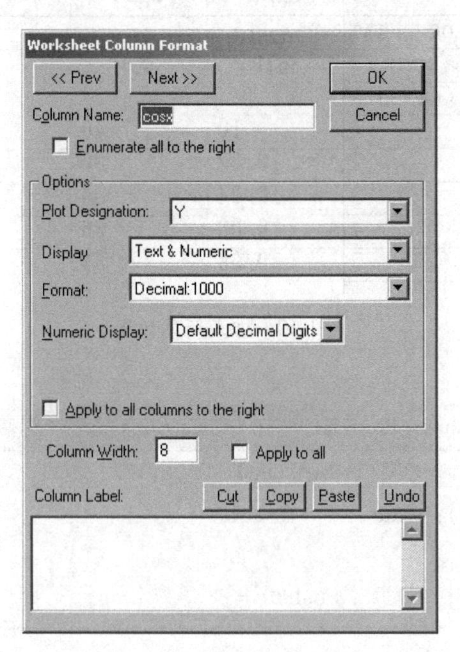

图1-13　数列属性设置

（5）鼠标左键拖动选择三列，作图，如图1-14和图1-15所示。

（6）图片规范处理。这一操作在今后的科研创新、毕业论文撰写等工作中是特别重要的，一张图片做得是否规范，是否漂亮，懂得以下的操作是至关重要的。

1）双击图片刻度线数据位置，出现如图1-16所示的对话框。

“Scale”为数据范围，选择恰当的数据范围作图，对于大部分的XRD数据，通常横坐

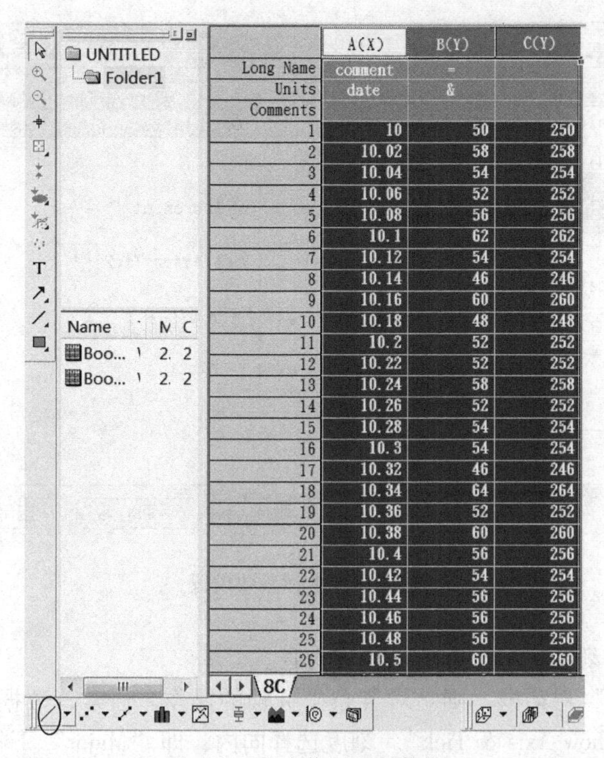

	A(X)	B(Y)	C(Y)
Long Name	comment	=	
Units	date	&	
Comments			
1	10	50	250
2	10.02	58	258
3	10.04	54	254
4	10.06	52	252
5	10.08	56	256
6	10.1	62	262
7	10.12	54	254
8	10.14	46	246
9	10.16	60	260
10	10.18	48	248
11	10.2	52	252
12	10.22	52	252
13	10.24	58	258
14	10.26	52	252
15	10.28	54	254
16	10.3	54	254
17	10.32	46	246
18	10.34	64	264
19	10.36	52	252
20	10.38	60	260
21	10.4	56	256
22	10.42	54	254
23	10.44	56	256
24	10.46	56	256
25	10.48	56	256
26	10.5	60	260

图 1-14 选中作图所需数据

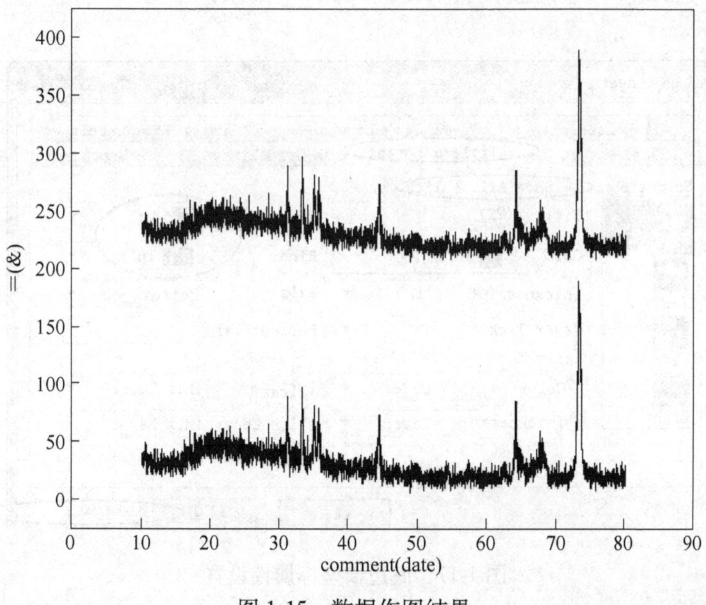

图 1-15 数据作图结果

标“Horizontal”的范围是20~80，纵坐标“Vertical”则视实际曲线范围而定，曲线的最高部分离图片的上边缘距离要恰当，曲线的上部留白空间，通常要加入各种标注。

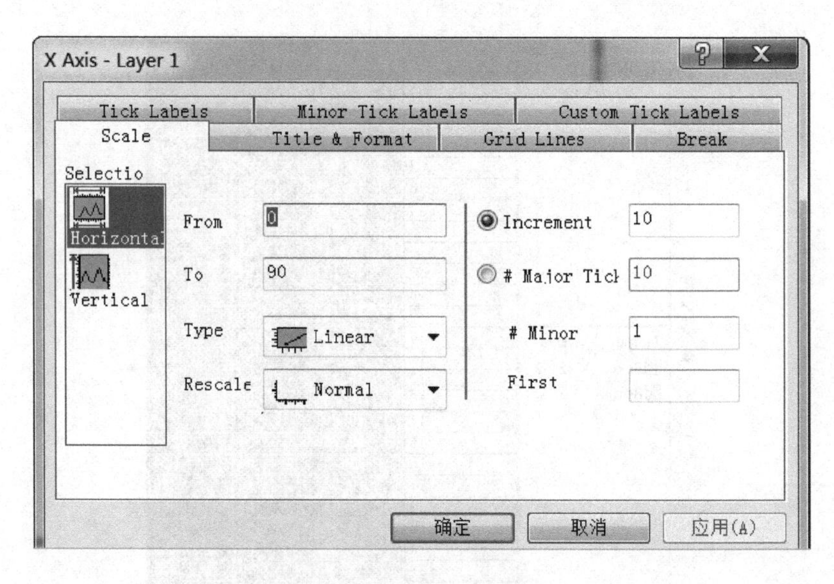

图 1-16　坐标参数设置

“Increment” 为最小刻度，一般以视觉舒适为宜。

“Title & Format” 对话框，则是对各条坐标轴的操作。通常，数据图四周要封闭，即每一条都要勾选“Show Axis & Tick”。刻度选择向内，即“Major” 下拉中选择“In”，对于顶部和右侧的边线，则不需要出现刻度，因此，“Major” 选择“None” 选项。每一次操作，均可单击“应用（A）”，查看效果图，如图 1-17 所示。

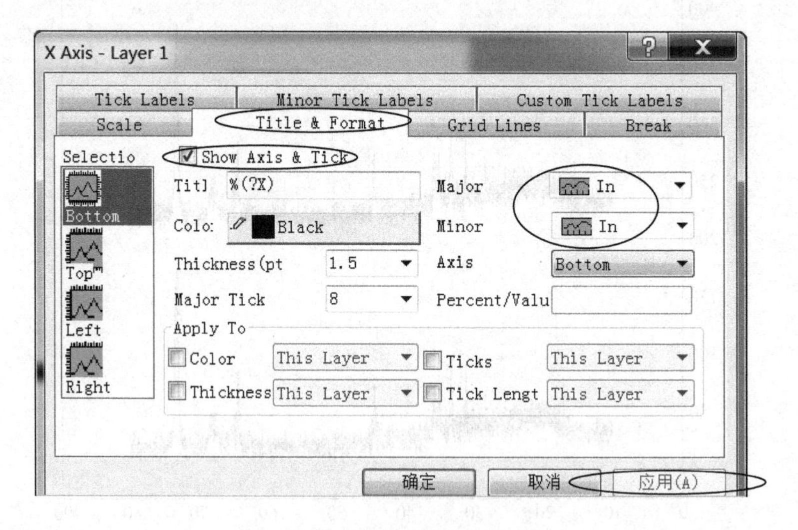

图 1-17　底边横坐标属性设置

2）修改坐标轴的名称，标明单位，如图 1-18 所示。坐标轴的名称和单位可以在图 1-17 中的“Title & Format” 选框中进行填写，也可双击图片中的坐标名称进行修改。

3）曲线颜色调整。对话框的“Group” 选项，选择“Independent”，如图1-19 所示。

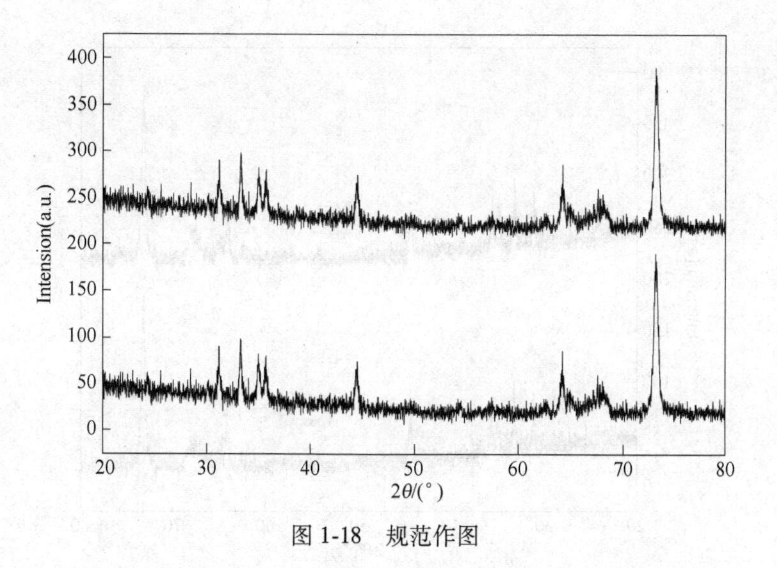

图 1-18 规范作图

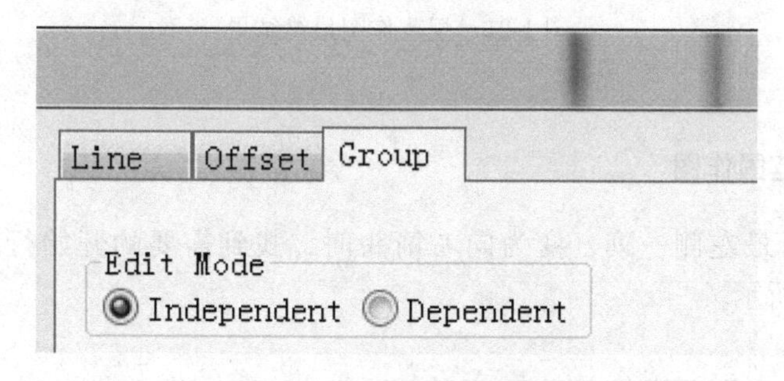

图 1-19 编辑模式修改

4）选择“Line”，在“Color”中可以更改曲线的颜色，如图 1-20 所示。最终，得到效果如图 1-21 所示。

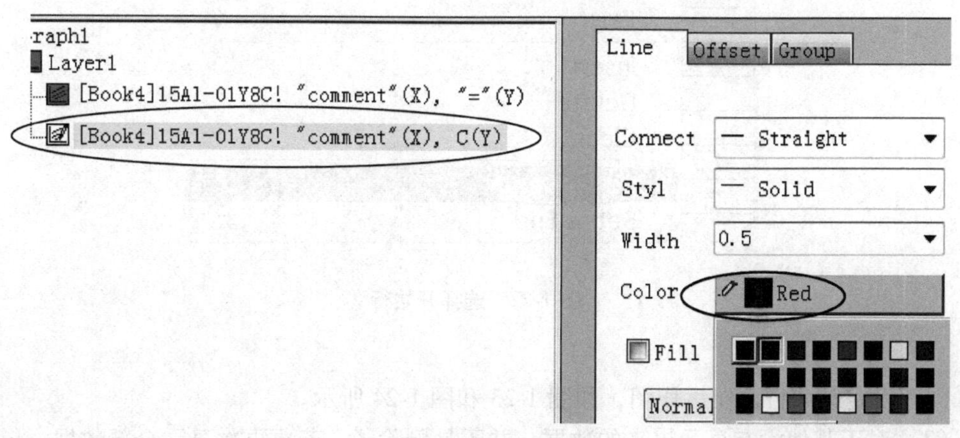

图 1-20 编辑线条颜色

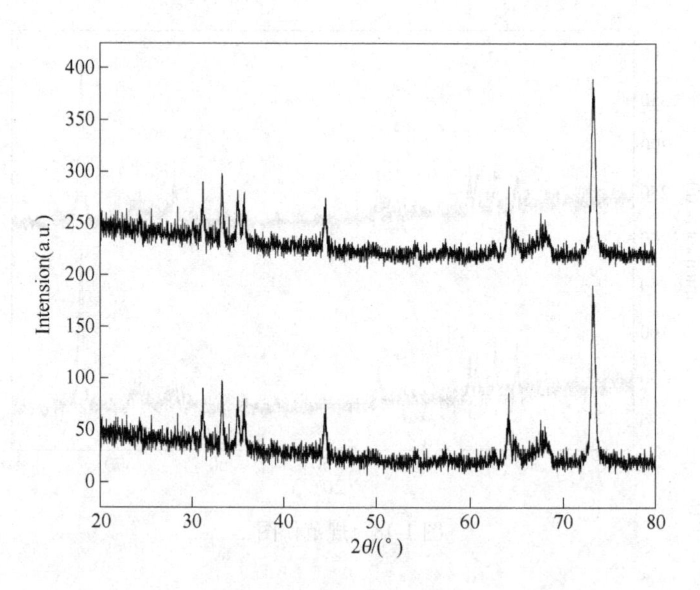

图 1-21　规范作图最终结果

1.2.3　选择数据范围作图

（1）鼠标置于最左侧一列，变为向右箭头时，找到需要的开始行，点右键→Set as Begin，如图 1-22 所示。

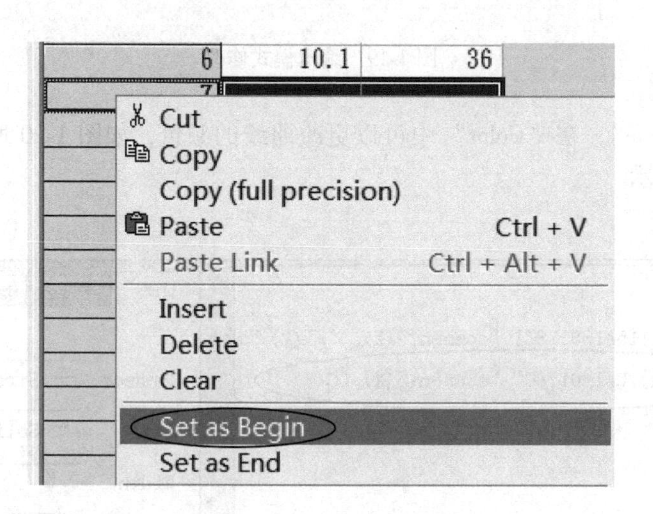

图 1-22　选择开始行

同理设定结束行，然后作图，如图 1-23 和图 1-24 所示。

（2）对于其他没有显示出来的数据，并不是删除了，若要再次显示全部数据，鼠标左键拖拽，选中两列，依次选择“Edit→Reset to Full Range”，如图 1-25 所示。

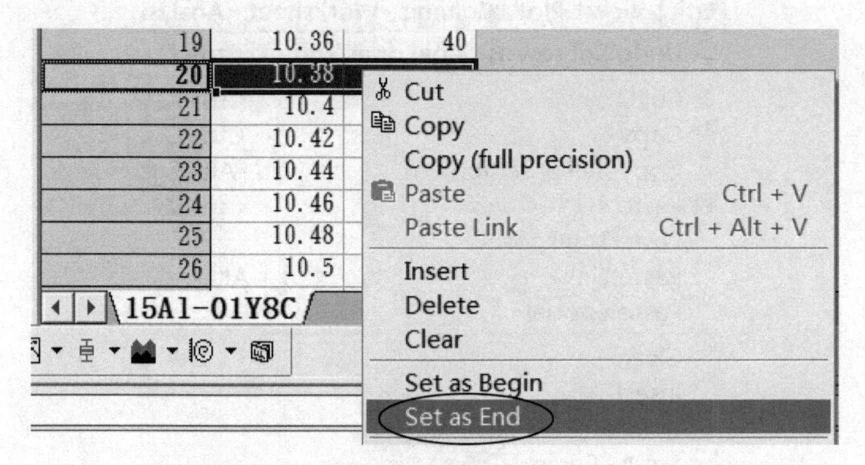

图 1-23 选择结束行

	A(X)	B(Y)
Long Name	comment	=
Units	date	&
Comments		
1		
2		
3		
4		
5		
6	10.1	36
7	10.12	40
8	10.14	30
9	10.16	38
10	10.18	28
11	10.2	42
12	10.22	40
13	10.24	36
14	10.26	36
15	10.28	40
16	10.3	42
17	10.32	28
18	10.34	34
19	10.36	40
20	10.38	42
21		

图 1-24 作图范围选中

Edit View Plot Column Worksheet Analysi
Undo Set row as begin or as end Ctrl+Z
Cut Ctrl+X
Copy Ctrl+C
Copy (full precision) Ctrl+Alt+C
Paste Ctrl+V
Paste Transpose
Paste Link Ctrl + Alt + V
Paste Special
Clear Del
Insert
Delete
Set As Begin
Set As End
Reset to Full Range
Find...

图 1-25 恢复显示全部数据

1.2.4 练习

Origin 练习讲解

请选择一组数据，使用 Origin 软件绘制一张经该组数据变换所得两组数据的标准图片，去除颜色。

训练 2　Origin 软件操作（二）

Origin 视频讲解

——多层图形绘制、曲线编辑、符号标注

2.1　学习目的和要求

绘制多层图是进行多组数据比较时较实用的做法，该法作图简单，图片美观整齐。掌握此操作，在学术论文撰写过程中将有很大帮助。

曲线的水平和垂直移动，可将一张图中的两条或多条曲线区分开，从而开展更加直观的数据比较和分析研究。

曲线平滑操作常用于处理背底明显或干扰数据较多的曲线，如直接由 XRD 数据所获得的曲线，具有很厚的背底，如果直接进行作图，不但图片不够美观，而且有可能影响到衍射峰的分辨和分析过程。进行曲线平滑操作，其实质是将曲线中的多个数据点按照一定的运算要求，转化为一个点，从而使曲线简化，视觉表现则更加平滑。

精确读取曲线上某个点的具体数据值、去除曲线坏点，以及提取曲线上更多的数据点等操作有时在工作中是必需的。该操作有助于研究人员对数据的整体及个别数据的准确把握，有利于结果的深入分析和曲线的整体编辑。

通过本训练，要求掌握 Origin 软件绘制多层图形、曲线水平和垂直移动、曲线平滑、曲线数据读取以及曲线中文字和特殊符号标注等操作。

2.2　软 件 操 作

2.2.1　绘制多层图形

图层是 Origin 中一个很重要的概念，一个绘图窗口中可以有多个图层，从而可以方便地创建和管理多个曲线或图形对象。

Origin 自带几个多图层模板。这些模板允许用户在取得数据以后，只需单击工具栏上相应的命令按钮 ，就可以在一个绘图窗口把数据绘制为多层图。

Name	T	M.
Book1	W	2..
Book2	W	2..
Book3	W	2..

图 2-1　导入数据

（1）打开两组数据，导入“Origin”，如图 2-1 所示。

（2）将两组数据复制进一个表格 Book1 中，如图 2-2 所示。

（3）右键单击“C(Y)”，将“C(Y)”设置为“X”轴，如图 2-3 所示。

	A(X)	B(Y)	C(Y)	D(Y)
Long Name	comment	=	comment	=
Units	date	&	date	&
Comments				
1	10	40	10	34
2	10.02	30	10.02	26
3	10.04	34	10.04	42
4	10.06	36	10.06	40
5	10.08	34	10.08	32
6	10.1	36	10.1	34
7	10.12	40	10.12	36
8	10.14	30	10.14	34
9	10.16	38	10.16	40
10	10.18	28	10.18	32

图 2-2　合并数据

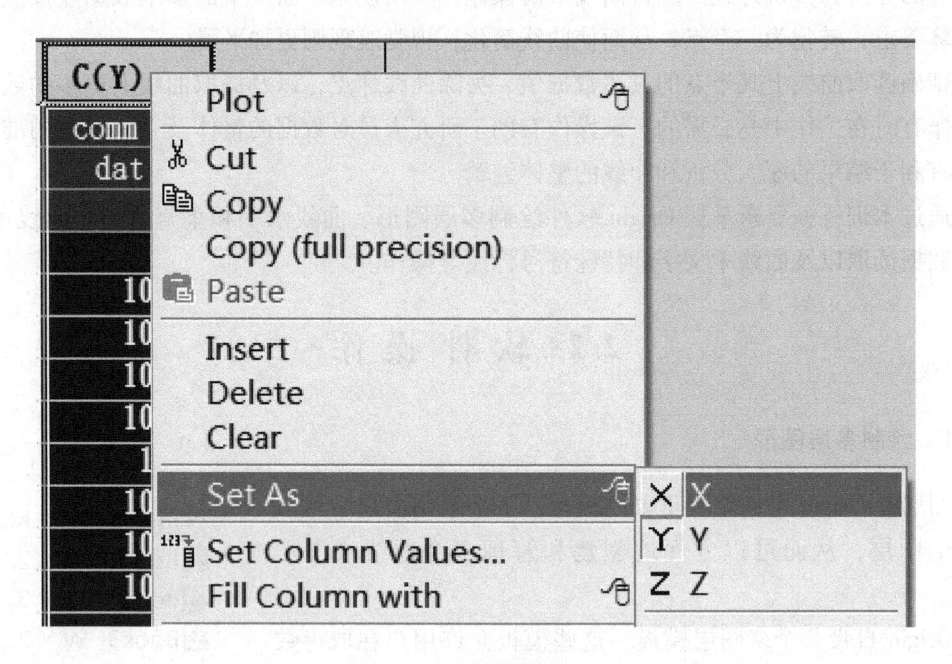

图 2-3　修改数列属性

（4）两组数据使用普通模式作图，即两条曲线在一个图中，如图 2-4 所示。

（5）选择多层图形模式，在下拉菜单中选择不同模式作图，如图 2-5 所示。不同模板结果如图 2-6 所示。

（6）导入更多数据，演示双 Y、9 Panel 等模板。

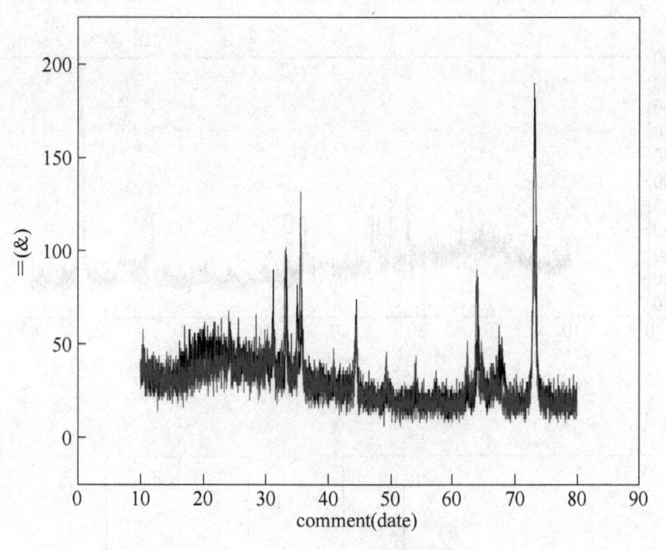

图 2-4　普通模式作图效果

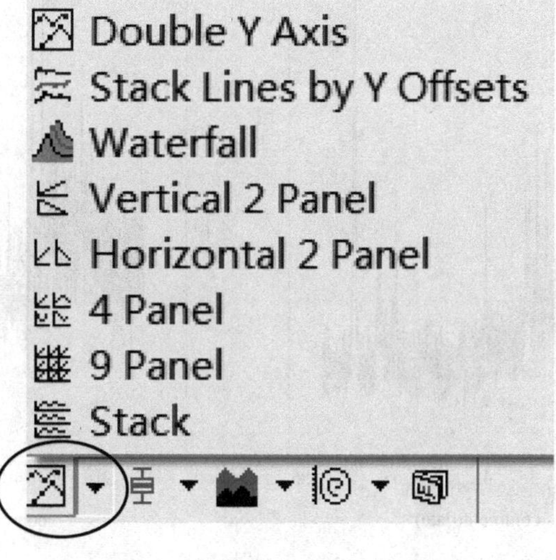

图 2-5　多层图形作图模式选择

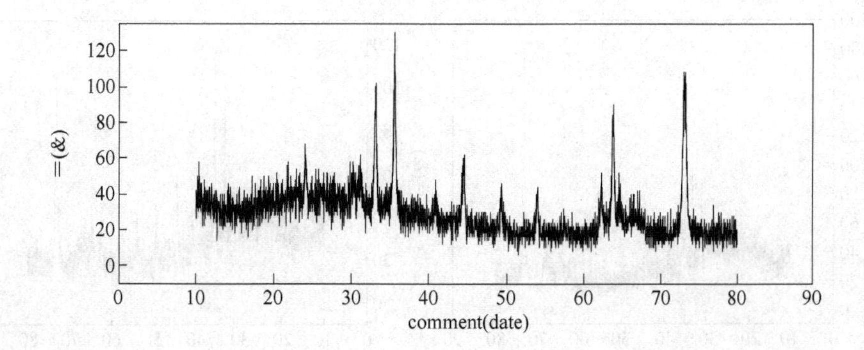

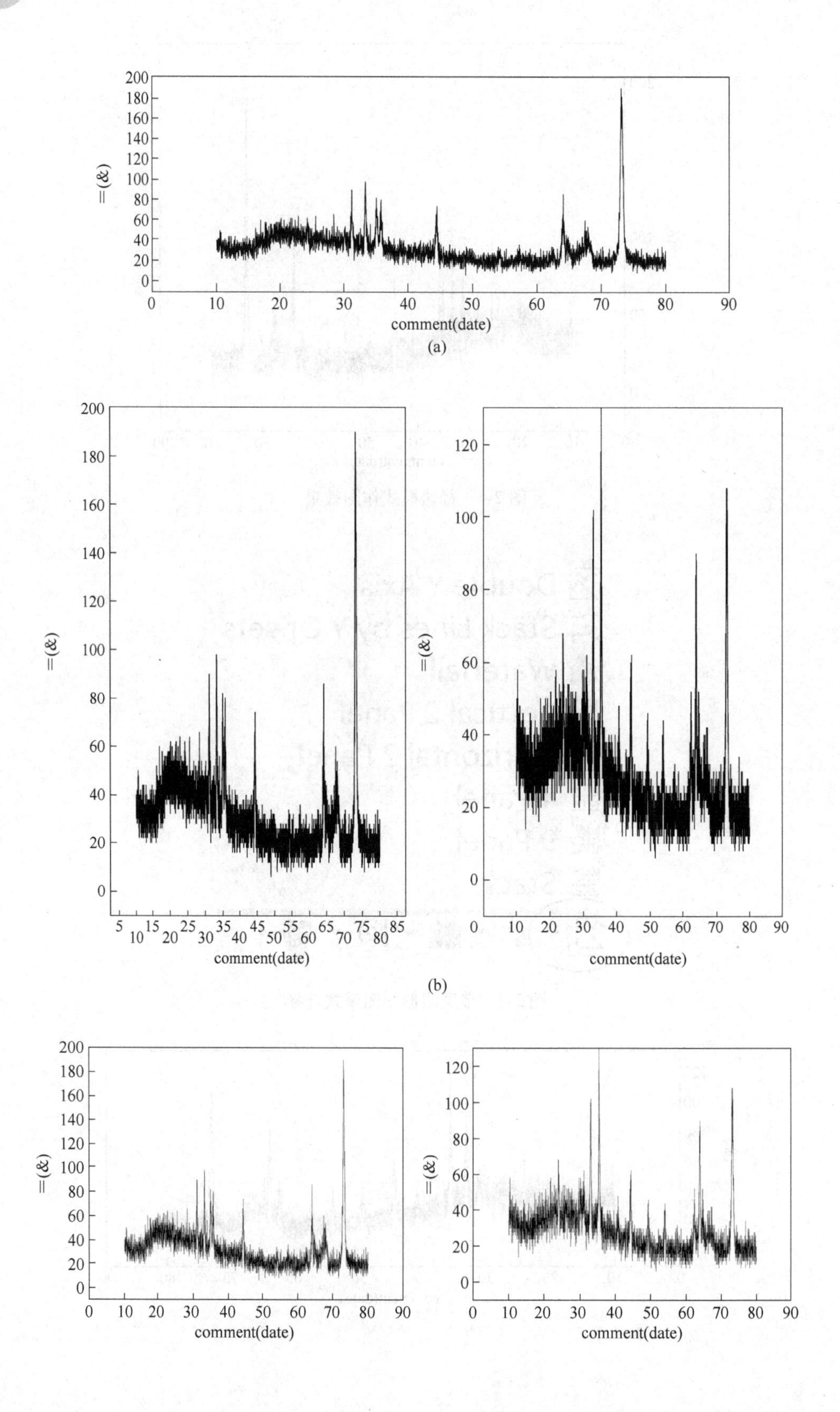
200
180
160
140
120
100
80
60
40
20
0
=(&)
0 10 20 30 40 50 60 70 80 90
comment(date)
5 10 15 20 25 30 35 40 45 50 55 60 65 70 75 80 85

(a)

(b)

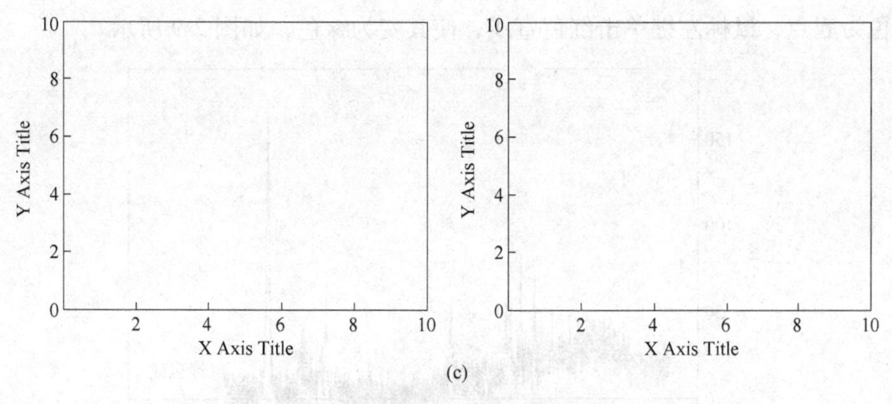

(c)

图 2-6　不同模板的多层图样式

(a) Vertical 2 Panel；(b) Horizontal 2 Panel；(c) 4 Panel

2.2.2　曲线水平和垂直移动

垂直移动是指选定的数据曲线沿 Y 轴垂直移动，步骤如下：

(1) 导入数据，做出曲线，左键单击曲线上任一点，激活曲线，选择“Analysis→Data Manipulation→Translate→Vertical Translate”，如图 2-7 所示。

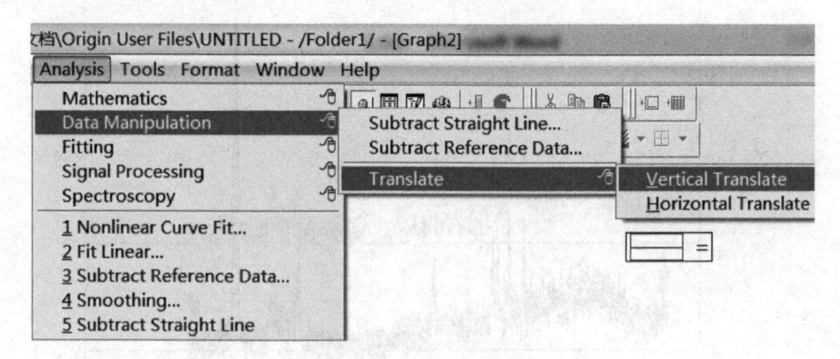

图 2-7　曲线移动操作

(2) 设置起点和终点，曲线自行调整，如图 2-8 所示。

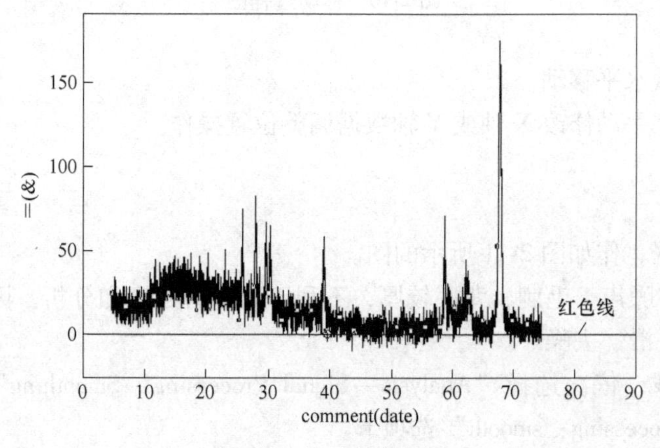

图 2-8　移动起点标记

红色为起点，鼠标左键单击红色直线，使其变为绿色，如图 2-9 所示。

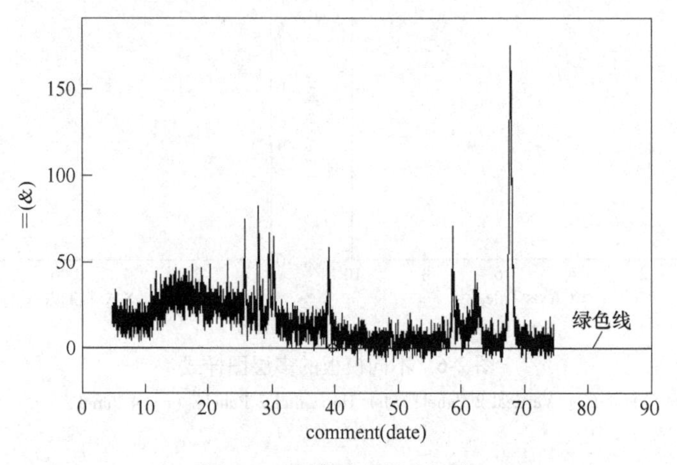

图 2-9　曲线可以移动标线

光标变为十字形时即可拖动曲线，移至合适位置，如图 2-10 所示。

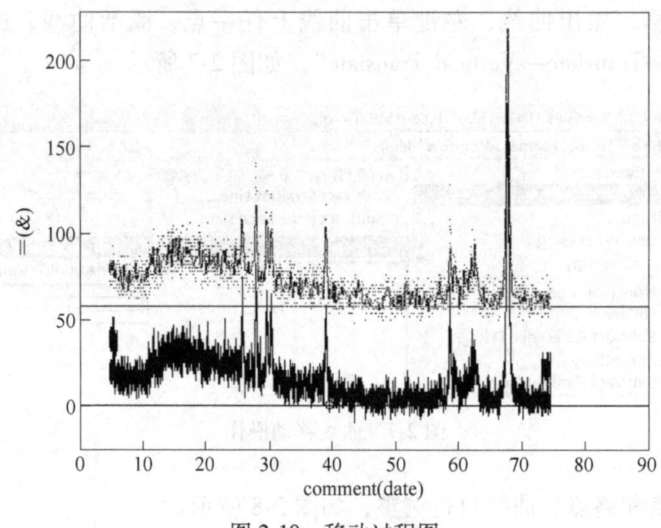

图 2-10　移动过程图

（3）同理，做水平移动。

（4）自行尝试手动修改 X 轴或 Y 轴数据调整位置操作。

2.2.3　曲线平滑

（1）导入数据，作如图 2-11 所示的图。

曲线存在许多噪声、毛刺，背底较厚，不利于数据的处理和分析。因此，需要有针对性地进行曲线的平滑、去噪。

（2）激活曲线，依次选择“Analysis→Signal Processing→Smoothing”，得到如图 2-12 所示的“Signal Processing：smooth”选项卡。

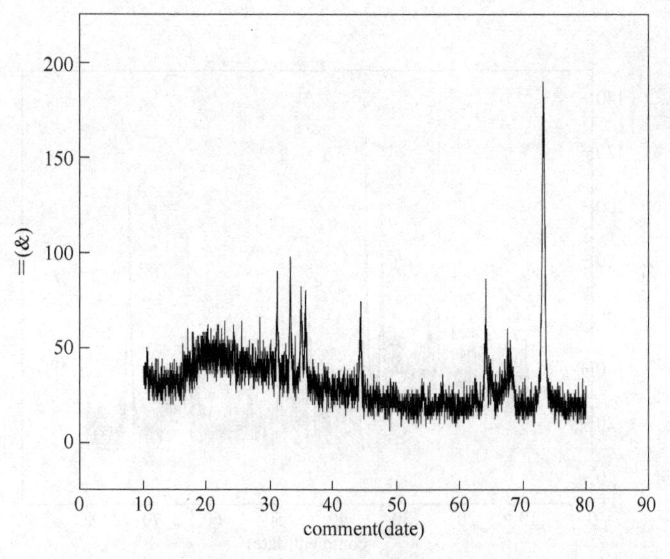

图 2-11　数据作图

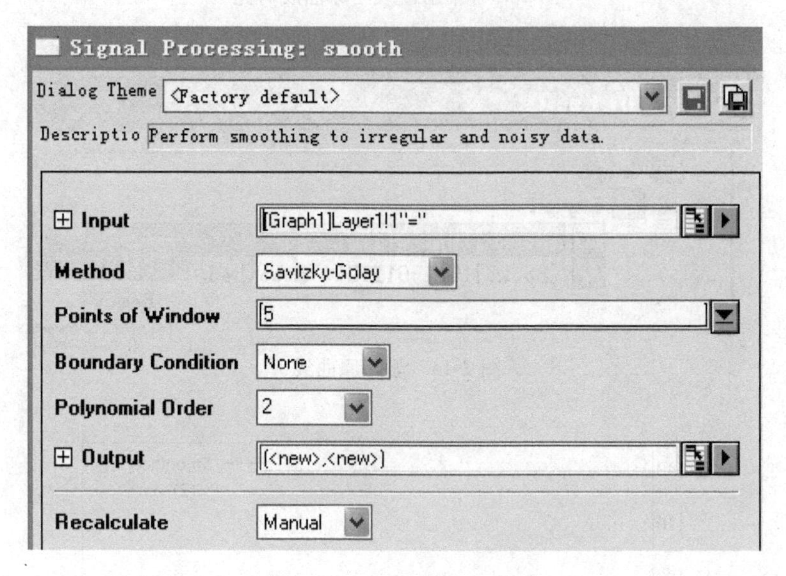

图 2-12　曲线平滑设置

（3）选项卡中，把“Points of Window”的个数默认为 5，代表按照上一行的“Method”运算方法，将曲线中的 5 个数据点计算为 1 个数据点。该数据越大，新曲线中的数据越少，曲线越平滑，但其失真也越大。因此要根据实际情况对曲线进行平滑，不可过度。本训练中选择将 5 改为 50，即原曲线中的 50 个点转化为平滑曲线中的 1 个点。“Polynomial Order”的阶由 2 改成 1，单击“OK”，得到如图 2-13 黑色曲线所示的新图形。具体的参数可以根据需要来选择。

（4）双击曲线，在对话框中删除原曲线（见图 2-14），得到平滑过的曲线如图 2-15 所示。

（5）查看平滑曲线对应的数据。注意：“Smooth”选项卡中，“Method”中包括“Adjacent-Averaging、Savitzky-Golay、Percentile Filter、FFT Filter”。“Adjacent-Averaging”

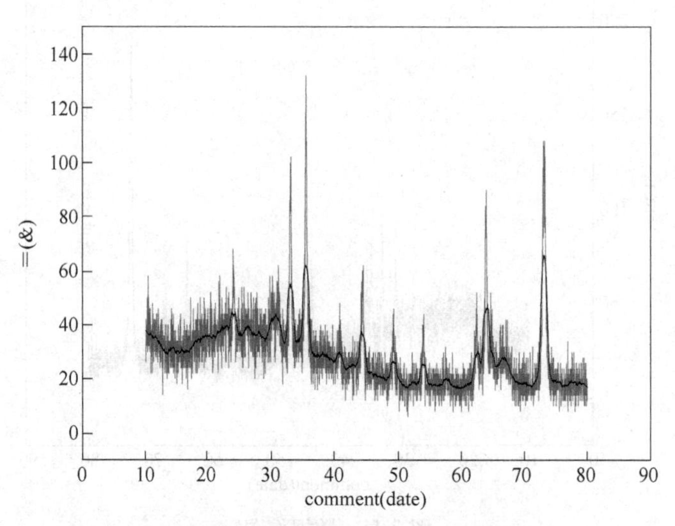

图 2-13 平滑曲线与原曲线对比

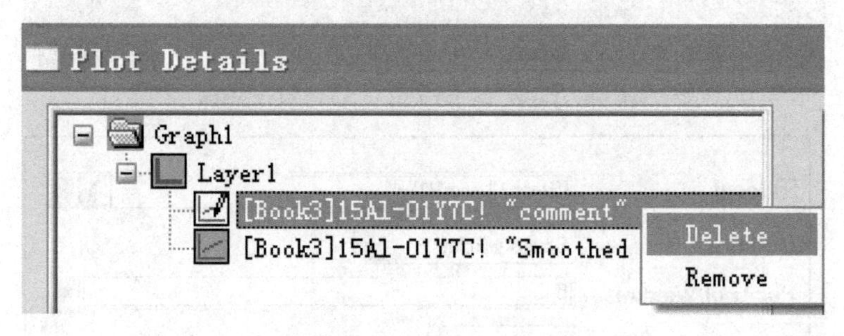

图 2-14 删除原曲线

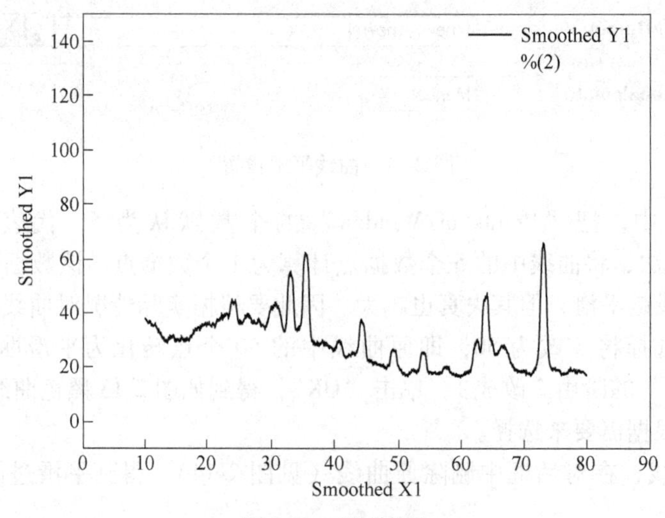

图 2-15 平滑曲线

为对相邻几个数据计算算术平均值；“Savitzky-Golay”为对局部数据进行多项式回归，能有效保留数据的原始特征，建议首选；“Percentile Filter”是对局部数据计算一个指定的分位值，将原始数据替换为这个分位值，适合与具有脉冲特性的信号平滑；“FFT Filter”则是基于快速傅里叶变换的低通滤波算法，通过滤除掉高频信号来实现曲线的平滑。

2.2.4 图形窗口上数据和坐标的读取

图形窗口上数据和坐标的读取操作只需掌握相应的功能按钮即可，具体如图 2-16 所示。

屏幕读取工具
数据读取工具
数据选择工具

图 2-16 数据读取功能键

2.2.5 绘制曲线、生成数据

（1）创建一个空白文档，做出空白曲线，如图 2-17 所示。

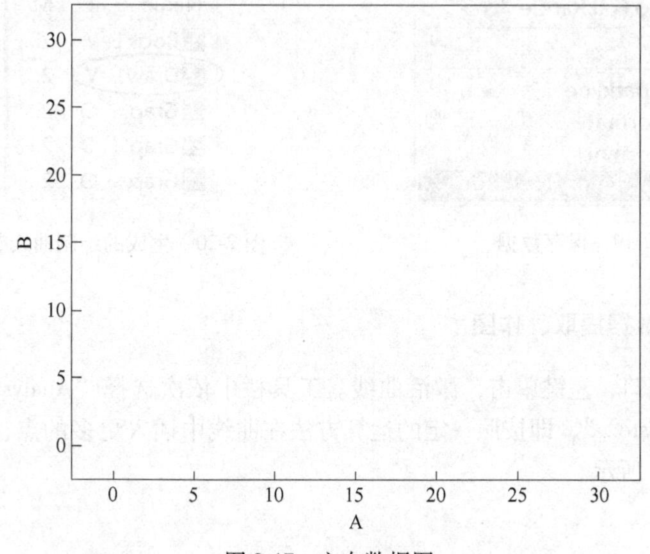

图 2-17 空白数据图

（2）选择左侧 Draw Data “Draw Data” 工具，在曲线空白处双击，获得多个点连接的曲线，如图 2-18 所示。

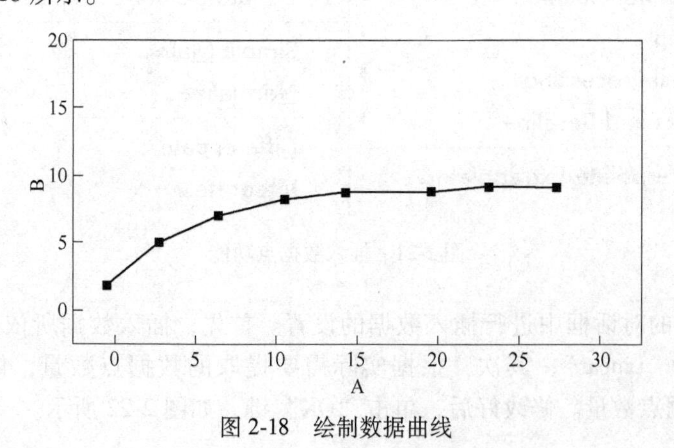

图 2-18 绘制数据曲线

（3）鼠标右击选中曲线，选择操作“Save Format as Theme...”，如图 2-19 所示。

（4）左侧已生成数据“Draw1”，如图 2-20 所示。

图 2-19　保存数据

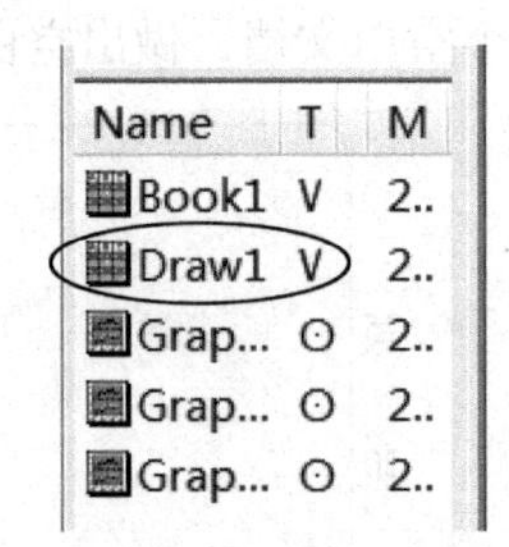

图 2-20　生成的绘制曲线数据

2.2.6　曲线更多数据提取、作图

（1）在曲线窗口，左键单击，激活曲线。工具栏中依次选择“Analysis→Mathematics→Interpolate/Extrapolate...”，即按照一定的运算方法在曲线中插入更多的点，这些点仍旧位于曲线上，如图 2-21 所示。

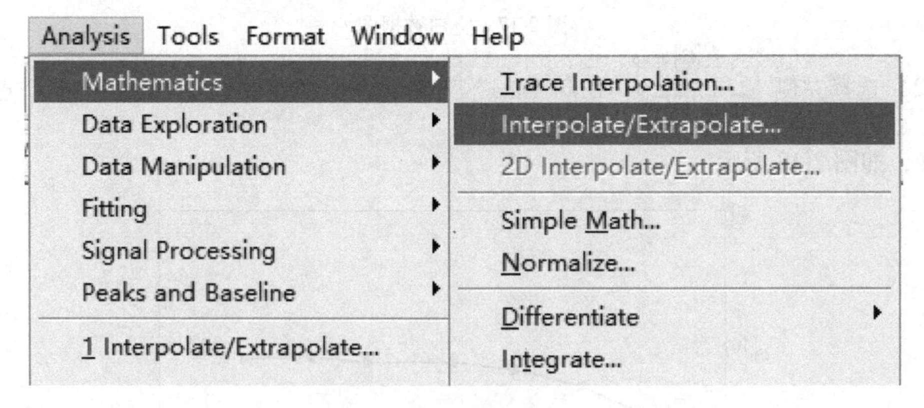

图 2-21　插入数据点功能

（2）在弹出的对话框中进行插入数据的设置。首先，插入数据所依据的数学运算方法，默认为线性“Linear”；其次，根据实际需要提取的数据点数量，修改“Number of Points”中的数据点数量。修改好后，单击“OK”键，如图 2-22 所示。

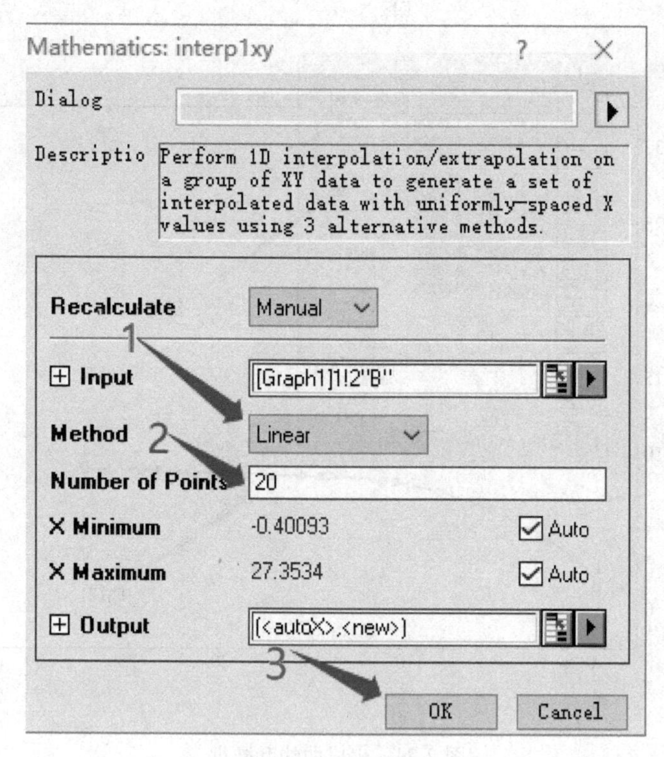

图 2-22　插入数据点设置

（3）在曲线窗口，可见一条新生成的曲线。依次对曲线的线型、符号等进行设置，如图 2-23 所示。

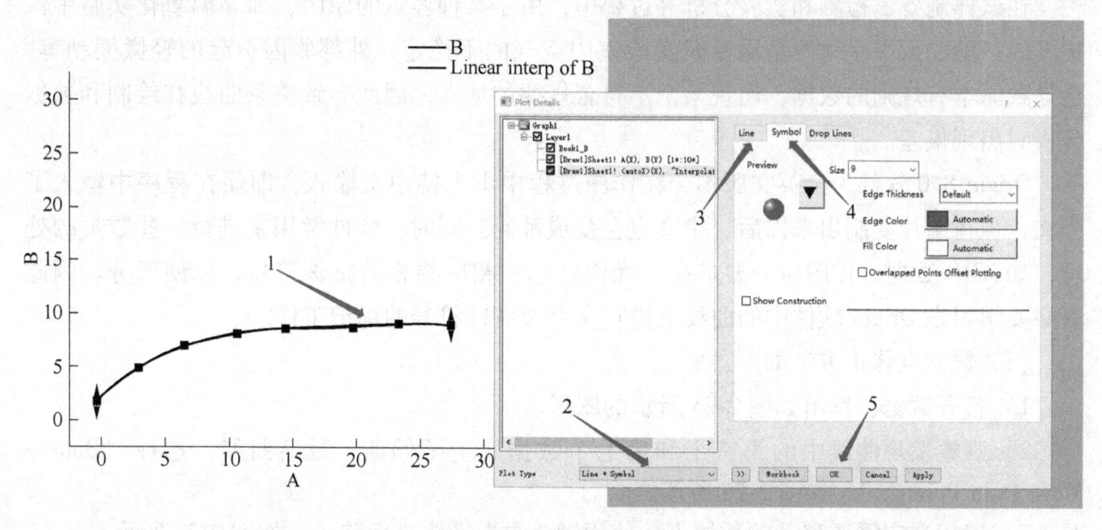

图 2-23　生成曲线设置

最终，可获得一条包含了 20 个数据点、与原曲线重合的新曲线，同时生成新曲线对应的数据，如图 2-24 所示。

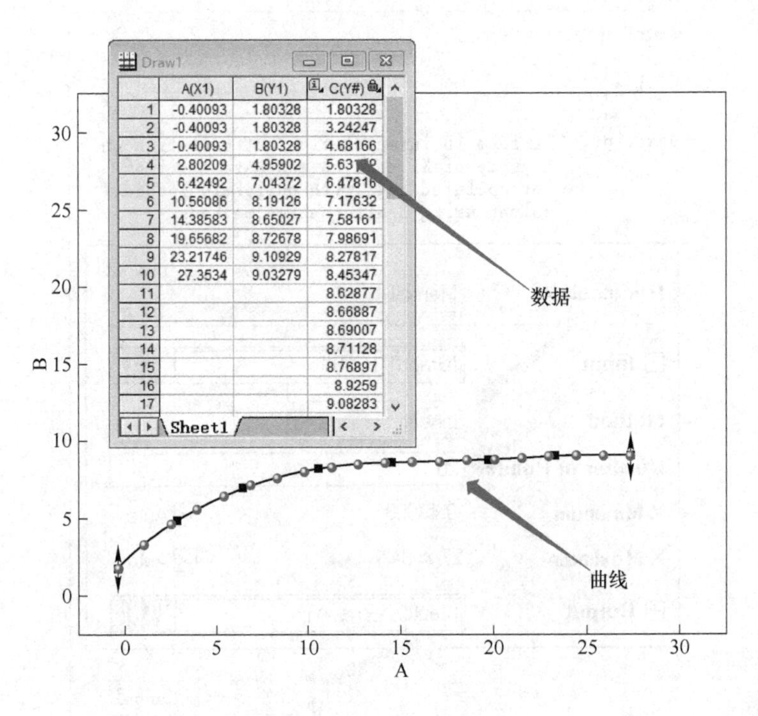
Draw1

	A(X1)	B(Y1)	C(Y#)
1	-0.40093	1.80328	1.80328
2	-0.40093	1.80328	3.24247
3	-0.40093	1.80328	4.68166
4	2.80209	4.95902	5.63
5	6.42492	7.04372	6.47816
6	10.56086	8.19126	7.17632
7	14.38583	8.65027	7.58161
8	19.65682	8.72678	7.98691
9	23.21746	9.10929	8.27817
10	27.3534	9.03279	8.45347
11			8.62877
12			8.66887
13			8.69007
14			8.71128
15			8.76897
16			8.9259
17			9.08283

图 2-24　生成曲线和数据

Origin 视频讲解

2.2.7　坏点去除、文字及特殊符号标记

在试样制备、检测和实验分析等过程中，由于某种客观的原因，如高温氧化实验中保护气的抖动、天平手动测量质量时实验室中空气的不稳定、外部原因引起的轻微振动等，会导致原本有规则的数据，出现某个不符合规律的坏点，因此导致整条曲线在绘制和数据分析时出现偏差。

Origin 8.0 软件为全英文版本，在作图过程中不支持中文输入，即便在程序中输入了中文，当将图片复制出来以后，中文也会变成乱码。同时，软件常用来进行一些数据的处理，如 XRD 数据，作图后，要求在各峰值处标注相应物相的特殊符号，以便区分。因此有必要学习在 Origin 软件中的曲线上进行文字及特殊符号的标记工作。

（1）数据点修正方法如下：

1）打开数据，作出如图 2-25 所示的图形。

2）观察发现曲线中的第三个和第七个数据发生了偏离。激活曲线，选择“Data→Move Data Points...”，如图 2-26 所示。

3）鼠标选定需要移动的数据点，使用键盘方向箭头进行移动，如图 2-27 所示。

4）调整后，查看相应的数据表，数据已经做了自动修改。

（2）特殊符号标注方法如下：

1）导入数据，作出如图 2-28 所示的图形。

2）单击插入文本框“T”，输入曲线的试样名称，如图 2-29 所示。

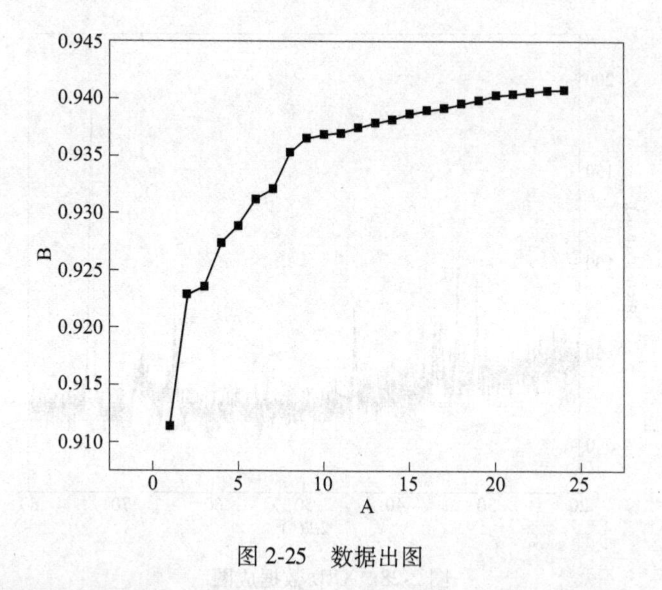

图 2-25 数据出图

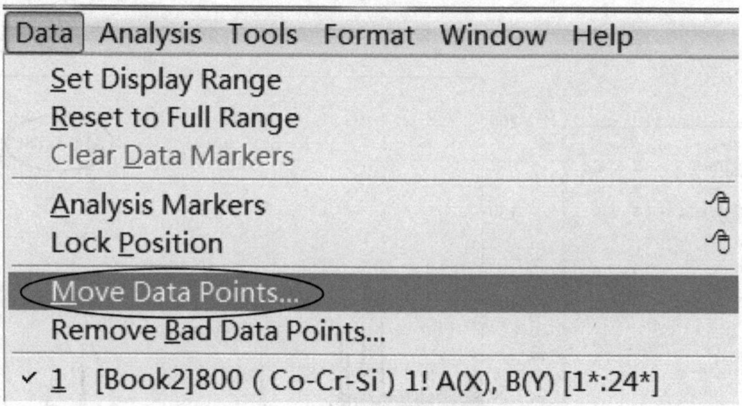

Data Analysis Tools Format Window Help
Set Display Range
Reset to Full Range
Clear Data Markers
Analysis Markers
Lock Position
Move Data Points...
Remove Bad Data Points...
✓ 1 [Book2]800 (Co-Cr-Si) 1! A(X), B(Y) [1*:24*]

图 2-26 数据点移动操作

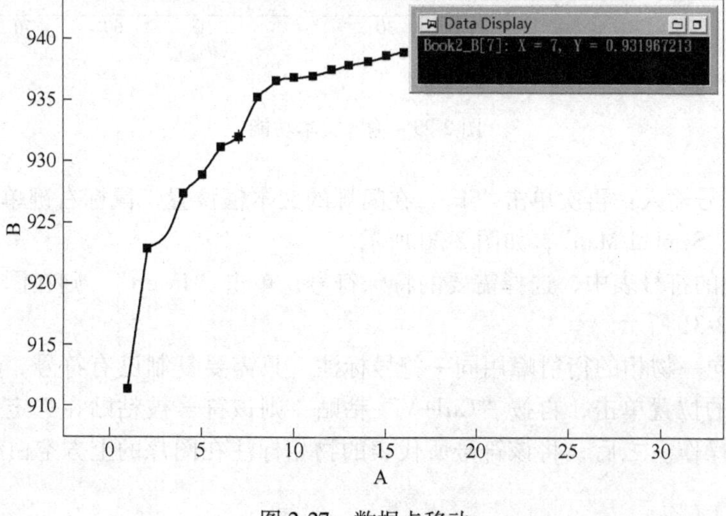

图 2-27 数据点移动

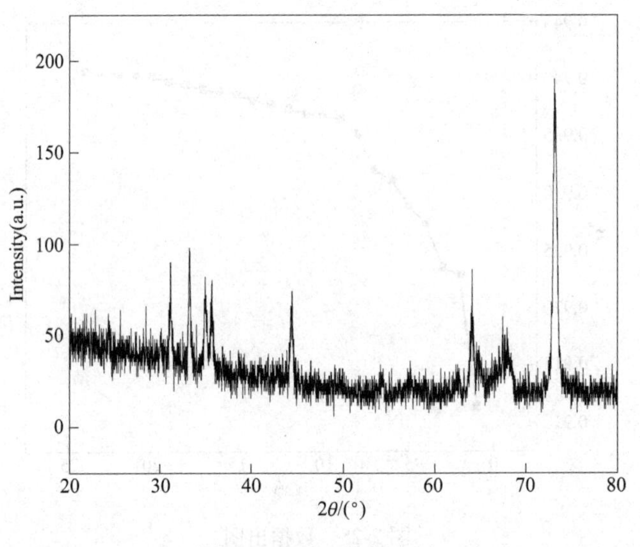

图 2-28 XRD 数据成图

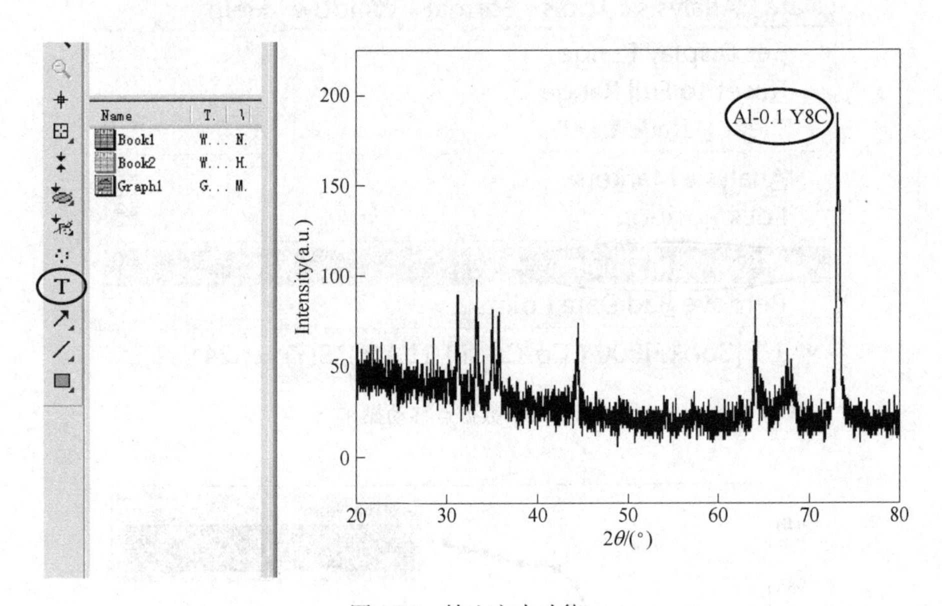

图 2-29 输入文本功能

3）特殊符号输入：再次单击“T”，在闪烁的文本框位置，鼠标右键单击，在出现的对话框中选择“Symbol Map”，如图 2-30 所示。

4）在出现的符号表中，选择需要的特殊符号，单击“Insert”，则在图片中插入了特殊符号，如图 2-31 所示。

将归属于同一物相的衍射峰用同一符号标注，只需要复制已有符号，然后将鼠标放在要插入符号的位置单击，再按“Ctrl+V”粘贴，则该符号被粘贴在选定位置，不需要再进行拖拽等操作。之后，将该符号所代表的物相标注在图片的上方空白处，如图 2-32 所示。

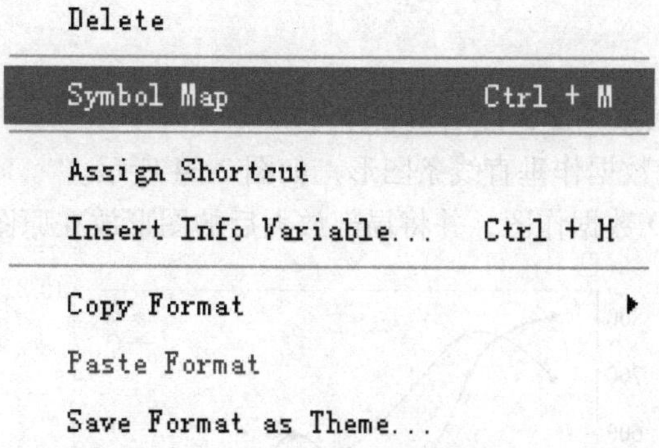

Delete
Symbol Map Ctrl + M
Assign Shortcut
Insert Info Variable... Ctrl + H
Copy Format
Paste Format
Save Format as Theme...

图 2-30 插入特殊符号

Symbol Map
Font:
Symbol
Insert
Close

图 2-31 特殊符号表

♣ Al_2O_3
Al-0.1 Y8C
Intensity(a.u.)
0
50
100
150
200
20
30
40
50
60
70
80
$2\theta/(°)$

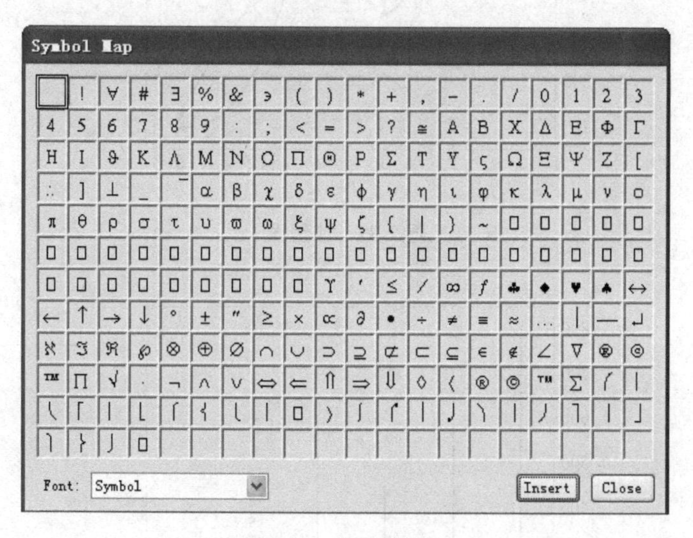

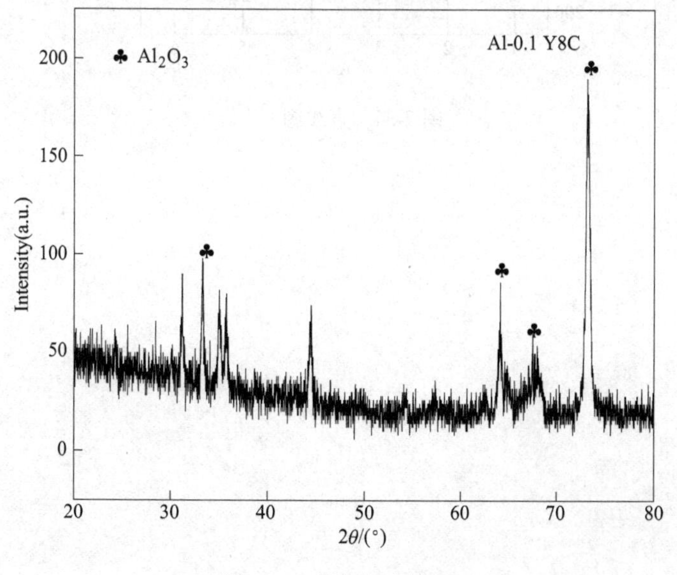

图 2-32 物相标注结果

2.2.8 练习

Origin 练习讲解

（1）将图 2-33 的数据调出，然后重新作图。

（2）使用其中一组数据作垂直线条图形，如图 2-34 所示。

（3）选择一组 XRD 数据作图，并将局部放大后的图形放在原图中。

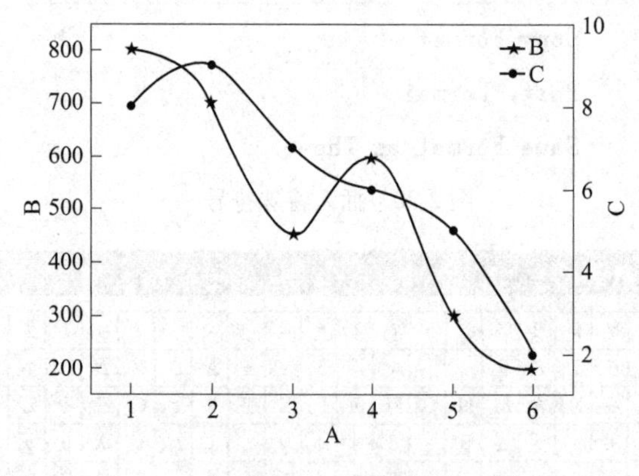

图 2-33　曲线图

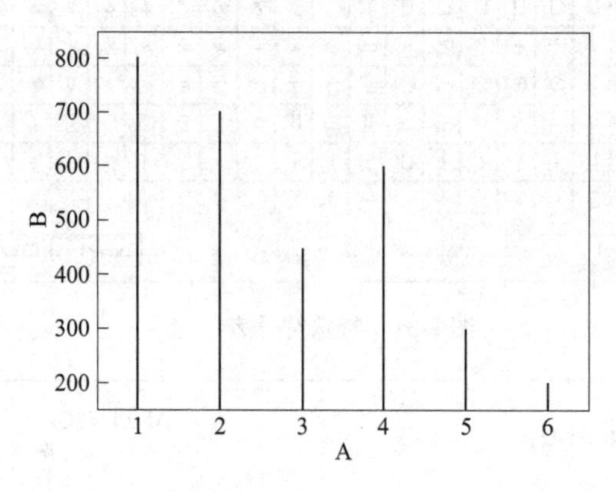

图 2-34　直线图

训练3 Origin软件操作（三）

——绘制三维图形

Origin视频讲解

3.1 学习目的和要求

本训练中，将学习如何使用Origin软件绘制三维图形。三维图形能够更加直观、立体地反映数据的分布情况，而且Origin作出的三维图形可以进行任意旋转，方便研究人员对数据的各个角度、各个层面进行观察和分析。学会使用该软件绘制数据的三维图形，是一项实用并且需要一定数学逻辑技能的方法，要求学生尽量掌握。

3.2 软件操作

Origin支持三种数据类型的三维绘图功能：XYY工作表数据、XYZ工作表数据、矩阵数据。需要注意的是，三维表面图只能由矩阵数据创建。

下面以数据中任意的两组XRD数据为例，演示三维图形的制作过程。

3.2.1 工作表转为矩阵

（1）导入两组数据，合并至一个数据表，如图3-1所示。

	A(X)	B(Y)	C(Y)
Long Name	comment	=	
Units	date	&	
Comments			
1	10	40	34
2	10.02	30	26
3	10.04	34	42
4	10.06	36	40
5	10.08	34	32
6	10.1	36	34
7	10.12	40	36
8	10.14	30	34
9	10.16	38	40
10	10.18	28	32
11	10.2	42	32
12	10.22	40	50
13	10.24	36	32

图3-1 导入数据

（2）类型转换。Origin 有几种转换方法，这需要取决于工作表数据。选择一列数据，进行数据的矩阵转换，选择“Direct...”，得到 Matrix5 工作表（见图 3-2），得到矩阵数列 MBook1，如图 3-3 所示。

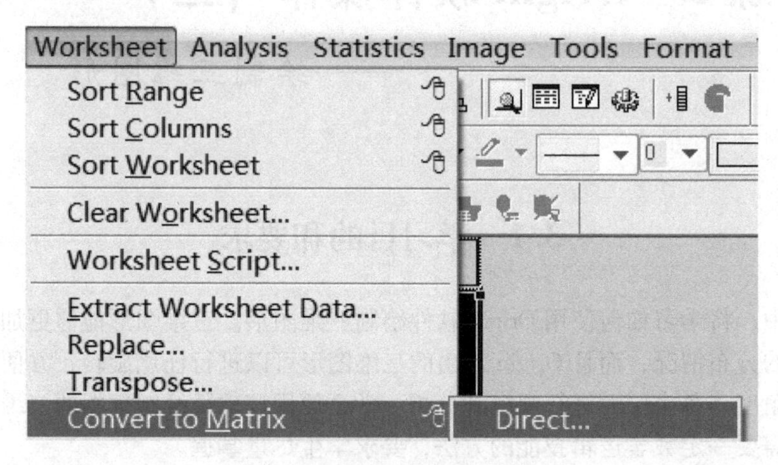

图 3-2 数据的矩阵转换功能键

Folder1

Name	T..	V
Book1	W...	N.
Book2	W...	N.
Book3	W...	N.
Graph1	G...	H.
MBook1	M...	M.

	1	2	3
1	10	40	34
2	10.02	30	26
3	10.04	34	42
4	10.06	36	40
5	10.08	34	32
6	10.1	36	34
7	10.12	40	36
8	10.14	30	34
9	10.16	38	40
10	10.18	28	32
11	10.2	42	32
12	10.22	40	50
13	10.24	36	32
14	10.26	36	40
15	10.28	40	30

图 3-3 矩阵数列

在如图 3-4 所示的操作按钮中选择相应操作，得到如图 3-5 所示的图像。其他效果请自己练习。

图 3-4 三维作图选择键

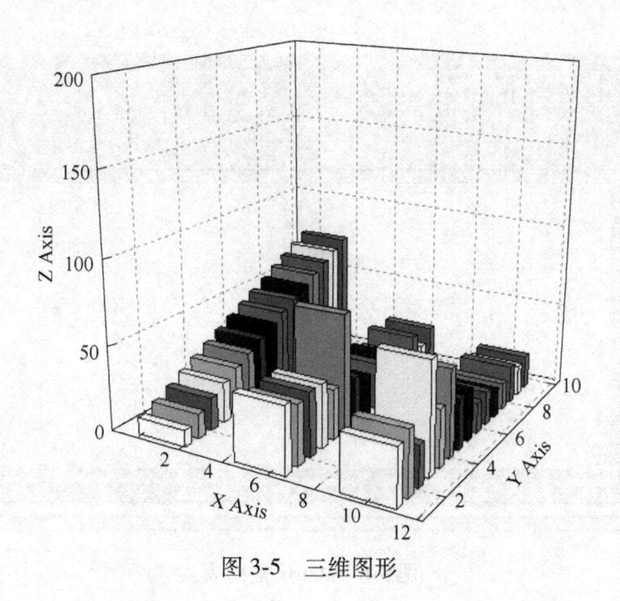

图 3-5　三维图形

3.2.2　创建三维表面图和等高线图

激活矩阵窗口，选择 Plot3D 中的相应命令，就可以绘出想要的图。在这里，只对相关的功能进行介绍（见表 3-1），具体操作自行进行。

表 3-1　相关命令及其含义

菜单命令	含　义	模板文件
3D Color Fill Surface	三维彩色填充表面图	MESH. OTP
3D X Constant with Base	三维 X 恒定，有基底表面图	XCONST. OTP
3D Y Constant with Base	三维 Y 恒定，有基底表面图	YCONST. OTP
3D Color Map Surface	三维彩色映射表面图	CMAP. OTP
3D Bars	三维条形表面图	3DBARS. OTP
3D Wire Frame	三维线框架面图	WIREFRM. OTP
3D Wire Surface	三维线条表面图	WIREFACE. OTP
Contour-Color Fill	彩色填充等高线图	CONTOUR. OTP
Contour-B/W Lines+Labels	黑白线条、具有数字标记的等高线图	CONTLINE. OTP
Gray Scale Map	灰度映射等高线图	CONTOUR. OTP

3.2.3　练习

用 Origin 软件绘制三维球体。

（1）单击 ▦ 建立一个 Matrix 表，如图 3-6 所示。

（2）通过菜单栏“Matrix→Set Dimensions”设置 X 和 Y 的范围为-10~10，可以在其中设置维数，如图 3-7 所示。

（3）通过菜单栏“Matrix→Set Properties”设置矩阵的相关属性和显示方式，如图 3-8 所示。

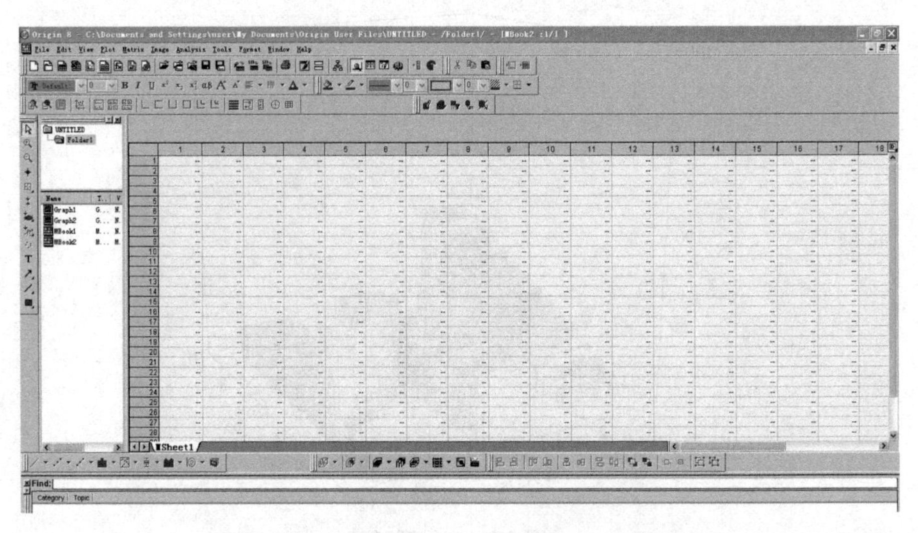

图 3-6 Matrix 空白表

图 3-7 数据范围设置

图 3-8 属性设置

（4）通过菜单栏“Matrix→Set Values”设置矩阵的数值，输入“sqrt(100-x^2-y^2)”，如图 3-9 所示。该数据即为球壳上任意一点的坐标值，也可将其理解为球体方程“x^2+y^2=R^2”值。“sqrt”为开方，与常用数据处理软件的公式编辑相同。

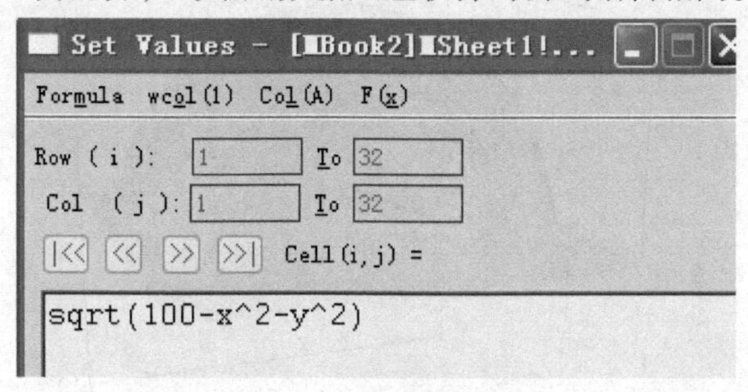

图 3-9　矩阵数据设置

生成 Matrix 数据，如图 3-10 所示。

	1	2	3	4	5	6	7	8	9
1	--	--	--	--	--	--	--	--	--
2	--	--	--	--	--	--	--	--	--
3	--	--	--	--	--	--	--	--	0.85347
4	--	--	--	--	--	--	--	2.2115	3.3986
5	--	--	--	--	--	--	2.71811	3.8575	4.64113
6	--	--	--	--	--	2.86716	4.06759	4.9028	5.5405
7	--	--	--	--	2.71811	4.06759	4.98698	5.68877	6.24675
8	--	--	--	2.2115	3.8575	4.9028	5.68877	6.31303	6.82012
9	--	--	0.85347	3.3986	4.64113	5.5405	6.24675	6.82012	7.29204
10	--	--	2.5604	4.16866	5.23138	6.04355	6.69695	7.23473	7.68121
11	--	--	3.3986	4.72996	5.68877	6.44354	7.06002	7.57206	7.99974
12	--	2.01452	3.96394	5.1512	6.04355	6.75882	7.34889	7.84209	8.2558
13	--	2.71811	4.36379	5.46486	6.31303	7.00082	7.57206	8.0516	8.45506
14	--	3.14413	4.64113	5.68877	6.50782	7.17697	7.73521	8.20522	8.60148
15	--	3.3986	4.81716	5.83327	6.6345	7.29204	7.84209	8.30606	8.69772
16	--	3.51894	4.9028	5.9042	6.69695	7.34889	7.89499	8.35602	8.74545
17	--	3.51894	4.9028	5.9042	6.69695	7.34889	7.89499	8.35602	8.74545
18	--	3.3986	4.81716	5.83327	6.6345	7.29204	7.84209	8.30606	8.69772
19	--	3.14413	4.64113	5.68877	6.50782	7.17697	7.73521	8.20522	8.60148
20	--	2.71811	4.36379	5.46486	6.31303	7.00082	7.57206	8.0516	8.45506
21	--	2.01452	3.96394	5.1512	6.04355	6.75882	7.34889	7.84209	8.2558
22	--	--	3.3986	4.72996	5.68877	6.44354	7.06002	7.57206	7.99974
23	--	--	2.5604	4.16866	5.23138	6.04355	6.69695	7.23473	7.68121
24	--	--	0.85347	3.3986	4.64113	5.5405	6.24675	6.82012	7.29204
25	--	--	--	2.2115	3.8575	4.9028	5.68877	6.31303	6.82012
26	--	--	--	--	2.71811	4.06759	4.98698	5.68877	6.24675
27	--	--	--	--	--	2.86716	4.06759	4.9028	5.5405
28	--	--	--	--	--	--	2.71811	3.8575	4.64113

	10	11	12	13	14	15	16	17	18
1	--	--	--	--	--	--	--	--	
2	--	--	2.01452	2.71811	3.14413	3.3986	3.51894	3.51894	3.39
3	2.5604	3.3986	3.96394	4.36379	4.64113	4.81716	4.9028	4.9028	4.817
4	4.16866	4.72996	5.1512	5.46486	5.68877	5.83327	5.9042	5.9042	5.833
5	5.23138	5.68877	6.04355	6.31303	6.50782	6.6345	6.69695	6.69695	6.63
6	6.04355	6.44354	6.75882	7.00082	7.17697	7.29204	7.34889	7.34889	7.292
7	6.69695	7.06002	7.34889	7.57206	7.73521	7.84209	7.89499	7.89499	7.842
8	7.23473	7.57206	7.84209	8.0516	8.20522	8.30606	8.35602	8.35602	8.306
9	7.68121	7.99974	8.2558	8.45506	8.60148	8.69772	8.74545	8.74545	8.697
10	8.0516	8.35602	8.60148	8.79291	8.9338	9.0265	9.07249	9.07249	9.02
11	8.35602	8.64973	8.88708	9.07249	9.2091	9.29906	9.34371	9.34371	9.299
12	8.60148	8.88708	9.11825	9.29906	9.43238	9.52023	9.56385	9.56385	9.520
13	8.79291	9.07249	9.29906	9.47641	9.60727	9.69353	9.73638	9.73638	9.693
14	8.9338	9.2091	9.43238	9.60727	9.73638	9.82151	9.8638	9.8638	9.821
15	9.0265	9.29906	9.52023	9.69353	9.82151	9.9059	9.94783	9.94783	9.90
16	9.07249	9.34371	9.56385	9.73638	9.8638	9.94783	9.98959	9.98959	9.947
17	9.07249	9.34371	9.56385	9.73638	9.8638	9.94783	9.98959	9.98959	9.947
18	9.0265	9.29906	9.52023	9.69353	9.82151	9.9059	9.94783	9.94783	9.90
19	8.9338	9.2091	9.43238	9.60727	9.73638	9.82151	9.8638	9.8638	9.821
20	8.79291	9.07249	9.29906	9.47641	9.60727	9.69353	9.73638	9.73638	9.693
21	8.60148	8.88708	9.11825	9.29906	9.43238	9.52023	9.56385	9.56385	9.520
22	8.35602	8.64973	8.88708	9.07249	9.2091	9.29906	9.34371	9.34371	9.299
23	8.0516	8.35602	8.60148	8.79291	8.9338	9.0265	9.07249	9.07249	9.02
24	7.68121	7.99974	8.2558	8.45506	8.60148	8.69772	8.74545	8.74545	8.697
25	7.23473	7.57206	7.84209	8.0516	8.20522	8.30606	8.35602	8.35602	8.306
26	6.69695	7.06002	7.34889	7.57206	7.73521	7.84209	7.89499	7.89499	7.842
27	6.04355	6.44354	6.75882	7.00082	7.17697	7.29204	7.34889	7.34889	7.292
28	5.23138	5.68877	6.04355	6.31303	6.50782	6.6345	6.69695	6.69695	6.63

图 3-10　生成矩阵数据

（5）菜单栏“Plot→3D Surface→Color Map Surface”中，出现如图 3-11 所示的图像。

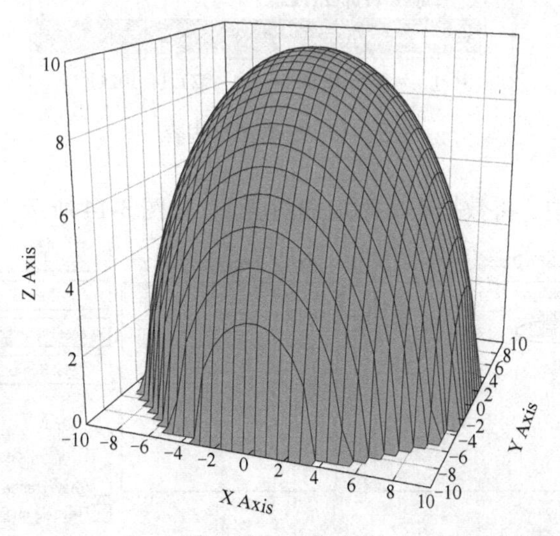

图 3-11　生成图像

如果觉得图像过于粗糙，可以在菜单栏“Graph→Speed Mode”中关闭速度模式。

（6）设置 Z 轴为“-10~10”，得到如图 3-12 所示的图像。

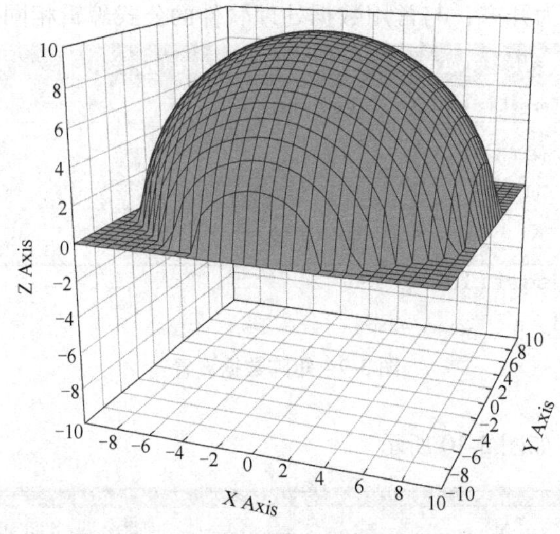

图 3-12 设置 Z 轴数据范围后的图像

（7）为了得到完整的球体，需新建一个 Matrix 表，其他设置与上面一致，只是在“Set Values”的时候将公式改为“-sqrt(100-x^2-y^2)”，即数据球体的下半面。然后，在图层中添加第二个表。操作为：激活图层对话框，右键单击左上角 1，选择“Layer Contents...”，如图 3-13 所示。

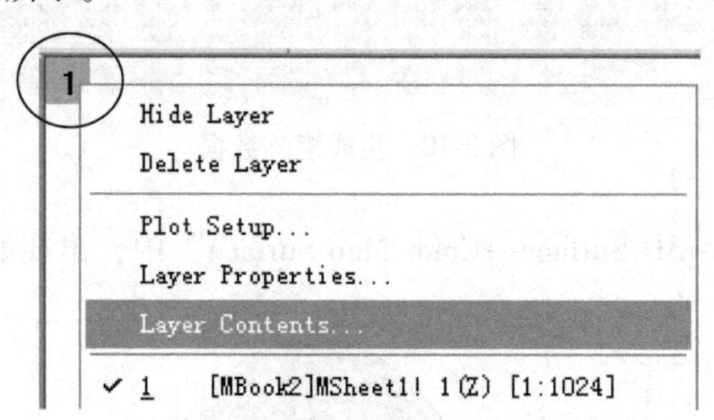

图 3-13 查看图层内容

在出现的对话框中，将数据表 2 添加进图层 1，如图 3-14 所示。

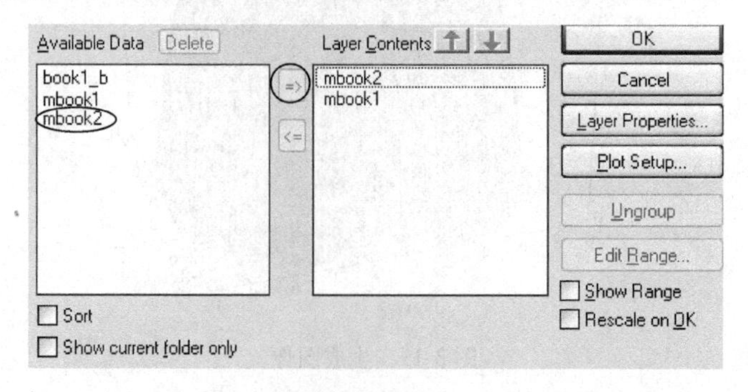

图 3-14 将数据“mbook2”加入图层

（8）然后将 Z 轴坐标范围改为“−10～10”，得到完整球体图像如图 3-15 所示。

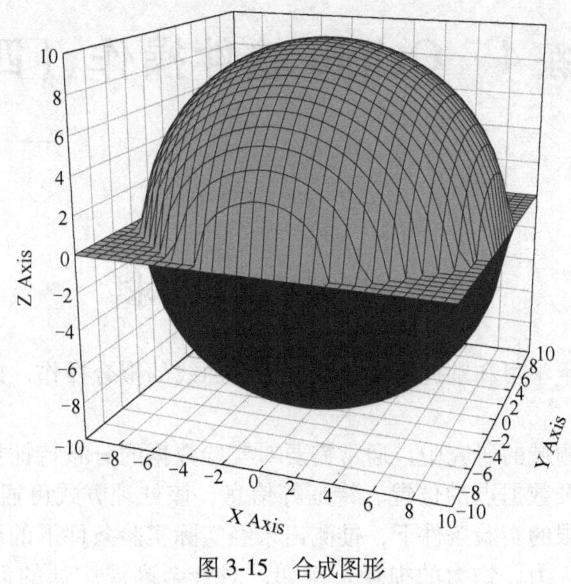

图 3-15　合成图形

（9）练习绘制半径为 20 的球体。

训练4 Origin软件操作（四）

——曲线拟合

4.1 学习目的和要求

本训练中要求学生学习和掌握由实验数据所得曲线的拟合操作，以分析数据的特征和规律。

在材料、化工等领域的研究中，通常需要对实验数据的分布特征加以分析，判断其规律，预测实验中未涉及数据点的位置、特征等信息，该处理方式可通过曲线的拟合获得。根据拟合结果，在有限的实验条件下，推测出未经实际实验条件下的可能结果，在提高工作效率的同时，减少人力、物力的损耗。例如，对合金高温腐蚀的动力学曲线进行拟合后，根据所得的拟合函数，即可计算出任意腐蚀时间内合金的腐蚀动力学数据。

同时，在拟合的函数中，常会包含非常有价值的信息。如在腐蚀动力学曲线的拟合中，所获得的抛物线常数即为合金的腐蚀速率常数，可以直观地反映合金耐蚀性的大小，对于不同合金耐蚀性的比较以及高耐蚀性合金的设计非常关键。

期望通过本次学习，使学生掌握数据曲线的常见拟合方法，包括线性拟合、非线性拟合、常规函数拟合和自定义函数拟合，获得准确的拟合信息。

4.2 软件操作

4.2.1 通用函数拟合（线性拟合）

（1）导入数据，作点线图，如图4-1所示。

Origin 线性拟合

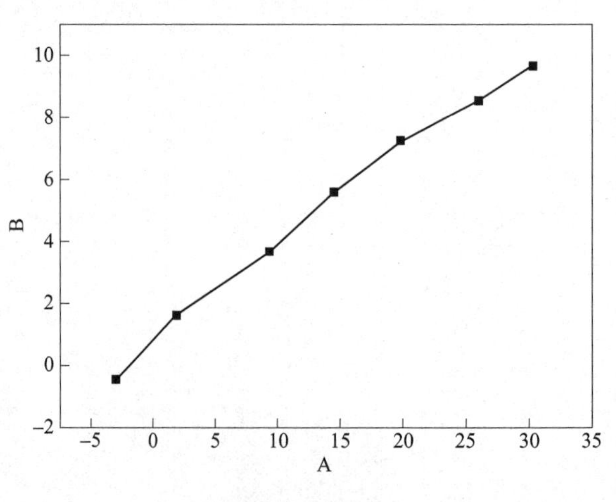

图4-1 数据作图

（2）选择工具栏“Analysis→Fitting→Fit Linear→Open Dialog...”，如图 4-2 所示。

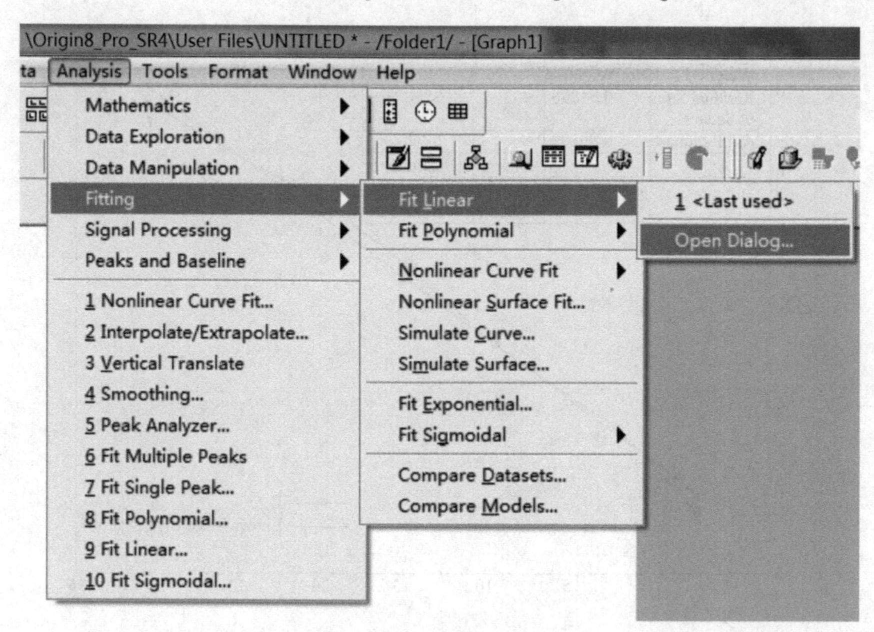

图 4-2　打开线性拟合对话框

（3）在出现的对话框中直接单击“OK”，如图 4-3 所示。

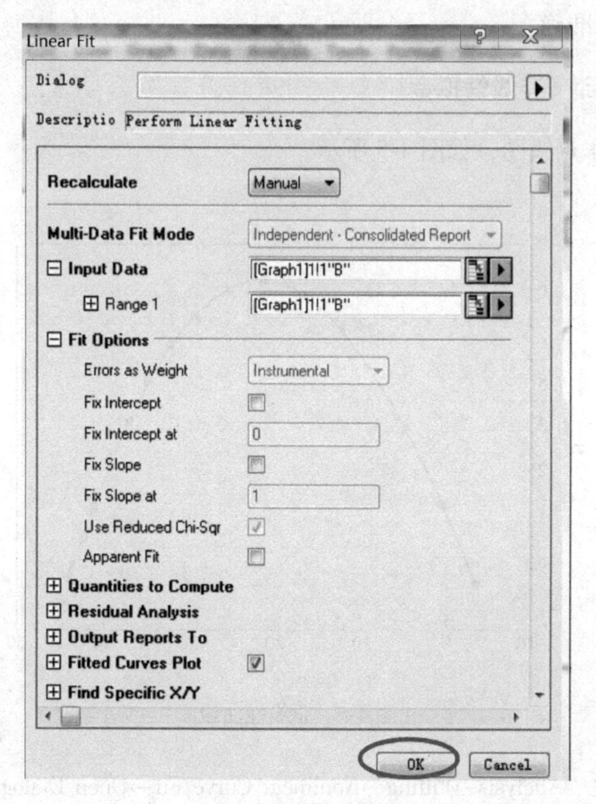

图 4-3　线性拟合确认

（4）确认后，拟合曲线（红色）及拟合信息（表格）出现在曲线窗口，如图4-4所示。

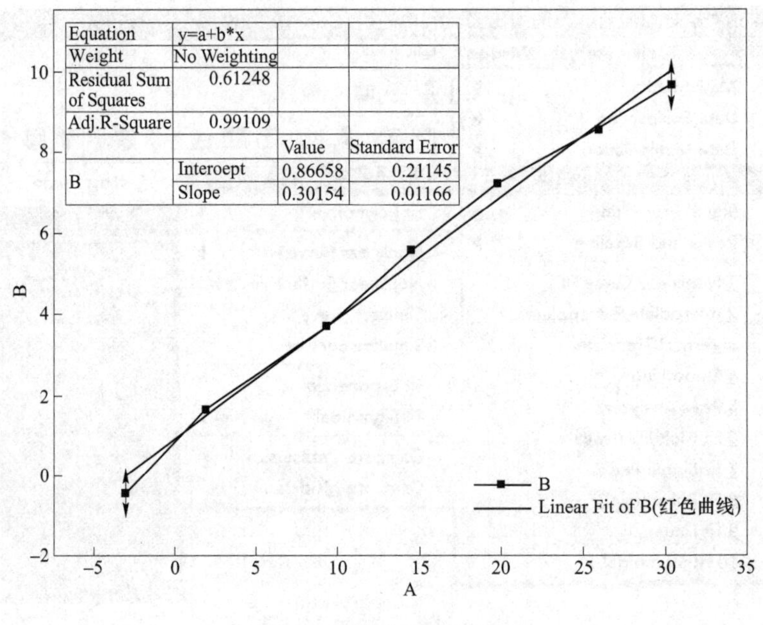

Equation
y=a+b*x
Weight
No Weighting
Residual Sum of Squares
0.61248
Adj.R-Square
0.99109
Value
Standard Error
B
Interoept
0.86658
0.21145
Slope
0.30154
0.01166
B
Linear Fit of B(红色曲线)
A

图4-4 曲线拟合结果

拟合信息中包含了拟合公式、拟合误差等，其中 *R* 值可以反映拟合的准确性，*R* 值越接近1，拟合结果越准确。

Origin 通用函数拟合（非线性拟合）

4.2.2 通用函数拟合（非线性拟合）

（1）导入数据作点线图，如图4-5所示。

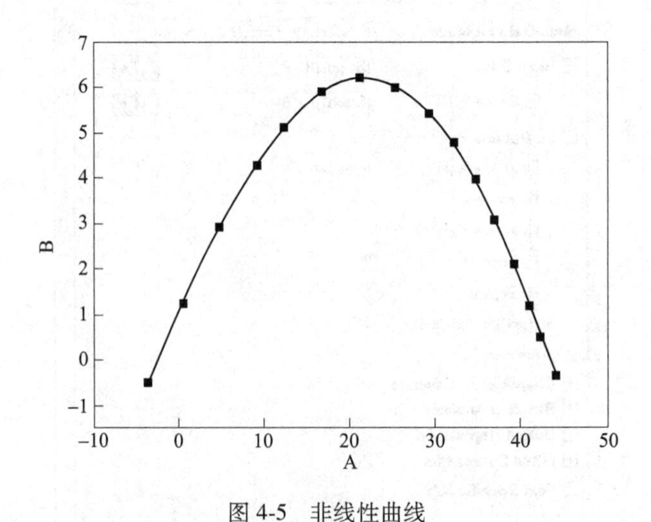

图4-5 非线性曲线

（2）选择工具栏“Analysis→Fitting→Nonlinear Curve Fit→Open Dialog...”，如图4-6所示。

（3）对话框中关注“Function Selection”选项，即函数的方程选项。下拉菜单中包含多

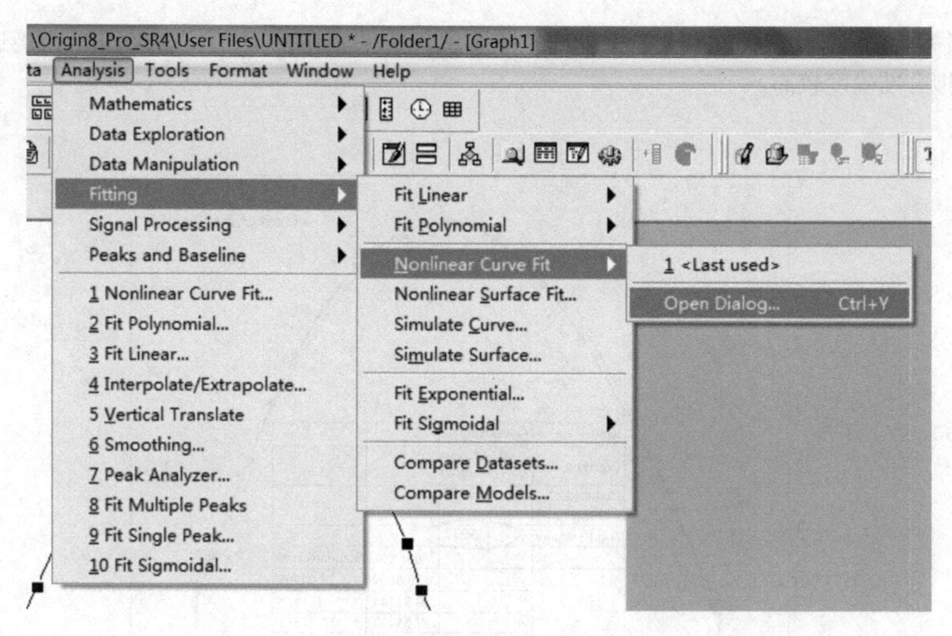

图 4-6 打开线性拟合对话框

个软件的基础函数，当选择某一函数时，其对应的拟合曲线即出现在曲线图内。根据实际的吻合程度，选择恰当的函数后，单击“Fit”按钮进行拟合，如图 4-7 所示。

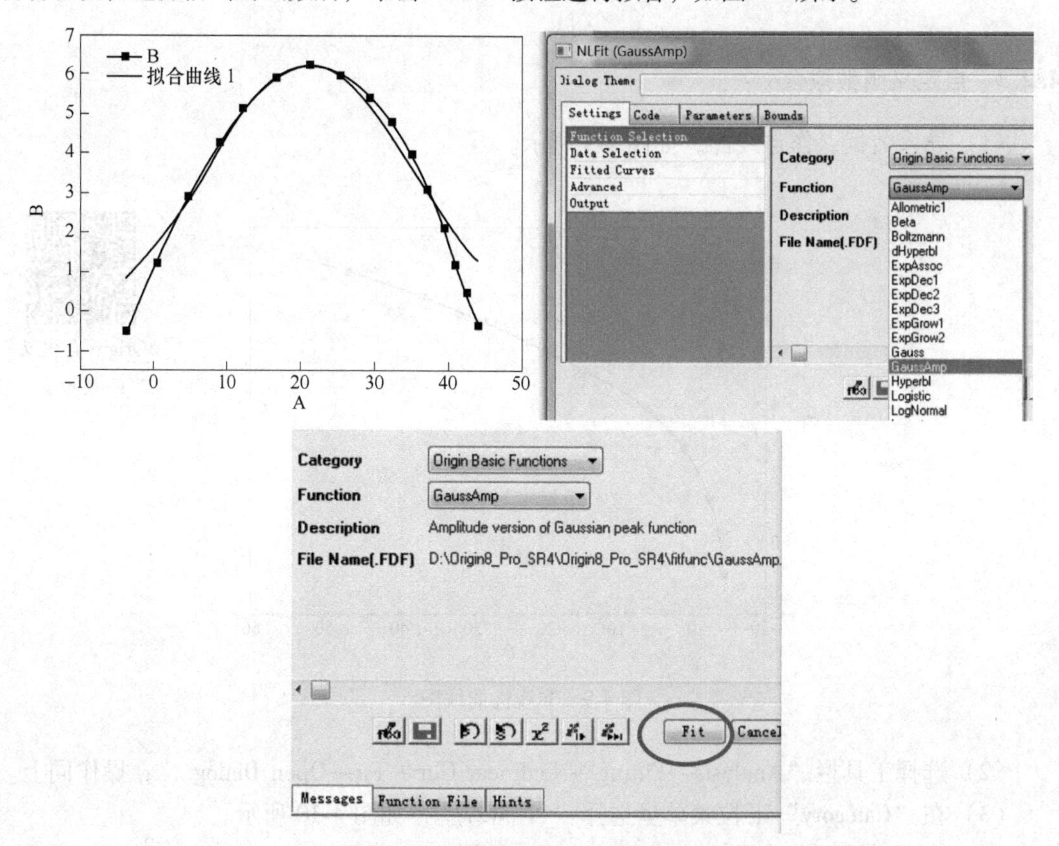

图 4-7 选择恰当函数进行拟合

（4）获得拟合曲线及拟合结果如图 4-8 所示。关注其中的 R 值（0.99272），接近 1，表示拟合准确度较高。

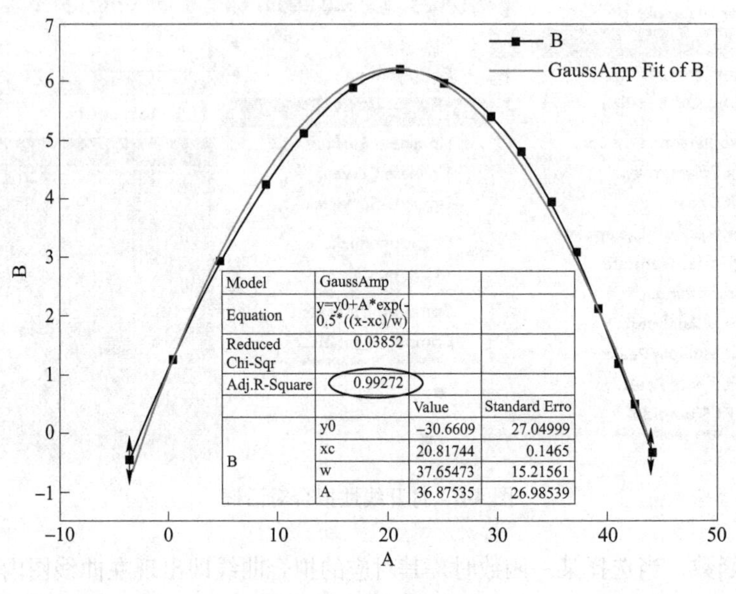

图 4-8　曲线拟合结果

4.2.3　自定义函数拟合

（1）导入数据，作点线图，如图 4-9 所示。

Origin 自定义函数拟合

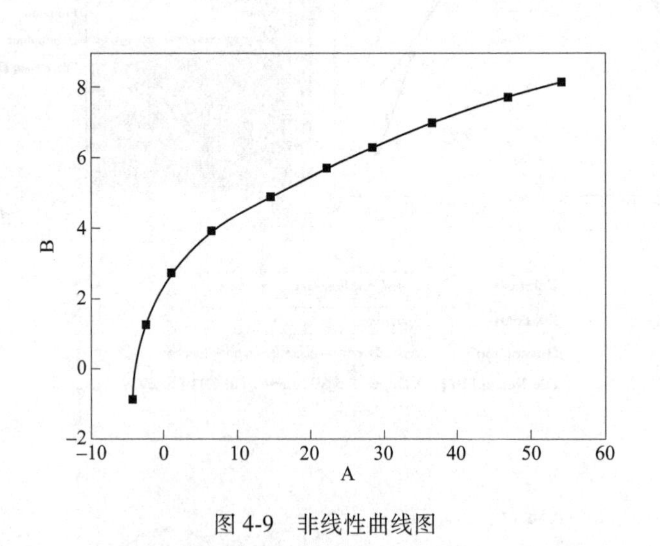

图 4-9　非线性曲线图

（2）选择工具栏“Analysis→Fitting→Nonlinear Curve Fit→Open Dialog...”，操作同上。
（3）在“Category”下拉菜单里选择“〈New...〉”，如图 4-10 所示。
（4）在新对话框里选择“New Function”，如图 4-11 所示。

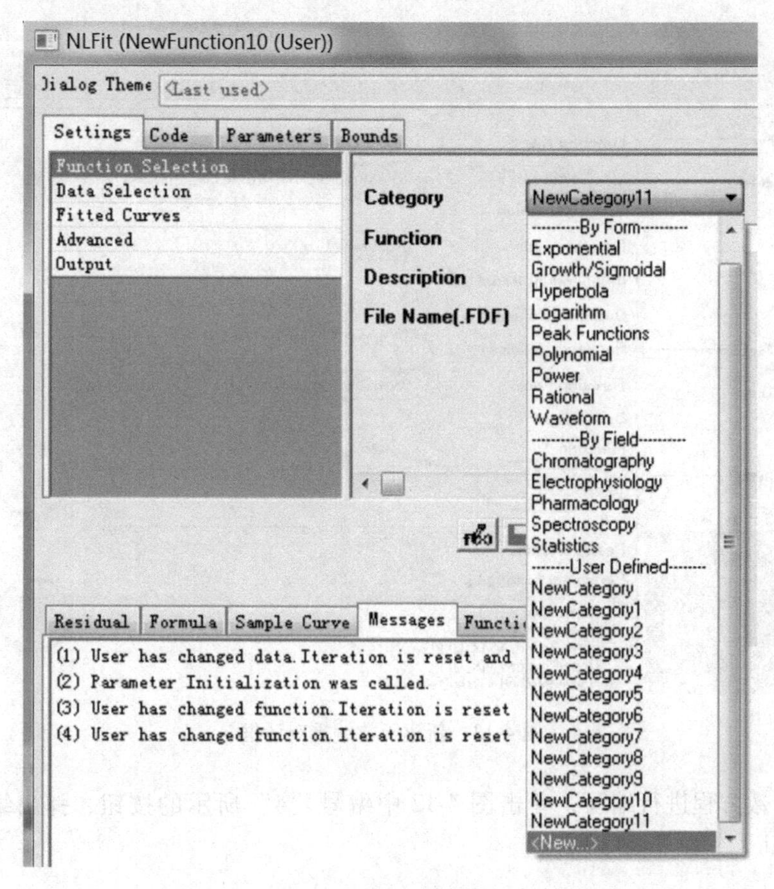

图 4-10　新建函数类别

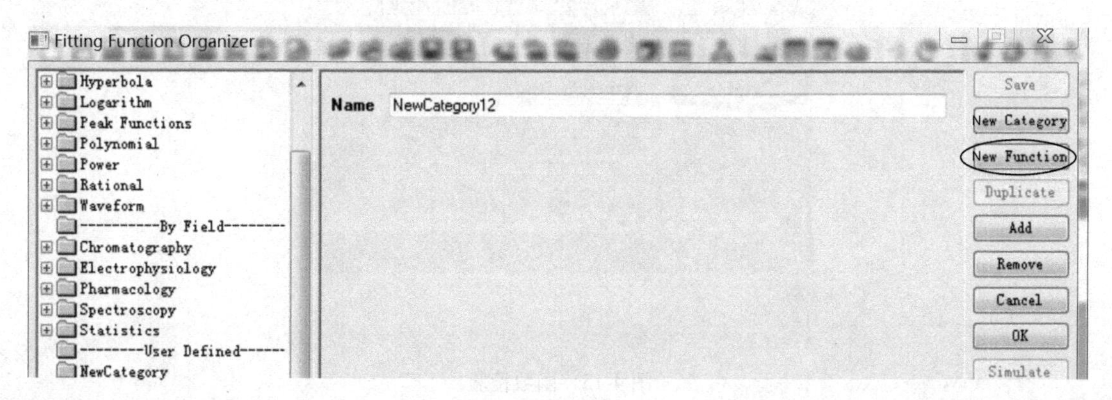

图 4-11　新建函数

（5）弹出函数编辑对话框，如图 4-12 所示。

1）在“Function Name”中输入自定义函数名称。

2）输入函数公式 y=k＊x^0.5+a。

3）在常数名称“Parameter Names”中输入常数“k，a”，以逗号隔开。

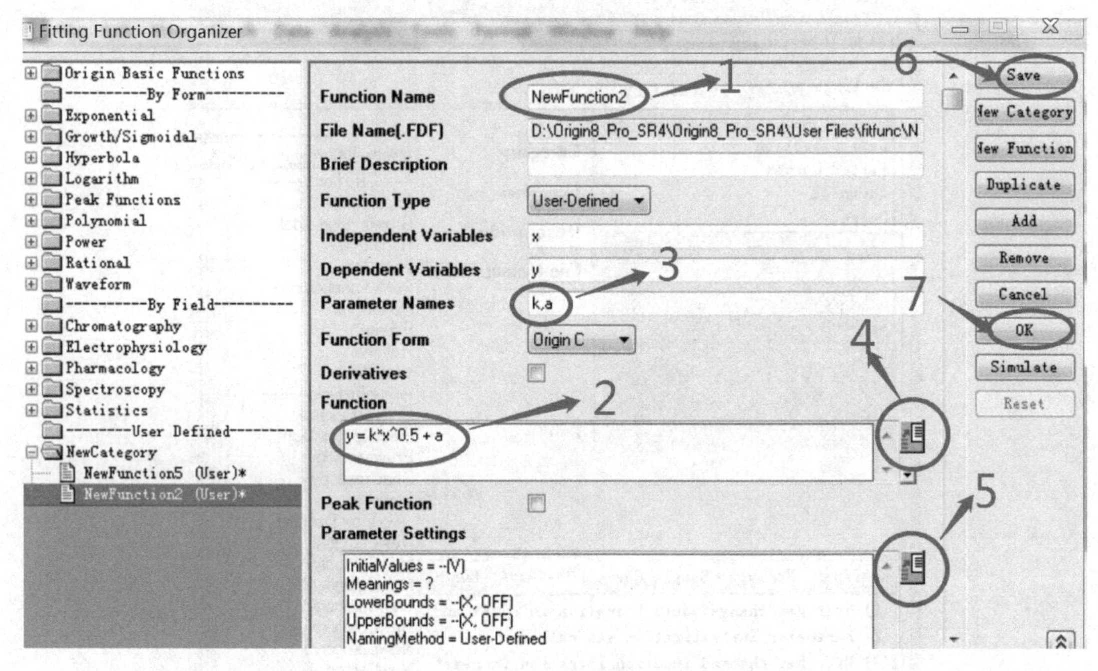

图 4-12　新建函数编辑对话框

4）对函数方程进行编写，单击图 4-12 中编号“4”所示的按钮，弹出编写对话框，单击“Compile”，如图 4-13 所示。

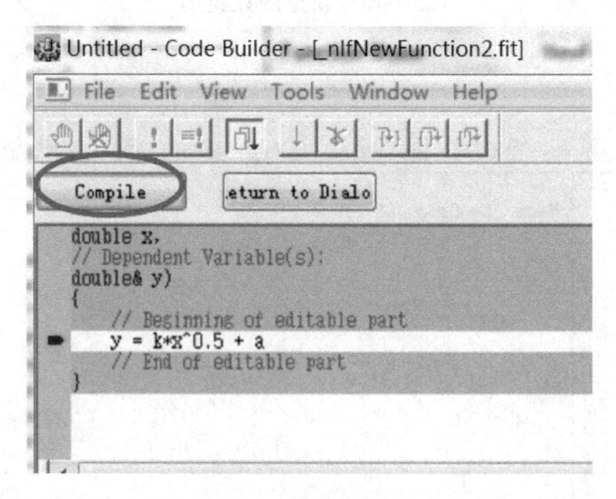

图 4-13　函数检验

若函数方程无误，则下方框中显示完成“Done”；若函数有书写错误，或者常数填写有误，则会显示“failure”，需要返回对话框检查修改后再检验（“Return to Dialog”），如图 4-14 所示。检验完成后返回对话框。

5）单击图 4-12 中“5”对应的按钮，设定参数值。在弹出的对话框中，双击

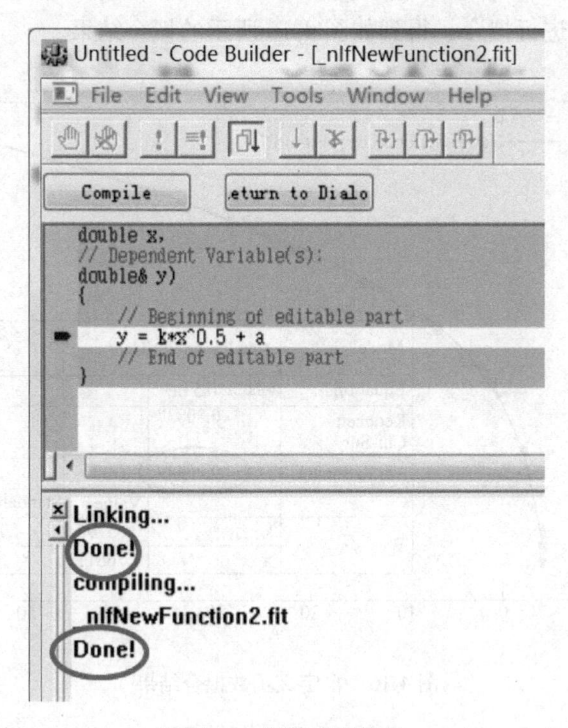

图 4-14 函数编写检验

“Value”对应位置，输入任意数值，如“0”“1”等，设置好以后单击“OK”，如图 4-15 所示。注意：该数值与最终计算的结果无关。

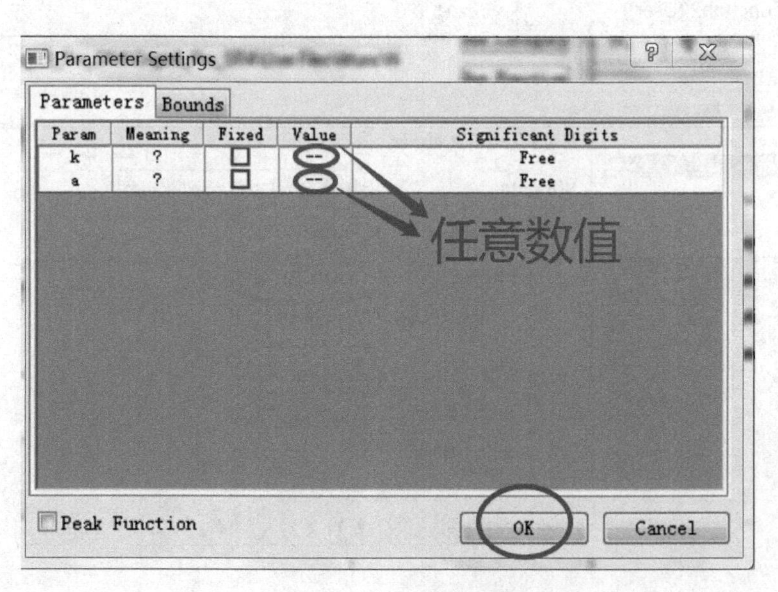

图 4-15 参数数值设置

返回函数编辑对话框，依次单击右侧“Save”“OK”，如图 4-12 所示。随即弹出拟合对话框，单击“Fit”进行拟合，得到如图 4-16 所示的拟合结果。

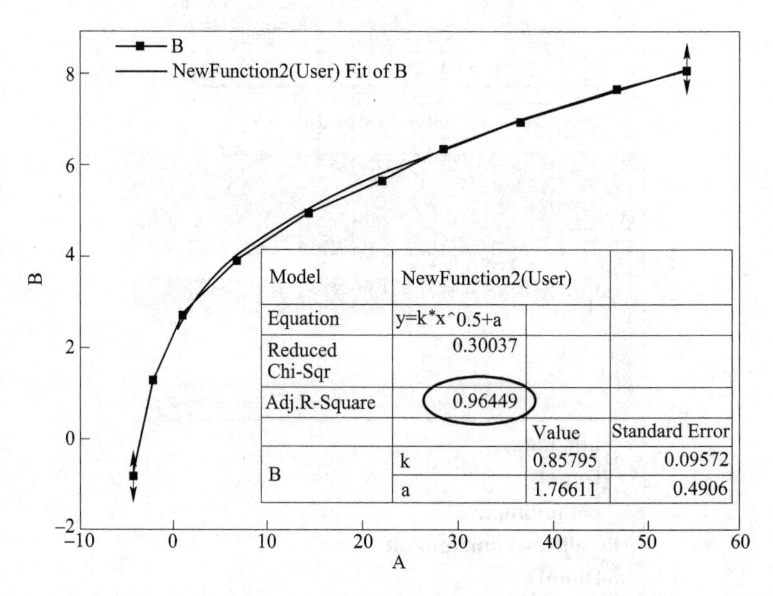

图 4-16　自定义函数拟合结果

至此，自定义函数拟合完成。

若对图中多条曲线同时拟合，只需在拟合数据选择窗口中添加所需拟合数据即可；同时，在数据选择对话框中，也可以选择需要拟合的数据范围，即对曲线的一部分进行拟合，如图 4-17 所示。

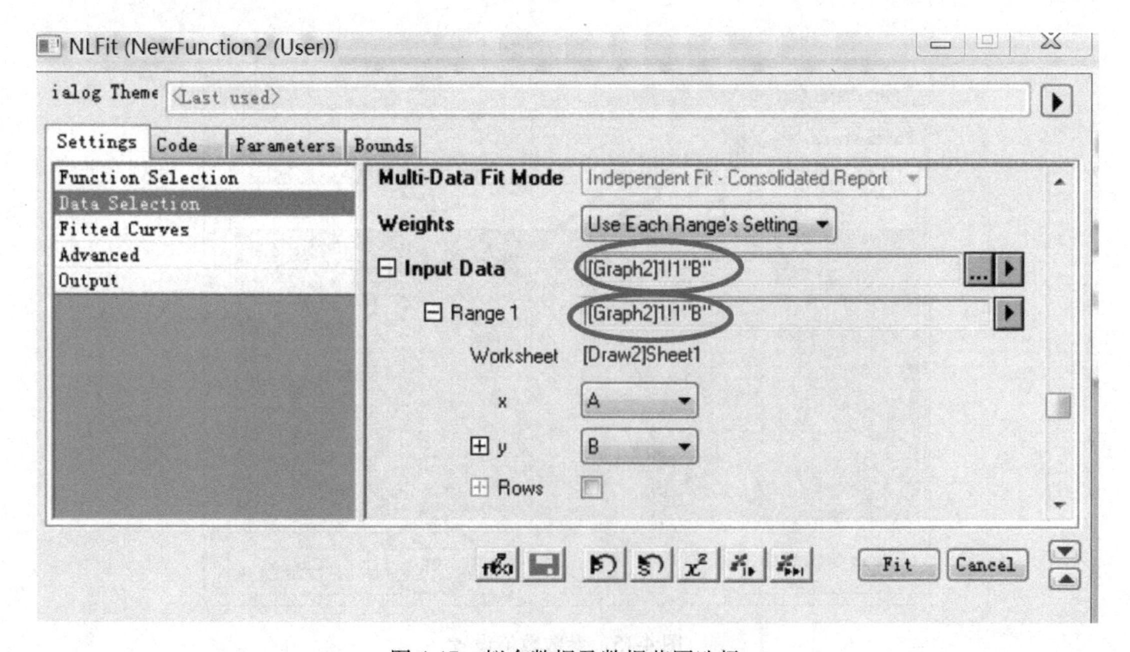

图 4-17　拟合数据及数据范围选择

4.2.4 练习

表4-1中给出了904L合金在900 ℃氯化80 h的质量变化数据，计算合金的氯化腐蚀速率。

表4-1 904L合金在氧化性含氯气氛中腐蚀80 h的质量变化

时间/h	0	10	25	50	80
增重/(mg·cm^{-2})	0	29.41	37.57	44.66	51.55

训练 5　Jade 6.0 软件的安装

Jade 软件是一款用于分析 X 射线衍射数据（XRD）的专业软件，可以进行定性和简单的定量分析。由于 XRD 技术在材料、化工、物理、矿物、地质等学科越来越受到重视，得到越来越多的应用，因此对该分析软件的熟练操作也是每一位材料人需要掌握的必要本领。

MDI Jade 是 MDI 开发的 XRD 分析软件，也是用户使用最频繁的 XRD 分析软件。Jade 6.0 与之前的 Jade 5.0 比较，增加了可以根据晶体结构计算（模板）XRD 粉末图谱的功能，并支持直接访问 FIZ ICSD 结构数据库（ICSD 表示无机晶体结构数据库），研究人员可以利用 Jade 的全谱拟合功能，对测量数据进行全谱拟合及对晶体结构进行 Retrieval 精修。

5.1　学习目的和要求

软件使用前，需要进行一定的设置，才能够在计算机上顺利使用。本训练将对 32 位、64 位系统里该软件的安装、设置进行介绍。要求学习者能够正确安装、设置软件，以保证其在计算机上的正常运行。

Jade 6.0 的安装（32 位系统）

5.2　软 件 操 作

5.2.1　软件安装

Jade 6.0 仅仅是一个可执行文件，直接运行其应用程序即可。为保证物相分析的准确性，软件必须导入 PDF 卡片库，这即为软件安装过程的主要任务。因此，需要同时下载软件和 PDF 卡片两个文件，且两个文件的存放中不能出现中文字符。Jade 文件夹中的文件如图 5-1 所示。

必须将 PDF2-2004 数据库压缩包解压到硬盘上，PDF 卡片库解压后的内容如图 5-2 所示。

5.2.2　建立 PDF2 的索引数据库

（1）修改注册表方法如下：

1）单击“开始→运行”，输入“regedit”（32 位系统）或“%systemroot→syswow64→regedit”（64 位系统），单击“确定”，如图 5-3 所示；

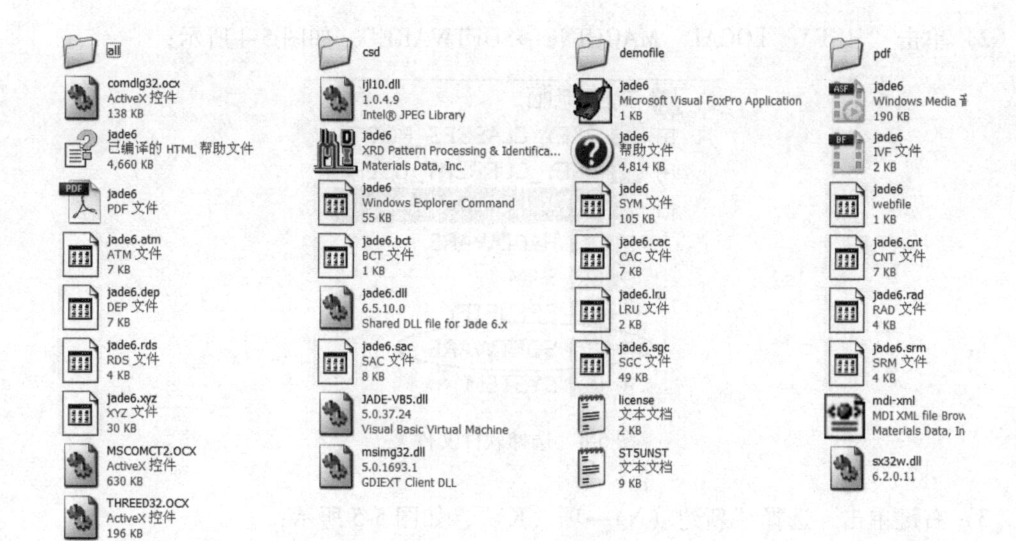

图 5-1 Jade 文件内容

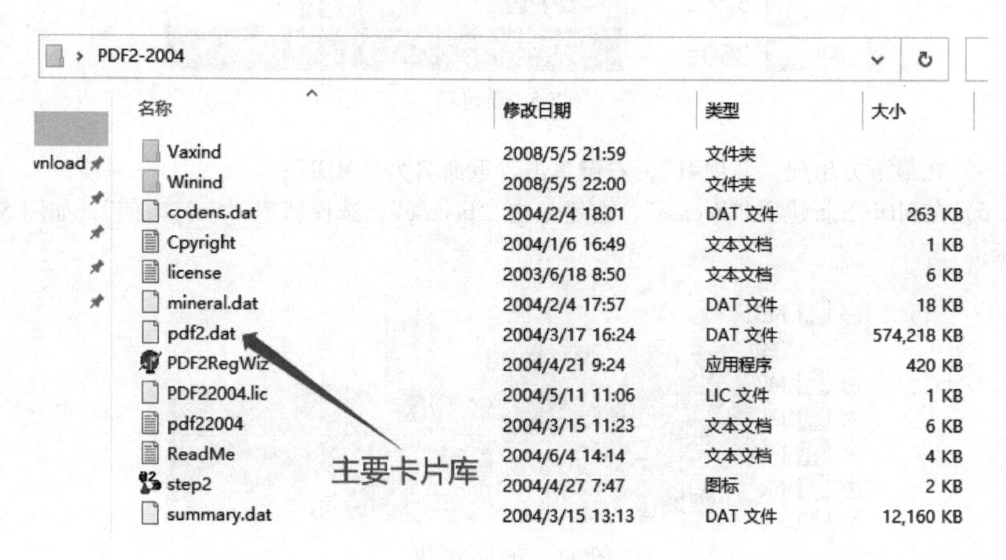

图 5-2 PDF 卡片内容

图 5-3 打开注册表

2）单击“HKEY _ LOCAL _ MACHINE→SOFTWARE”，如图 5-4 所示；

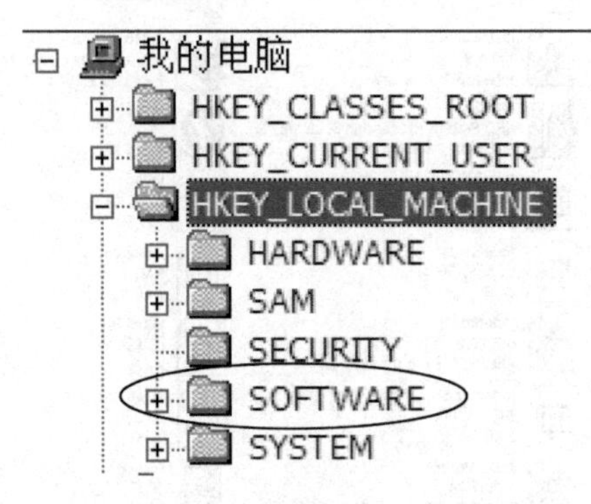

图 5-4　选择软件文件夹

3）右键单击，选择“新建（N）→项（K）”，如图 5-5 所示；

图 5-5　新建项

4）在最下方出现“新项#1”，右键单击，重命名为“MDI”；

5）在 MDI 下新建项“license”，右键单击“license”，选择新建“字符串值”，如图 5-6 所示；

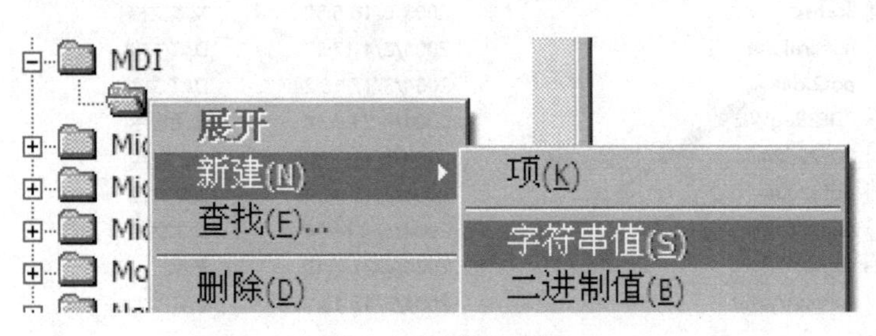

图 5-6　新建字符串

6）右侧窗口出现新值“新值#1”，右键单击，选择“重命名”为“owner”，右键单击“owner”，选择“修改”，如图 5-7 所示；

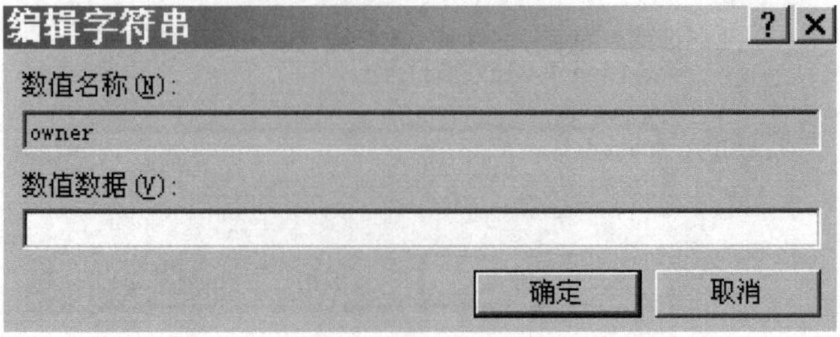

图 5-7　编辑字符串值

7）在处置数据中输入此台计算机的用户名，用户名到控制面板的用户账户查找，如图 5-8 所示；查找到用户账户信息，如图 5-9 所示；

图 5-8　用户账户

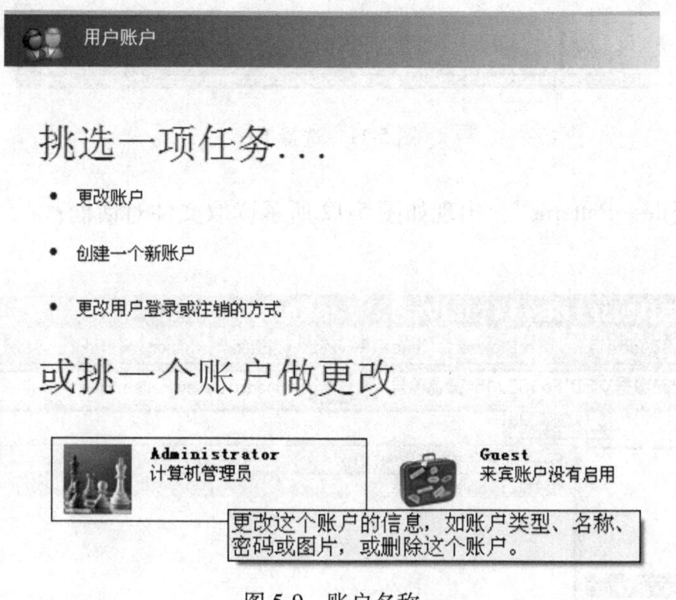

图 5-9　账户名称

8）输入用户名“administrator”，确定之后将窗口关闭即可，如图 5-10 所示。

编辑字符串
数值名称(N):
owner
数值数据(V):
administrator
确定　取消

图 5-10　输入数值数据

(2) 导入PDF卡片方法如下：

PDF卡片库的导入

1）打开Jade软件，出现对话框，选中后，单击“Select”，如图5-11所示。若未出现该对话框，说明上述修改注册表的过程中存在错误，需要重新检查。

图5-11　选择ID

2）单击“File→Patterns”，出现如图5-12所示读取文件对话框；

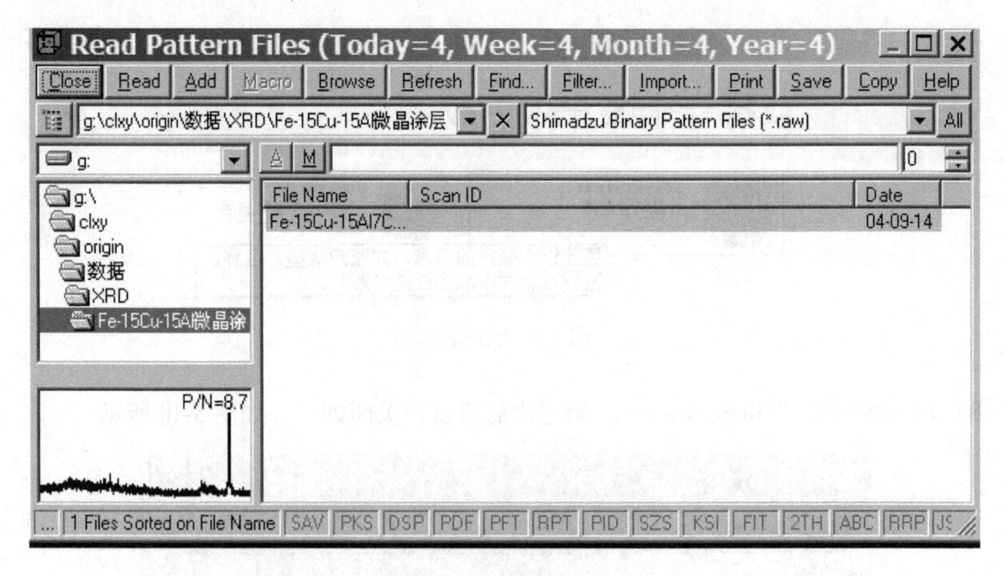

图5-12　打开软件对话框

3）左侧文中路径中选择“Jade6→Jade→Demonfile”，右侧文件格式选择“MDI ASCII Files [*.mdi*]”，任选一个数据，如“DEMO10.MDI”，如图5-13所示；

4）选择窗口上方工具栏“pdf→设置”，确定第一个文件为PDF卡片的解压路径后，单击第一排手型标记，如图5-14所示；

5）在打开的窗口中选择“pdf2”文件打开，如图5-15所示；

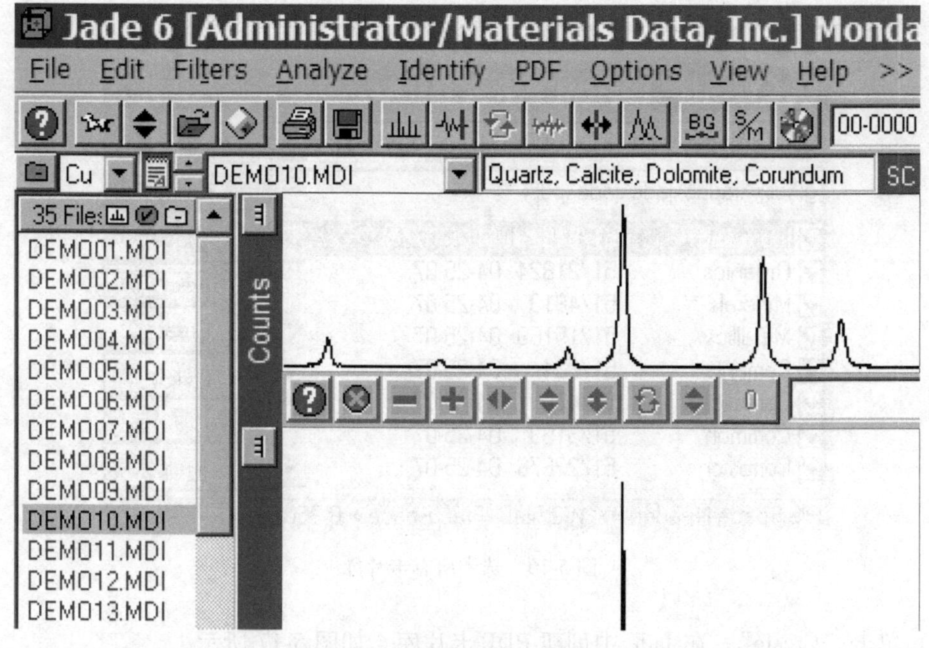

图 5-13 选择数据作图

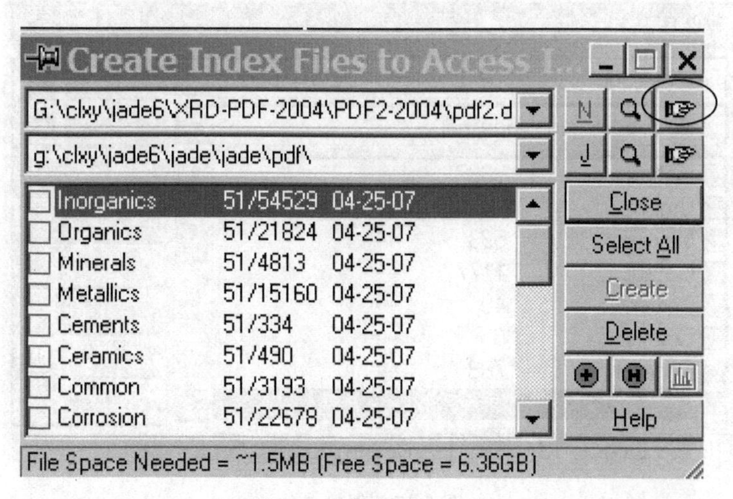

图 5-14 查找 PDF 卡片

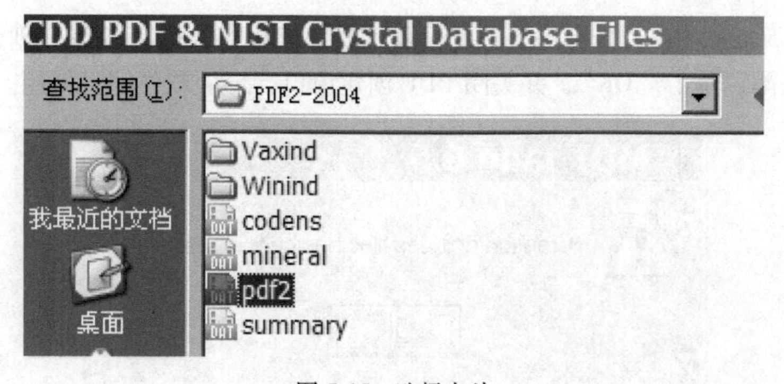

图 5-15 选择卡片

6）在自动返回的Jade窗口，选择“Select All”，如图5-16所示；

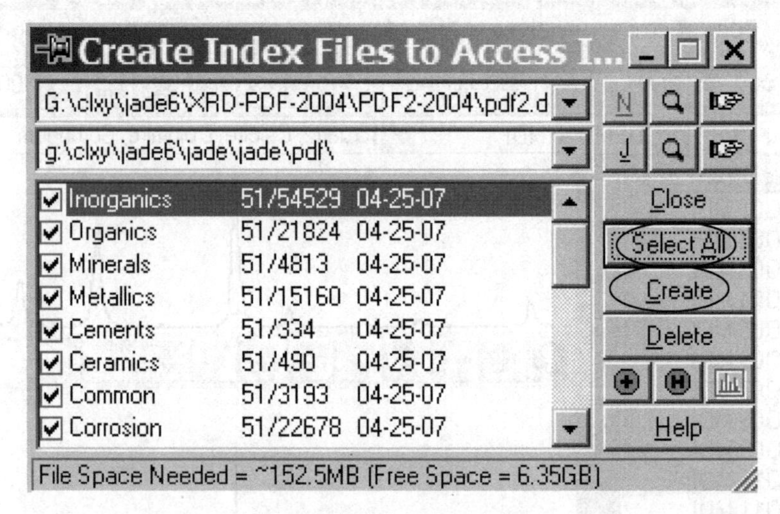

图5-16　选中所有卡片库

7）单击“Create”，在Jade中创建PDF卡片库，如图5-17所示。

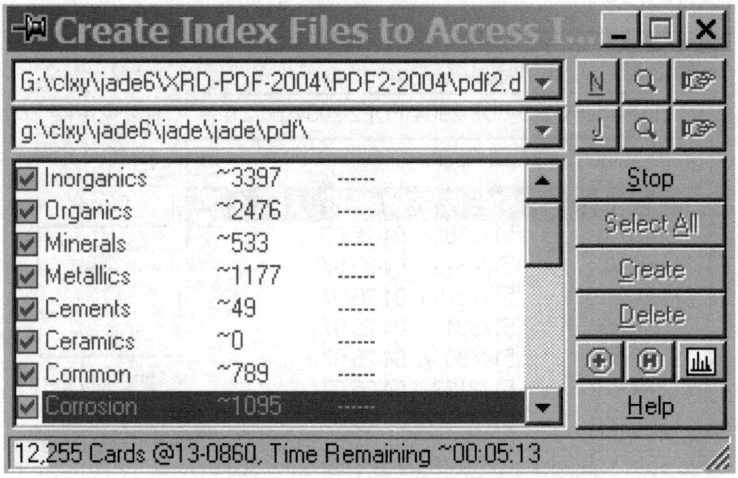

图5-17　创建卡片

创建过程5 min左右，会有提醒，此过程不要关闭程序，耐心等待。创建完成会有如图5-18所示提醒，单击“OK”，并关闭PDF创建窗口，Jade软件即可使用。

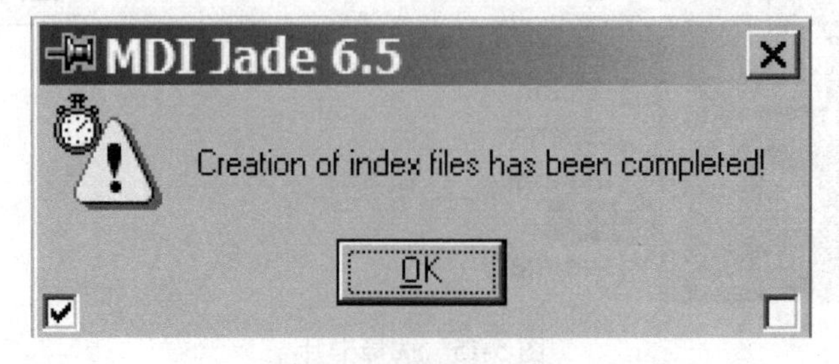

图5-18　创建完成提示

5.2.3 安装常见故障排除

Jade 6.0 的安装（64 位系统）

由于 Jade 软件默认的系统是 32 位，而目前很多系统已经升级为 64 位，当该软件在 64 位系统中打开时，会出现“MSCOMCTL. OCX”丢失或无效的提示，如图 5-19 所示。说明这个系统中缺失这个控件或者该文件没有被注册，需要下载该文件，将其解压到相应目录并进行注册。

安装 . ocx 控件方法如下：

图 5-19 安装出错提示

（1）解压“32 位系统”文件夹内的“MSCOMCTL. OCX”文件到“X：\ Windows \ SysWOW64”(X 代表系统所在目录盘符，如：C：\Windows \SysWOW64)。

（2）解压“64 位系统”文件夹内的“MSCOMCTL. OCX”文件到“X：\ Windows \ system32”（X 代表系统所在目录盘符，如：C：\Windows \system32)。

（3）有些 dll 文件需要手动注册才能使用，手动注册方法：

1）将对应版本的 ocx 控件文件复制到“ X：\Windows \system32”（X 代表系统所在目录盘符，如：C：\Windows \system32）目录下；

2）在开始菜单中找到“运行（R）”或者按快捷键“Win+R”；

3）在“运行（R）”中输入“regsvr32 MSCOMCTL. OCX”，回车即可。

运行后，如果显示模块与系统不兼容，则需要进行如下工作：

1）左键单击开始菜单，在查找中输入“cmd”，如图 5-20 所示；

2）右键单击“cmd”，选择“以管理员身份运行”，如图 5-21 所示；

图 5-20 搜索命令提示符

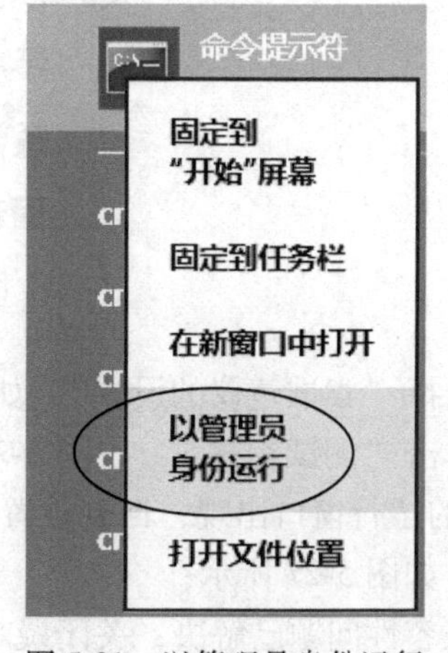

图 5-21 以管理员身份运行

3）在dos窗口中输入："cd c：\windows\syswow64［回车键］""regsvr32 MSCOMCTL.OCX［回车键］"，如图5-22所示，如果成功，系统将会出现如图5-23所示提示，此时点"确定"即可；

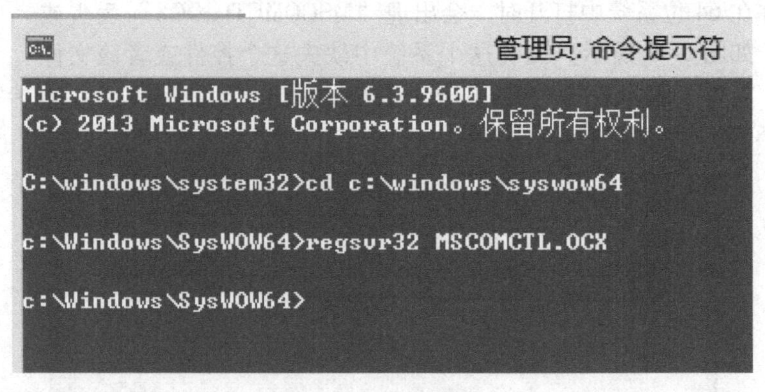

图5-22　注册控件

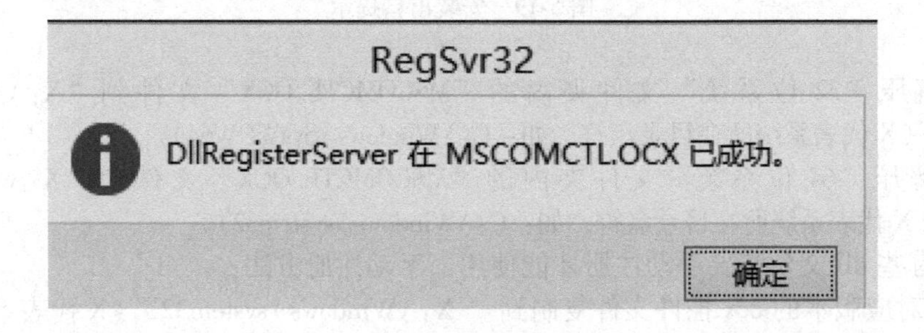

图5-23　注册成功提示

4）右键单击Jade 6.0运行软件，选择"兼容性疑难解答"，如图5-24所示；

打开(O)
以管理员身份运行(A)
添加到开始菜单
兼容性疑难解答(Y)
固定到"开始"屏幕(P)

图5-24　兼容性解决

5）选择"尝试建议的设置"，如图5-25所示；

6）单击"测试程序"，如图5-26所示，测试程序时，同意弹出的修改窗口，之后Jade软件的运行窗口出现，回到设置窗口，显示故障已排除，选择"是，为此程序保存这些设置"，如图5-27所示；

7）兼容性问题已解决，关闭疑难解答，如图5-28所示。

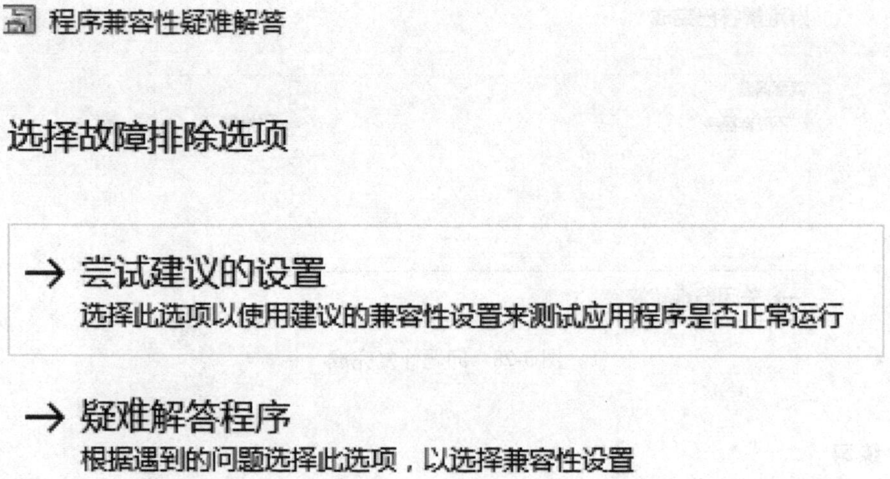

程序兼容性疑难解答

选择故障排除选项

→ 尝试建议的设置
选择此选项以使用建议的兼容性设置来测试应用程序是否正常运行

→ 疑难解答程序
根据遇到的问题选择此选项，以选择兼容性设置

图 5-25 尝试建议的设置

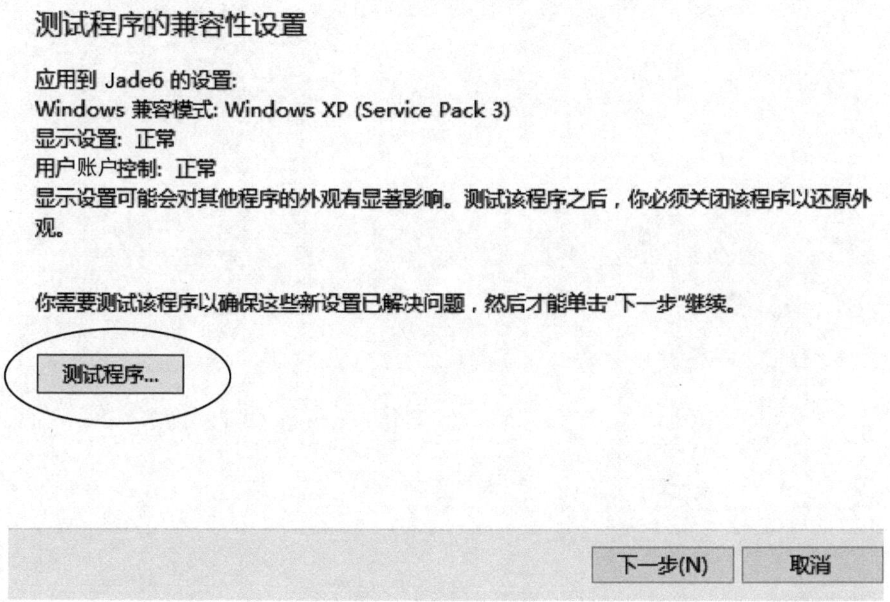

测试程序的兼容性设置

应用到 Jade6 的设置:
Windows 兼容模式: Windows XP (Service Pack 3)
显示设置: 正常
用户账户控制: 正常
显示设置可能会对其他程序的外观有显著影响。测试该程序之后，你必须关闭该程序以还原外观。

你需要测试该程序以确保这些新设置已解决问题，然后才能单击“下一步”继续。

测试程序...

下一步(N) 取消

图 5-26 测试程序

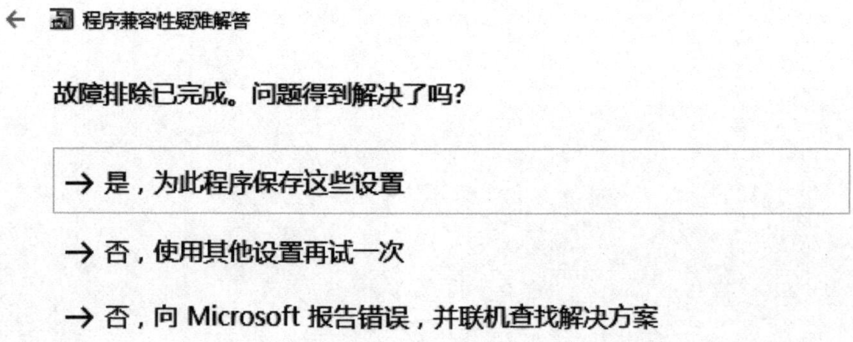

← 程序兼容性疑难解答

故障排除已完成。问题得到解决了吗?

→ 是，为此程序保存这些设置

→ 否，使用其他设置再试一次

→ 否，向 Microsoft 报告错误，并联机查找解决方案

图 5-27 保存设置

疑难解答已完成

找到问题

不兼容程序　已修复

→ 关闭疑难解答

图 5-28　问题修复完成

5.2.4　练习

在32位或64位计算机上正确安装 Jade 6.5 软件，并导入 PDF 卡片库。

训练6　Jade 6.0 软件操作（一）

——界面功能、数据导入与作图

6.1　学习目的和要求

结合普通高校本科材料专业学生的学习及应用层面，本软件主要要求学生掌握应用Jade 6.0软件进行物质的定性分析、标注及简单的定量分析，如晶粒尺寸等。

在本次学习中，要求学生能够掌握Jade 6.0软件的界面各功能、数据的导入方式及作图操作。

界面功能介绍

6.2　软 件 操 作

6.2.1　软件界面功能说明

（1）双击桌面快捷方式　，打开软件，软件界面出现的曲线为上一次关闭前打开的数据曲线，如图6-1所示。

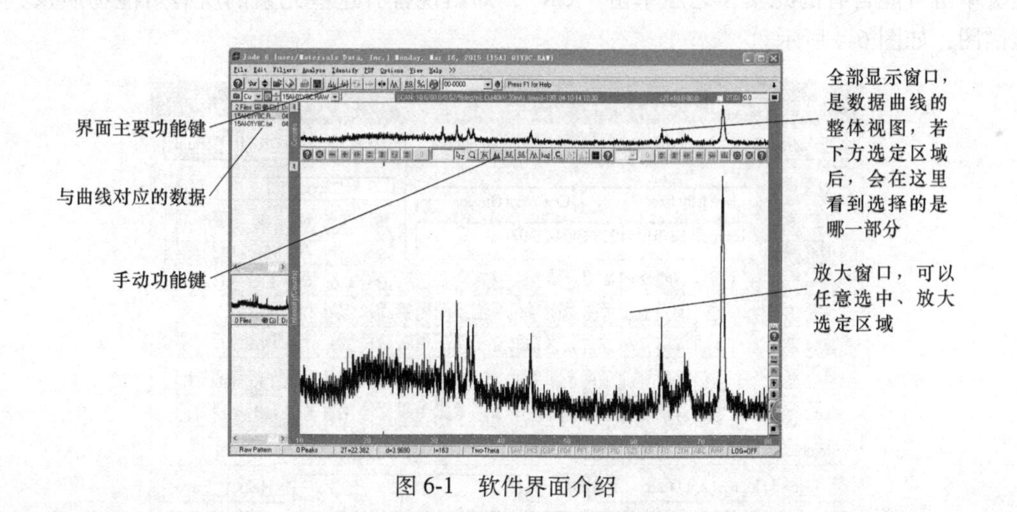

图6-1　软件界面介绍

（2）界面主功能键介绍，图6-2给出了主要功能键的作用，可以方便地实现对数据的相应处理功能。在各项功能中，较常用的是PDF中的“Chemistry...”，如图6-3所示，该功能是在已知试样组成元素的前提下，对数据对应的样品进行定性分析。

通常，分析人员对所做试样的组成元素基本是已知的，因此，可以通过这一功能缩小查找范围，提高分析效率。单击“Chemistry...”功能之后，出现化学元素周期表，在表中

角度计算
峰形拟合
File Edit Filters Analyze Identify PDF Options View Help >>
00-00
打开文件
寻峰
平滑图谱
扣除背底
物相检索
查找PDF卡片

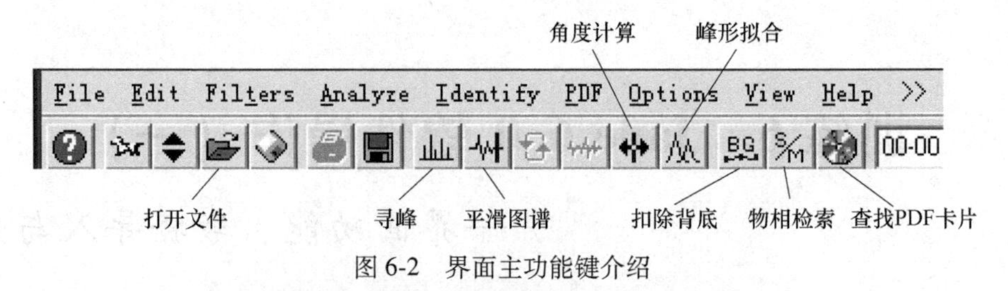

图 6-2 界面主功能键介绍

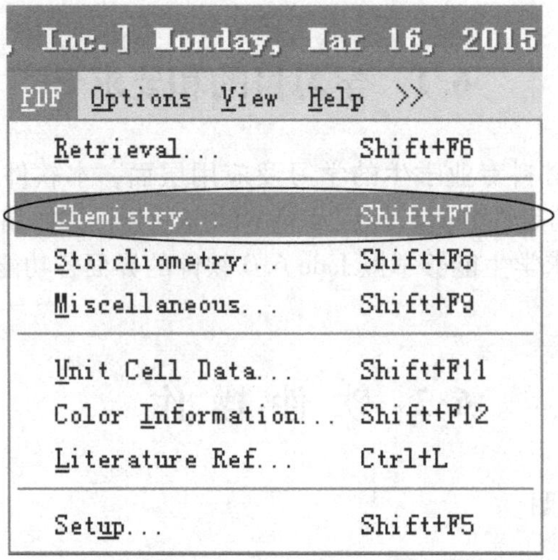

Inc.] Monday, Mar 16, 2015
PDF Options View Help >>
Retrieval... Shift+F6
Chemistry... Shift+F7
Stoichiometry... Shift+F8
Miscellaneous... Shift+F9
Unit Cell Data... Shift+F11
Color Information... Shift+F12
Literature Ref... Ctrl+L
Setup... Shift+F5

图 6-3 化学成分功能选择

左键单击可能含有的元素，之后单击“OK”，即出现含有这些元素的所有可能物质及其标准谱图，如图 6-4 所示。

Current Chemistry [Retrieval]
Exclude All
Light Elements
Common Elements
Possible All
OK
Cancel
chemistry filter file
Chemical Groups
Inorganics (51/54529 @04-25-07)
Oxygen [8]
Stoichiometry:
Read Fluorescent Data...
50
Help
Save

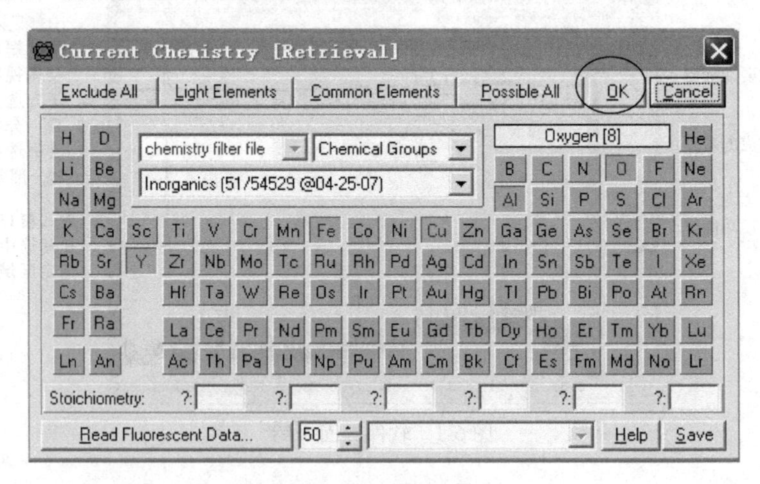

图 6-4 选择元素

（3）手动工具栏常用按钮及其作用，如图 6-5 所示。

（4）右下角按钮及其作用。界面窗口的右下角有一列工具栏（见图 6-6），其功能如图 6-7 所示。

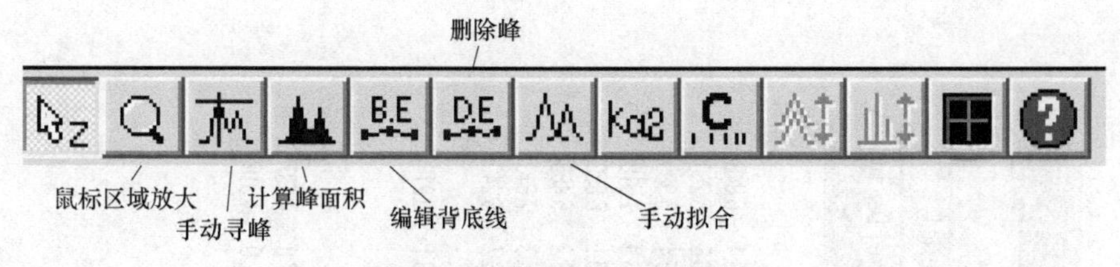

图 6-5 手动工具栏功能键介绍

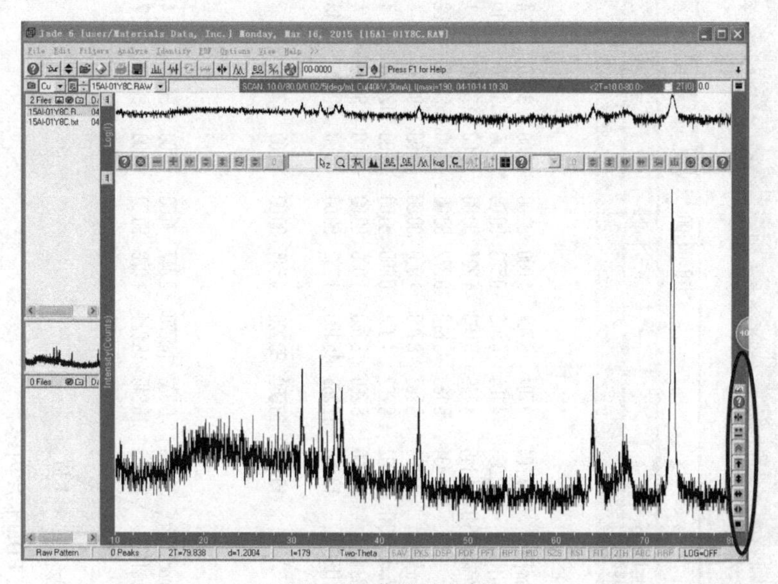

图 6-6 曲线功能键

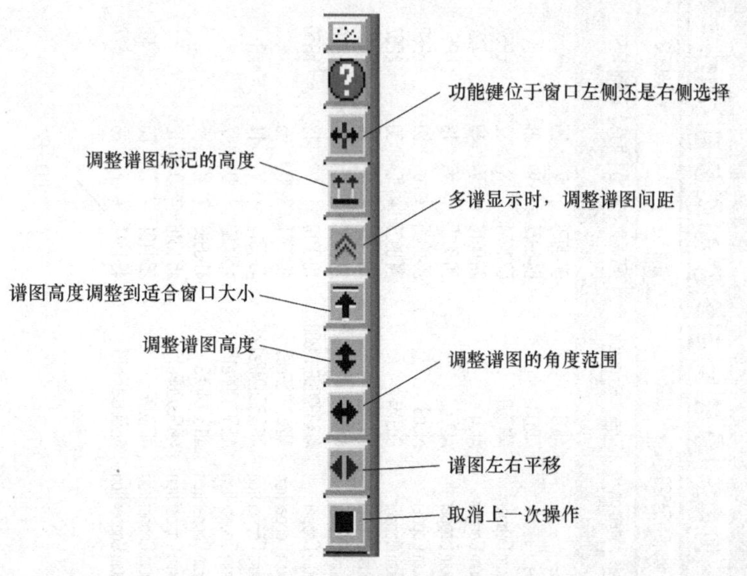

图 6-7 曲线功能键介绍

(5) PDF 卡片内容介绍。通常，最后的定性是在 PDF 卡片库中找到与实测峰值位置对应较好的物相，那么，对于卡片库中所包含的基本信息要有所了解。卡片库窗口如图 6-8 所示。

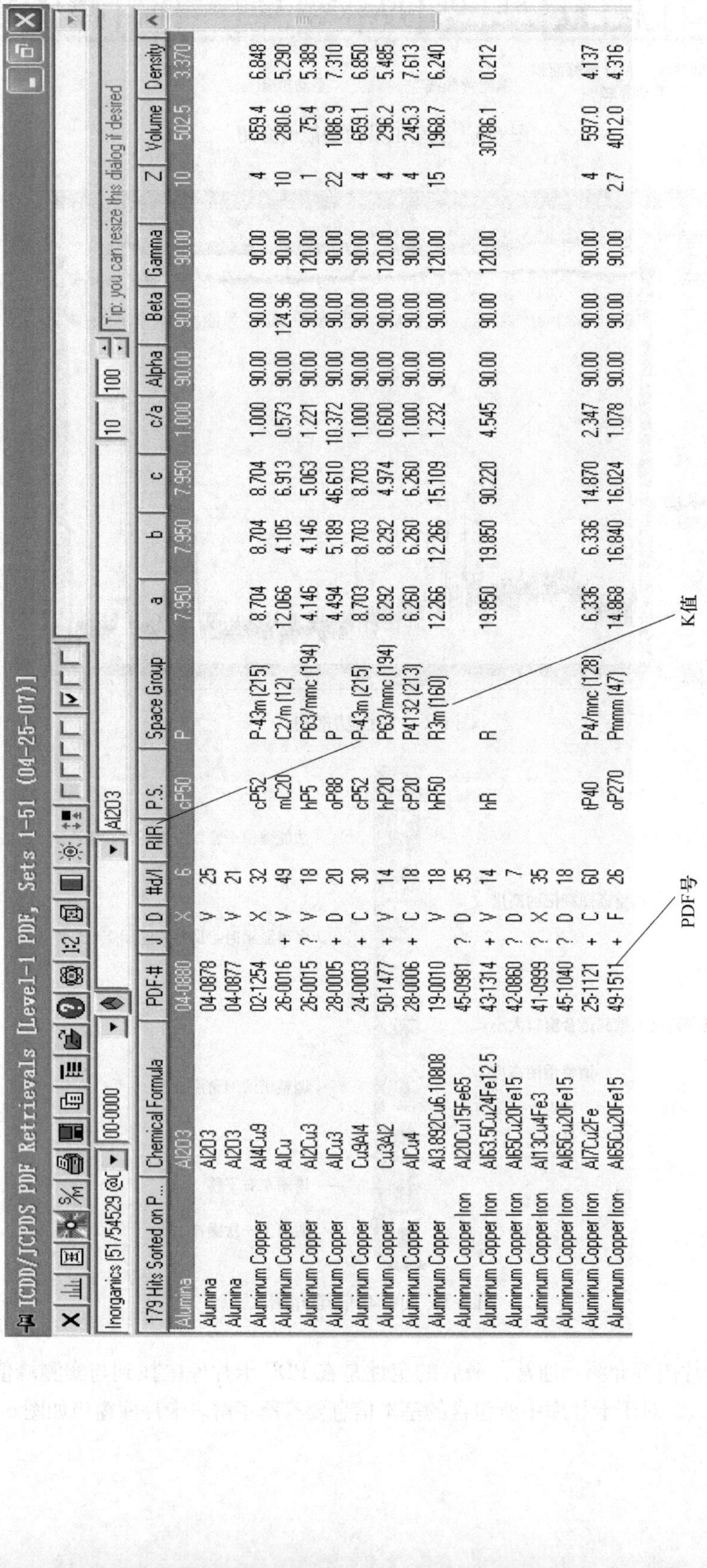

ICDD/JCPDS PDF Retrievals [Level-1 PDF, Sets 1-51 (04-25-07)]

Inorganics (51/54529 @C　00-0000　Al2O3　10　100　Tip: you can resize this dialog if desired

179 Hits Sorted on P...	Chemical Formula	PDF-#	J	D	#d/I	RIR	P.S.	Space Group	a	b	c	c/a	Alpha	Beta	Gamma	Z	Volume	Density
Alumina	Al2O3	04-0880		X	6		cP50	P	7.950	7.950	7.950	1.000	90.00	90.00	90.00	10	502.5	3.370
Alumina	Al2O3	04-0878		V	25													
Alumina	Al2O3	04-0877		V	21													
Aluminum Copper	Al4Cu9	02-1254		X	32		cP52	P-43m (215)	8.704	8.704	8.704	1.000	90.00	90.00	90.00	4	659.4	6.848
Aluminum Copper	AlCu	26-0016	+	V	49		mC20	C2/m (12)	12.066	4.105	6.913	0.573	90.00	124.96	90.00	10	280.6	5.290
Aluminum Copper	Al2Cu3	26-0015	?	V	18		hP5	P63/mmc (194)	4.146	4.146	5.063	1.221	90.00	90.00	120.00	1	75.4	5.389
Aluminum Copper	AlCu3	28-0005	+	D	20		oP88	P	4.494	5.189	46.610	10.372	90.00	90.00	90.00	22	1086.9	7.310
Aluminum Copper	Cu9Al4	24-0003	+	C	30		cP52	P-43m (215)	8.703	8.703	8.703	1.000	90.00	90.00	90.00	4	659.1	6.850
Aluminum Copper	Cu3Al2	50-1477	+	V	14		hP20	P63/mmc (194)	8.292	8.292	4.974	0.600	90.00	90.00	120.00	4	296.2	5.485
Aluminum Copper	AlCu4	28-0006	+	C	18		cP20	P4132 (213)	6.260	6.260	6.260	1.000	90.00	90.00	90.00	4	245.3	7.613
Aluminum Copper	Al3.892Cu6.10808	19-0010		V	18		hR50	R3m (160)	12.266	12.266	15.109	1.232	90.00	90.00	120.00	15	1968.7	6.240
Aluminum Copper Iron	Al20Cu15Fe65	45-0981	?	D	35													
Aluminum Copper Iron	Al63.5Cu24Fe12.5	43-1314	+	V	14		hR	R	19.850	19.850	90.220	4.545	90.00	90.00	120.00		30786.1	0.212
Aluminum Copper Iron	Al65Cu20Fe15	42-0860	?	D	7													
Aluminum Copper Iron	Al13Cu4Fe3	41-0999	?	X	35													
Aluminum Copper Iron	Al65Cu20Fe15	45-1040	?	D	18													
Aluminum Copper Iron	Al7Cu2Fe	25-1121	+	C	60		tP40	P4/mnc (128)	6.336	6.336	14.870	2.347	90.00	90.00	90.00	4	597.0	4.137
Aluminum Copper Iron	Al65Cu20Fe15	49-1511	+	F	26		oP270	Pmmm (47)	14.868	16.840	16.024	1.078	90.00	90.00	90.00	2.7	4012.0	4.316

PDF号　K值

图 6-8　PDF 卡片内容

PDF卡片号是必须标记的，因为每一种物质的卡片号是唯一的，所以知道了号码，也就知道了是何种物相。

卡片库中的信息相当丰富，在实际应用中，找到自己需要的内容，会在物相的定性、定量分析中获得很大的便利。

6.2.2 数据导入

（1）在桌面上找到 图标并且双击，进入Jade的主窗口。

（2）选择菜单“File→Patterns...”或单击 打开一个读入文件的对话框。

选择文件所在路径，找到相应的文件夹。在文件格式的下拉菜单中，选择数据所属格式，这主要由分析设备输出数据格式决定，通常选择“.raw”格式即可打开。选择格式后，可在下方大窗口内看到该类型数据的所有文件，选择要分析的数据并且双击，则将数据导入Jade 6.0软件。若没有看到文件，则改变其他格式，尝试导入，如图6-9所示。

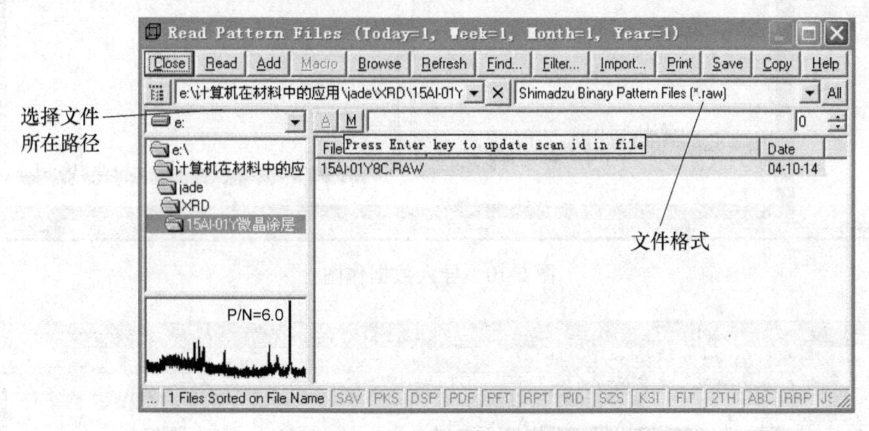

图6-9 导入数据对话框

在此，对导入数据的格式做简单介绍，以方便对数据格式的理解和认识。

（1）MDI ASCII Pattern Files（*.mdi）：Jade的默认数据格式，也是一种通用的纯文本格式，被很多其他软件使用。

（2）Shimadzu Binary Pattern Files（*.raw）：岛津二进制数据格式。

（3）Jade ASCII Import Pattern Files（*.txt）：通用文本格式，这种格式的文件可由Jade产生，也可读入Jade中。

如果不知道文件类型，或者不愿意选择文件类型，可选文件类型为“*.*”。

双击需要的文件后，在Jade的窗口中，会出现数据的XRD图谱。

6.2.3 文件的读入方式

数据导入

文件的读入方式有两种：一种是读入，另一种是添加。读入会将之前的谱线覆盖，由下一条谱线替代，即窗口中只能有一条谱线；添加方式，则可以有序保留多条谱线在一个窗口，方便谱线之间的比较。

（1）Read：读入单个文件或同时读入多个选中的文件。如：软件已经打开文件

“Fe-15Cu-15Al8C. raw”，如图 6-10 所示。若此时再单击“File-Read”，选择“15Al-01Y7C. raw”文件，则窗口的谱线被后者取代，如图 6-11 所示。

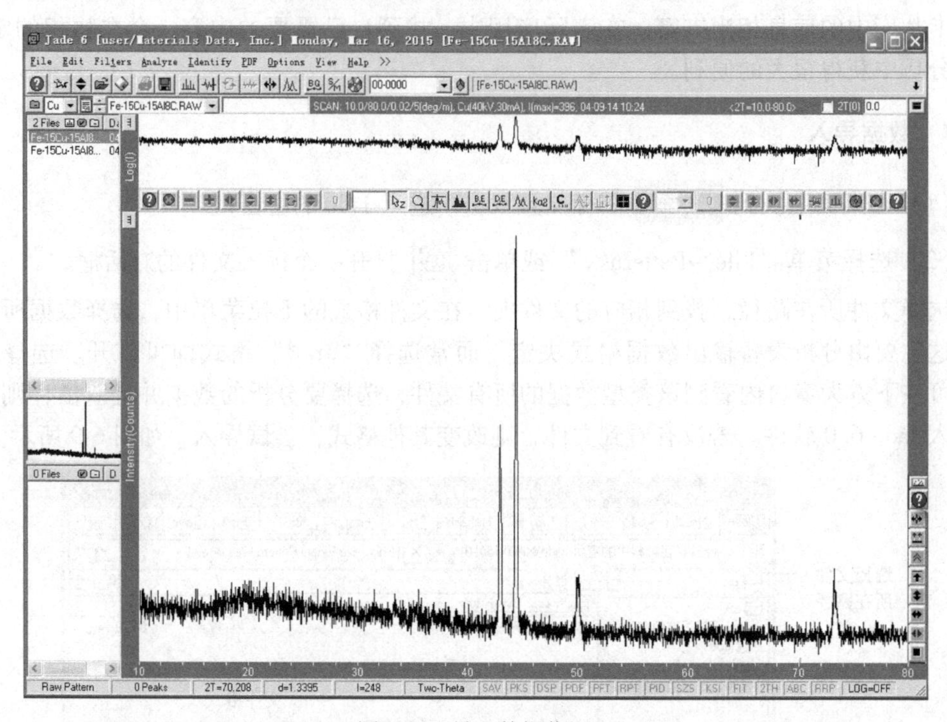

图 6-10 导入数据作图

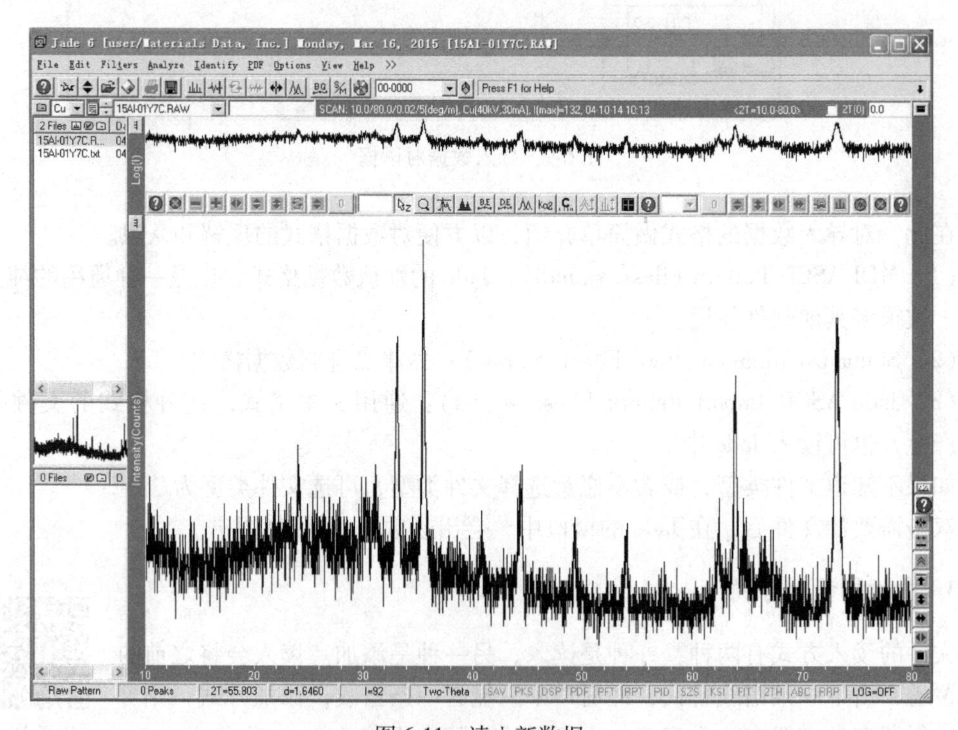

图 6-11 读入新数据

此时，被覆盖的谱线并没有从窗口中删除，如要再次打开，只需要在左上角文件名称处的下拉菜单中再次选择该数据，则数据再次被读入，如图 6-12 所示。单击后，谱线再次出现，如图 6-13 所示。如此，可以方便地在多条谱线间切换。

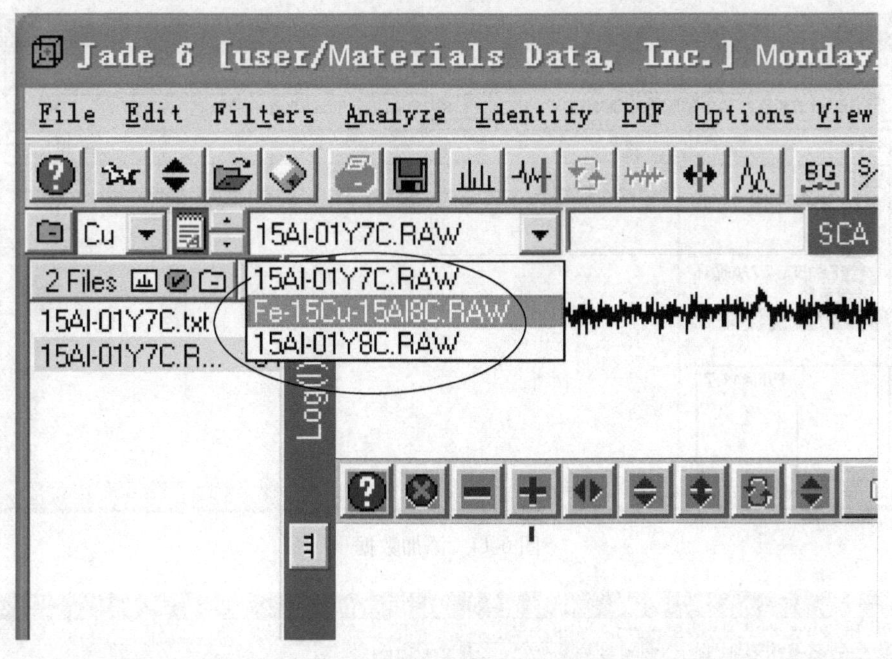

图 6-12 读入的数据

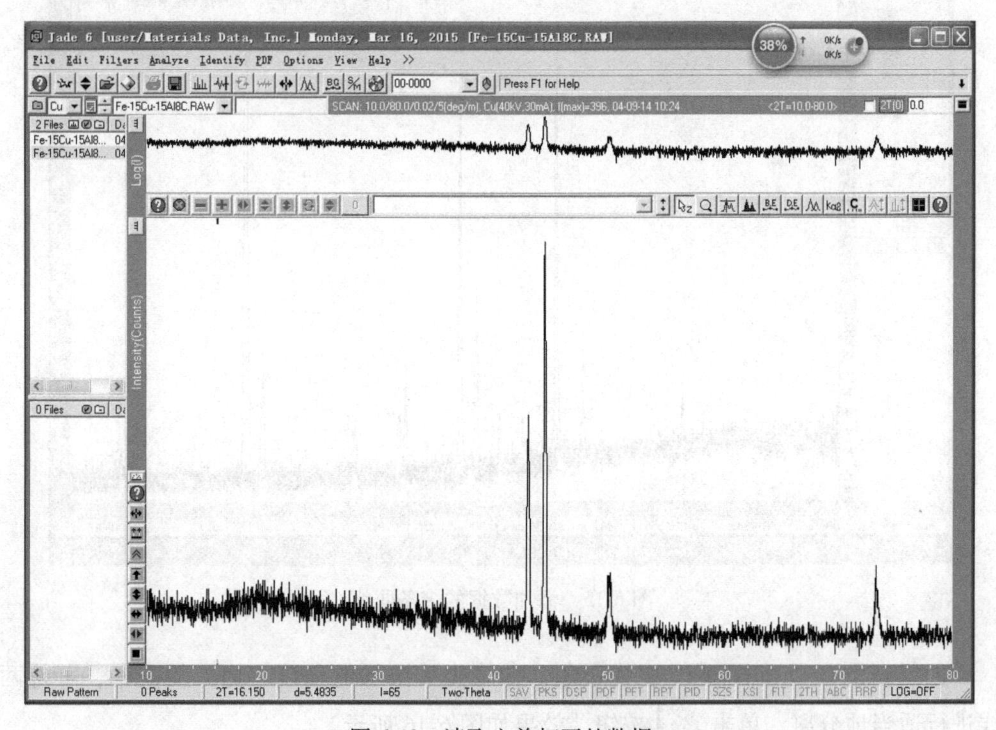

图 6-13 读取之前打开的数据

（2）Add：添加文件。如果主窗口中已显示了一条谱线，为了将新增的谱线与已有谱线在同一窗口进行比较，则使用 Add 的方式读入文件会比较直观：File→Patterns→选择新数据→Add，如图 6-14 所示。单击后，出现如图 6-15 所示窗口。

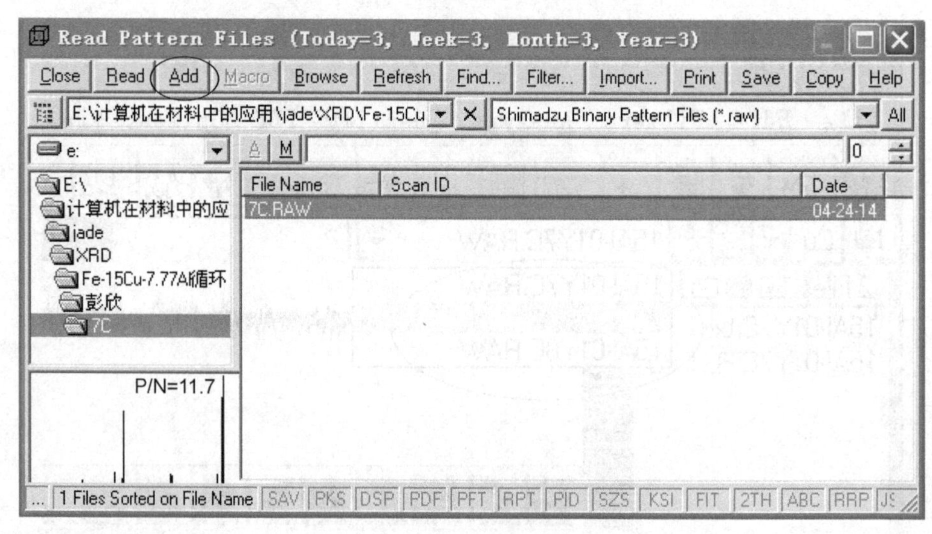

图 6-14　添加数据

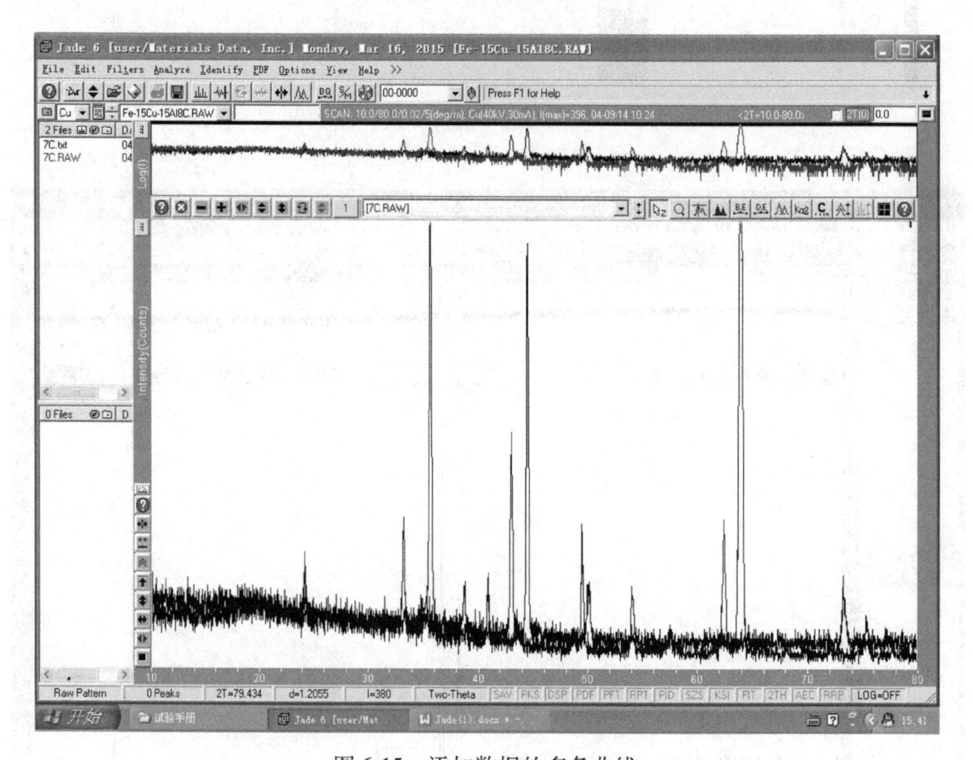

图 6-15　添加数据的多条曲线

绿色（在图 6-15 和图 6-16 中为灰色）曲线为后添加的谱线。为方便观察，可将两条谱线进行适当地分离，单击 按钮，效果如图 6-16 所示。

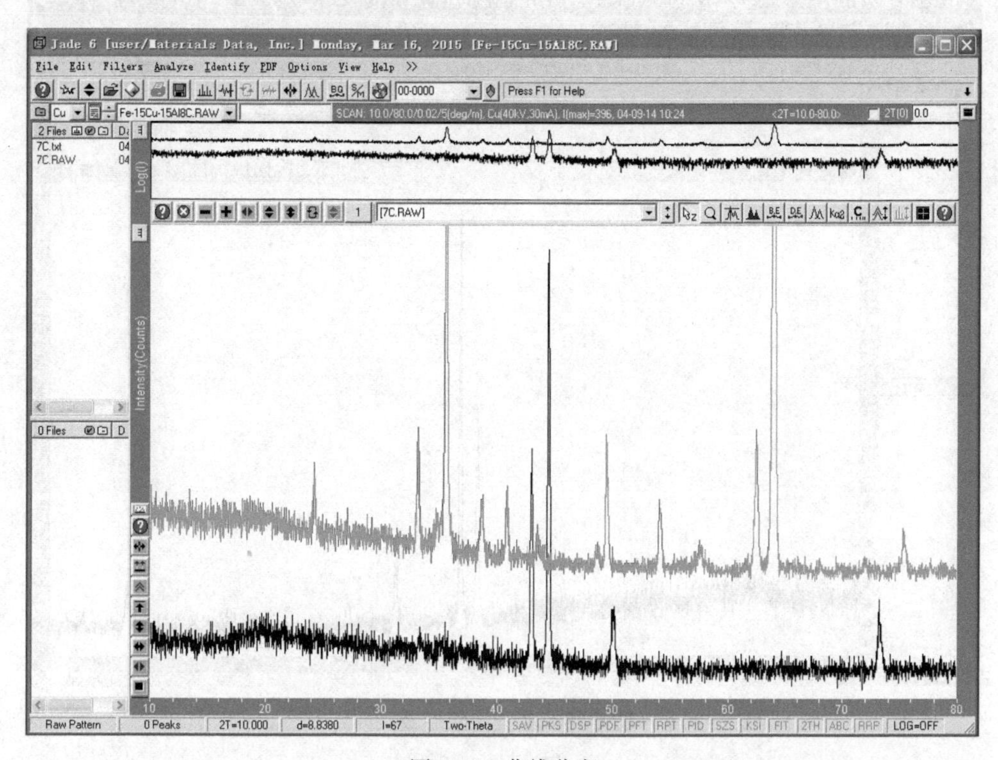

图 6-16　曲线分离

（3）如果需要有序地排列多条谱线，建议逐一“Add”数据，这在后面的图谱排列中一直有序。

（4）如果比较后，需要删除某条谱线，则只需要双击左侧对话框中对应的数据，出现是否需要擦除谱线的询问，选择“OK”（见图 6-17），则数据谱线被擦除，如图 6-18 所示。

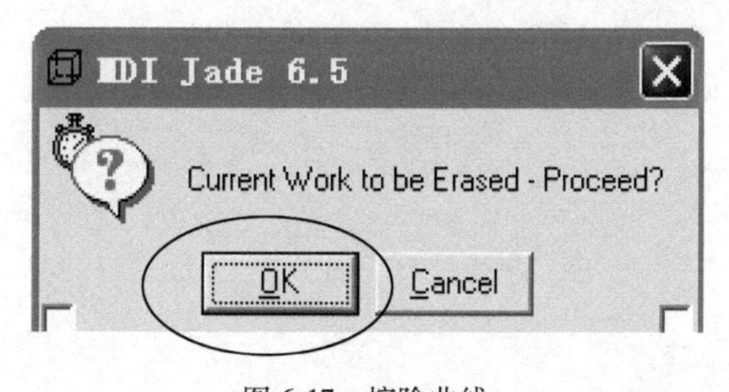

图 6-17　擦除曲线

6.2.4　练习

分别导入一条及多条 XRD 数据曲线，观察和调整曲线的特征及位置，认识 Jade 界面功能。

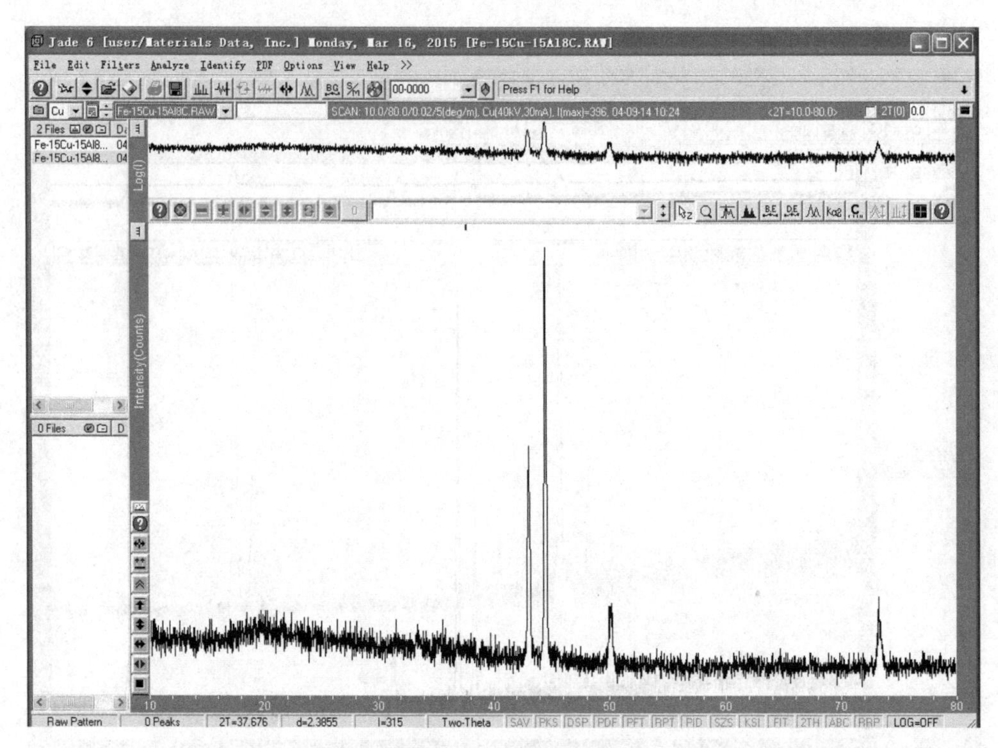

图 6-18 曲线擦除后效果

训练7　Jade 6.0 软件操作（二）

——物相检索与动态仿真

物相检索

物相检索即物相定性分析，它的基本原理基于三条原则：（1）任何一种物相都有其独特的衍射谱；（2）任何两种物相的衍射谱不可能完全相同；（3）多相样品的衍射峰是各物相的机械叠加。因此，通过实验测量或理论计算，建立一个“已知物相的卡片库”，将样品的图谱与 PDF 卡片库中的标准卡片对照，就能获得样品中的全部物相。

一般来说，判断一个相是否存在有三个条件：（1）标准卡片中的峰位与测量峰的峰位是否匹配，一般情况下，标准卡片中出现的峰的位置，样品谱中必须有相应的峰与之对应，即使三条强线对应得非常好，但有另一条较强线位置明显没有出现衍射峰，也不能确定存在该相。但是当样品存在明显的择优取向时除外，此时需要另外考虑择优取向问题。（2）标准卡片的峰强比与样品峰的峰强比要大致相同，但一般情况下，对于金属块状样品，由于择优取向存在，导致峰强比不一致，因此峰强比仅可做参考。（3）检索出来的物相包含的元素在样品中必须存在，如果检索出一个 Al_2O_3 相，但样品中根本不可能存在 Al 元素，则即使其他条件完全吻合，也不能确定样品中存在该相，此时可考虑样品中存在与 Al_2O_3 晶体结构大体相同的某相。

7.1　学习目的和要求

在本训练中，将进行两种情况下的检索：一种为完全不知检测样品的组成及物相的分析，即“大海捞针型”的检索；另一种为已知样品组成元素的物相检索，即限定条件的物相检索。在实际情况下，通常我们是知道样品的组成元素的，因此后者应用得较多，学生们必须掌握。对于“大海捞针型”的检索，在实际生产、生活中有时也是会遇到的，因此也需要知道具体的操作。

本训练要求学生学会如何进行完整的物相检索，并查看物质的晶体结构模型。

7.2　软件操作

大海捞针型
物相检索

7.2.1　大海捞针型物相检索

（1）打开一个图谱，鼠标右键单击“S/M”按钮，打开检索条件设置对话框，如图 7-1 所示，去掉“Use Chemistry Filter”（元素限定过滤器）选项的对号，PDF 子库全部选中，检索对象选择为主相“S/M Focus on Major Phases”，再单击“OK”按钮，进入“Search/Match Display”窗口，如图 7-2 所示。

（2）在上方的全谱显示窗口，可以观察全部 PDF 卡片的衍射线与测量谱的匹配情况。

通常观察中间的放大窗口，可查看局部匹配的细节，通过左边的⇔按钮可调整放大窗口的显示范围和放大比例，以便观察得更加清楚。若要取消放大，只需单击左侧的■按钮，即可恢复。

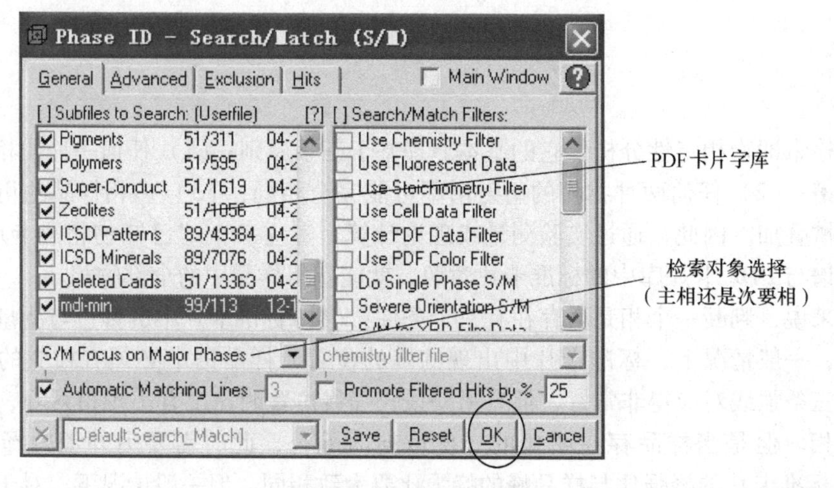

图 7-1 检索功能介绍

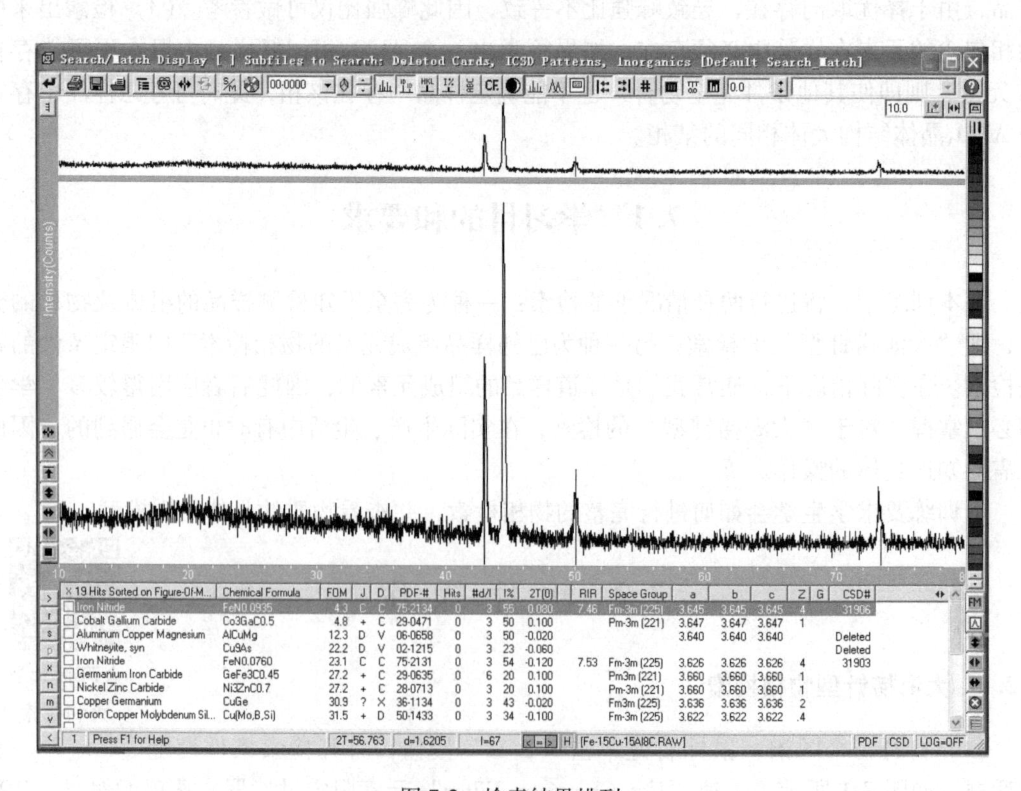

图 7-2 检索结果排列

窗口的最下面是检索列表，从上至下列出最可能的物相，一般按“FOM”由小到大的顺序排列，FOM 是匹配率的倒数。其数值越小，表示匹配性越高，如图 7-3 所示。

X 19 Hits Sorted on Figure-Of-M...	Chemical Formula	FOM
Iron Nitride	FeN0.0935	4.3
Cobalt Gallium Carbide	Co3GaC0.5	4.8
Aluminum Copper Magnesium	AlCuMg	12.3
Whitneyite, syn	Cu9As	22.2
Iron Nitride	FeN0.0760	23.1
Germanium Iron Carbide	GeFe3C0.45	27.2
Nickel Zinc Carbide	Ni3ZnC0.7	27.2
Copper Germanium	CuGe	30.9
Boron Copper Molybdenum Sil...	Cu(Mo,B,Si)	31.5

1 Press F1 for Help 2T=4

图 7-3 结果排列原则

在这个窗口中，鼠标所指的 PDF 卡片行显示的标准谱线是蓝色（本书图中为灰色），已选定物相的标准谱线为其他颜色，依次排列在谱线的下方，颜色会自动更换，如图 7-4 所示。

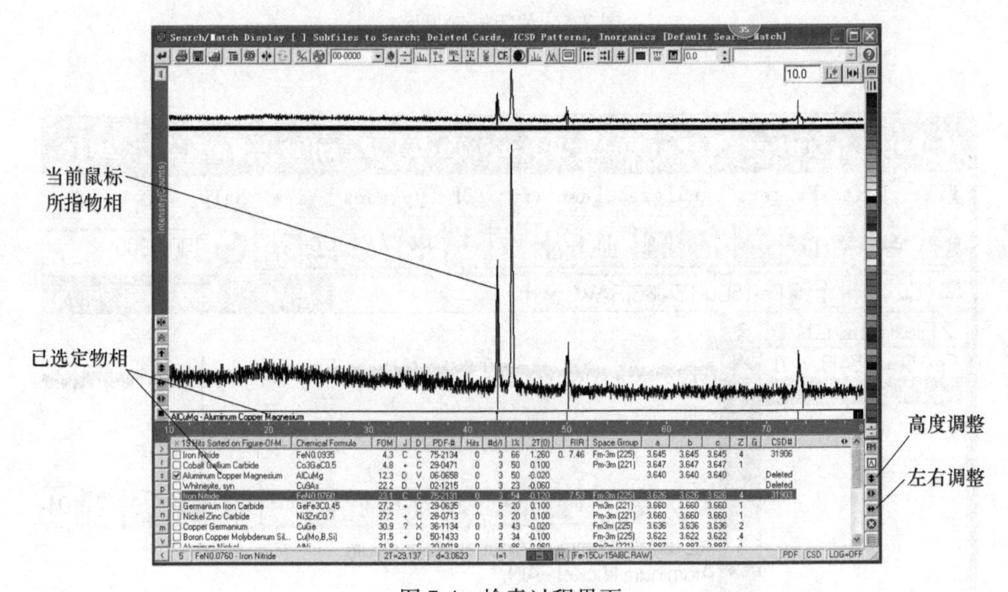

图 7-4 检索过程界面

在检索结果列表右边的功能按钮中，上下双向箭头用来调整标准线的高度，左右双向箭头则可同时向左或向右调整某一物相所有标准线的位置，这个功能在固溶体合金的物相分析中很有用，这是因为固溶体的晶胞参数与标准卡片的谱线对比总有偏移（固溶原子的半径与溶质原子半径不同，造成晶格畸变所致）。

（3）物相检定完成，关闭这个窗口返回到主窗口中，如图 7-5 和图 7-6 所示。

此时，全部的检索物相已经列于放大窗口的左上角位置。在放大窗口的右上方，有一排功能按钮，在对检索结果的重新检查中会经常用到，具体功能如图 7-7 所示。

图 7-7 中的擦除物相按钮 ⊗，左键单击时，擦除选中的一个物相；若右键单击，则擦除全部检索的物相，要进行重新的检索。左键单击检索物相数量按钮，会弹出物相检索结果的对话框，包括物相的详细信息。对于该结果可以直接进行复制，粘贴至文档后，将

文本转化为表格，从而给出检索结果表格形式的输出。

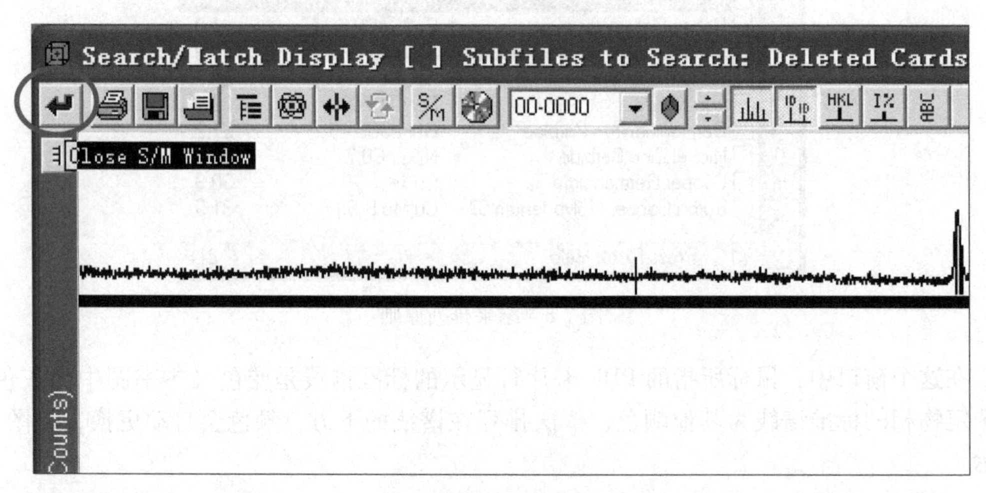

图 7-5 关闭检索界面

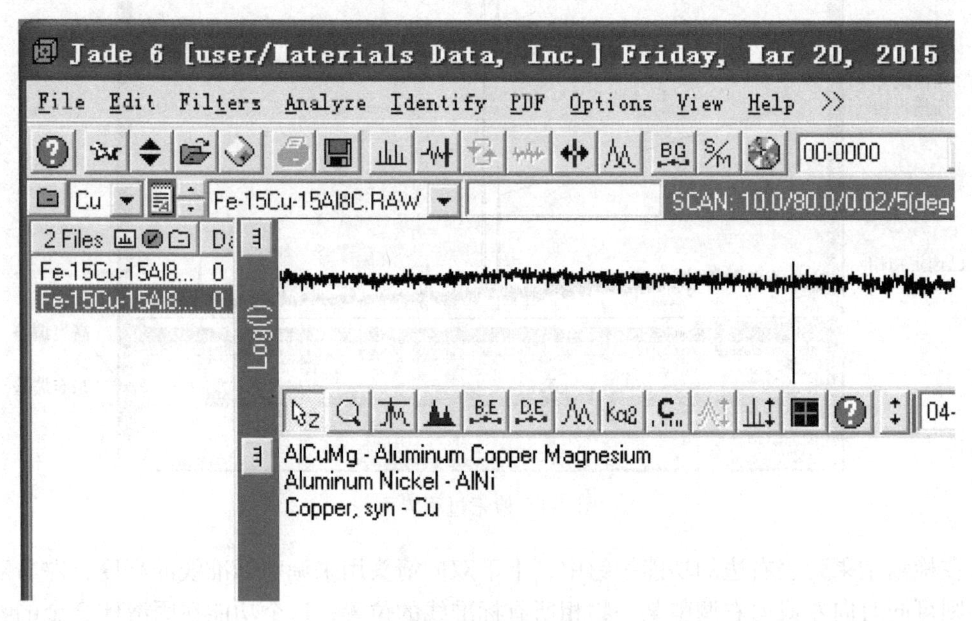

图 7-6 检索结果显示在主界面

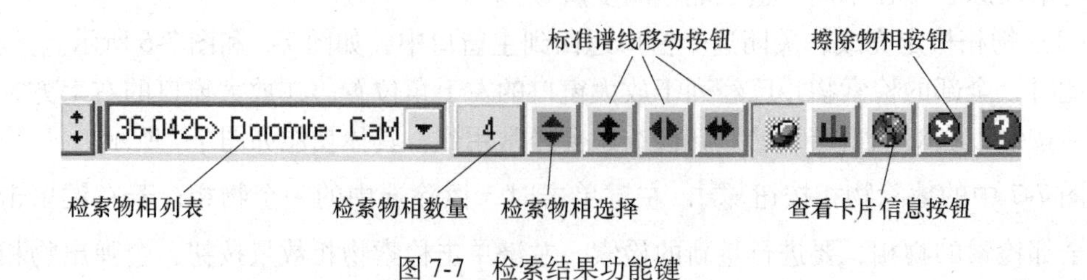

图 7-7 检索结果功能键

（4）若经过这样的全库检索后，仍有单个峰未有恰当的归属，则接下来的工作是专门针对此峰进行单峰检索，方法如下：

单峰检索

1）在主窗口中选择“计算峰面积”按钮，鼠标左键在要检索的衍射峰下划出一条底线，该峰被选定，如图 7-8 所示。

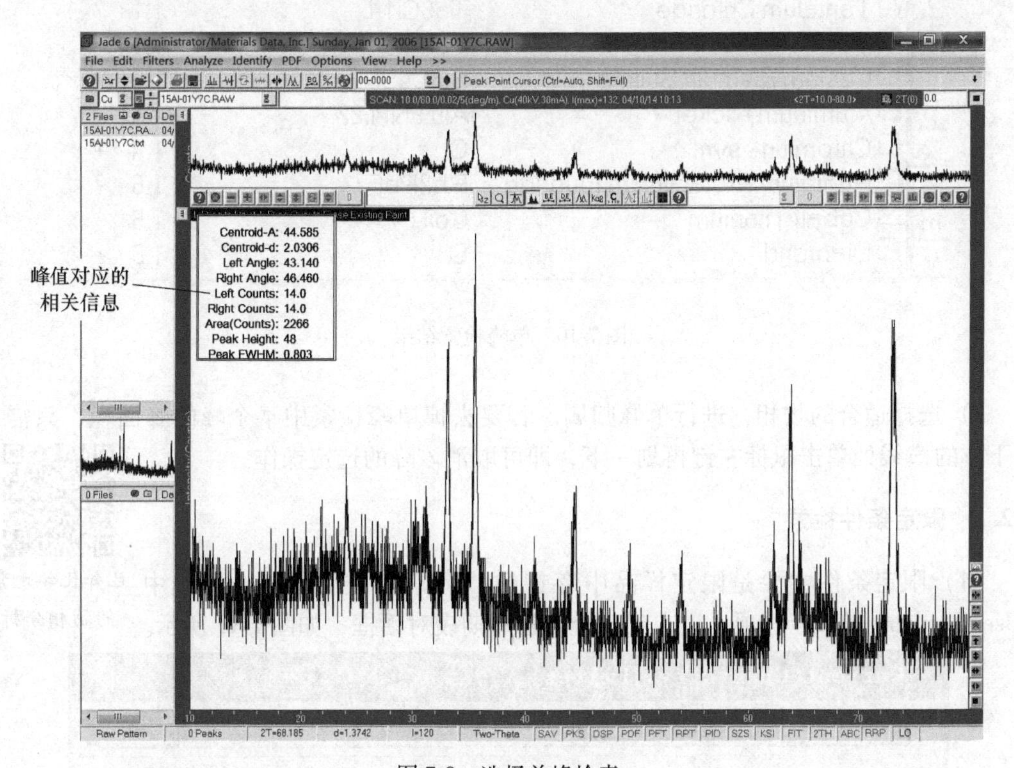

图 7-8 选择单峰检索

2）鼠标右键单击“S/M”，检索对象变为灰色不可调，如图 7-9 所示。此时，可以限定元素或不限定元素，单击“OK”，软件会列出在此峰位置出现衍射峰的标准卡片列表，如图 7-10 所示。

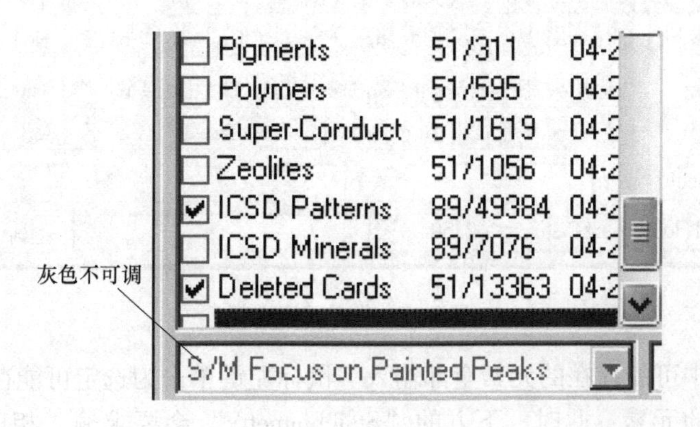

图 7-9 单峰检索设置

40 Hits Sorted on Figure-Of-Merit	Chemical Formula	FOM	J
Germanium Iron	Fe0.84Ge0.16	1.0	?
Strontium Aluminum Borate	SrAl2B2O7	1.1	+
434-L stainless steel	Fe-Cr	1.1	+
Tantalum Chloride	Ta6Cl14	1.1	?
Iron Vanadium	FeV	1.1	
Cesium Bismuth Sulfide	Bi3CsS5	1.3	?
Aluminum Nickel	Al0.9Ni4.22	1.4	
Chromium, syn	Cr	1.4	+
Rubidium Protactinium Fluoride	Rb2PaF7	1.5	?
Cobalt Titanium	CoTi	1.5	
Diamond	C	1.5	+

图 7-10　单峰检索结果

3）选择适合的物相，进行单峰归属。若要去掉单峰检索中某个峰的峰面积，只需在峰下方的横线处单击鼠标左键再划一下，即可取消该峰的选定操作。

7.2.2　限定条件检索

（1）限定条件主要是限定样品中存在的“元素”或化学成分，选中“Use chemistry filter”选项，进入到一个元素周期表对话框，如图 7-11 所示。

已知化学元素的物相分析

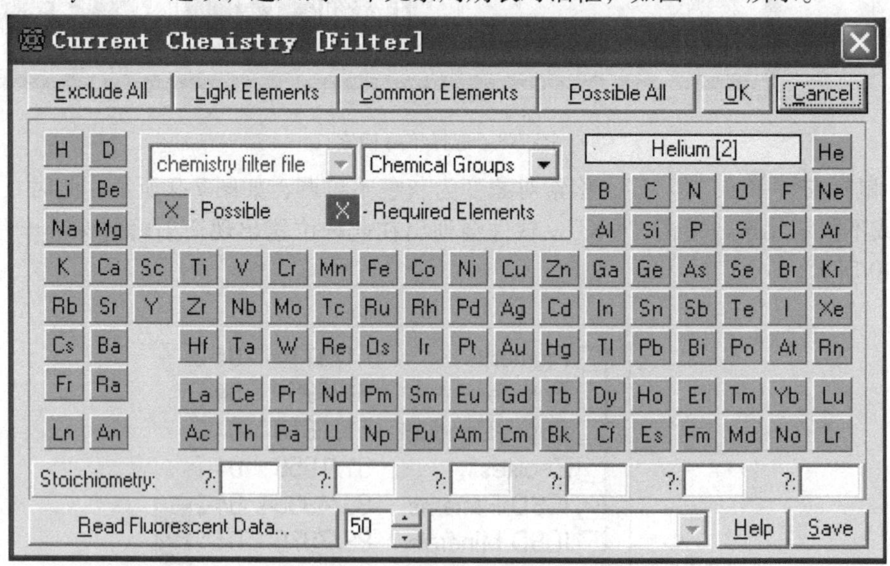

图 7-11　化学元素选择

（2）将样品中可能存在的元素全部输入。鼠标左键单击为选定可能存在的物相；左键双击为确定存在的元素，此时，下方的“Stoichiometry”会要求输入相应的化学计量比；单击三下，则取消该元素。选择好元素后，单击“OK”，返回到前一对话框界面，如图 7-12 所示。

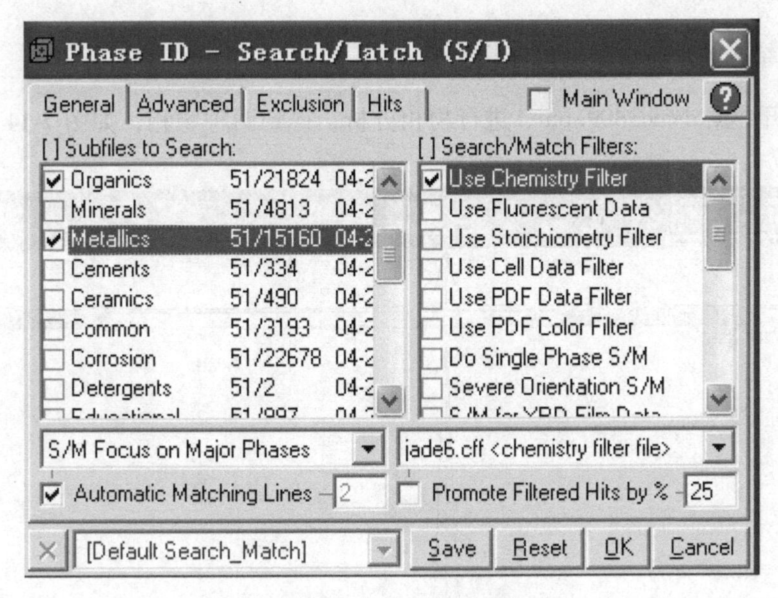

图 7-12　化学过滤器设置

（3）选择适当的卡片库，单击“OK”，进入检索界面，如图 7-13 所示。

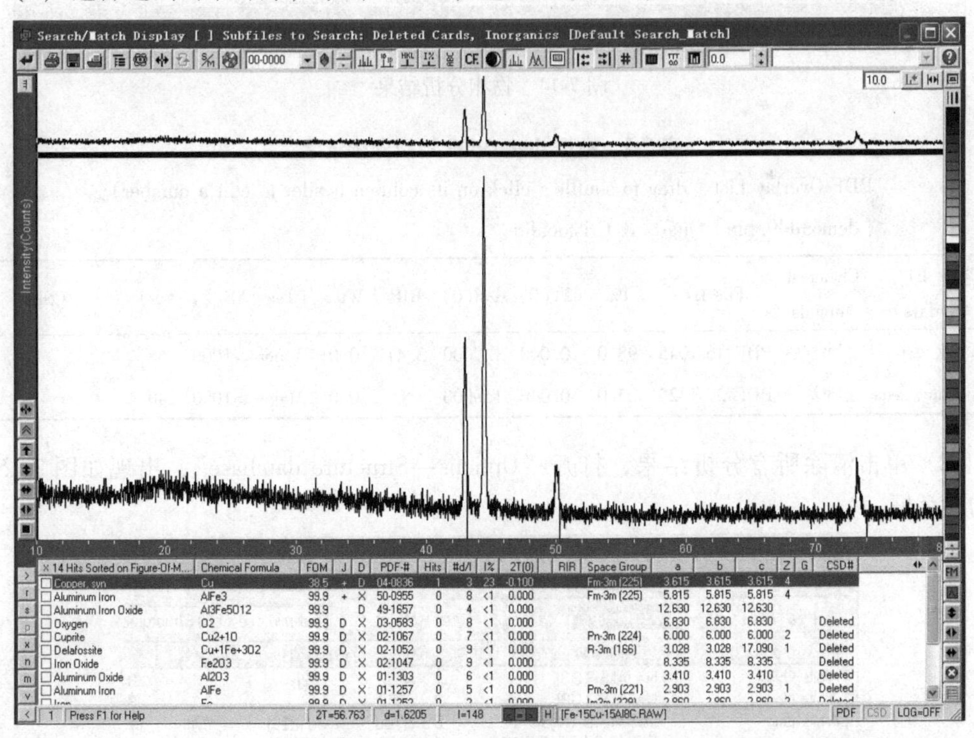

图 7-13　检索结果

（4）之后的操作与前面的检索过程相同，包括单峰的检索过程。

注意：通常在撰写分析结果时，将 XRD 数据用 Origin 作图，再进行标注，很少将 Jade 软件得到的检索图像直接使用。

7.2.3 物质结构的动态仿真结果查看

（1）打开数据 demo3d09.bin，进行物相分析，得到两种物相，如图 7-14 所示。其相关信息见表 7-1。

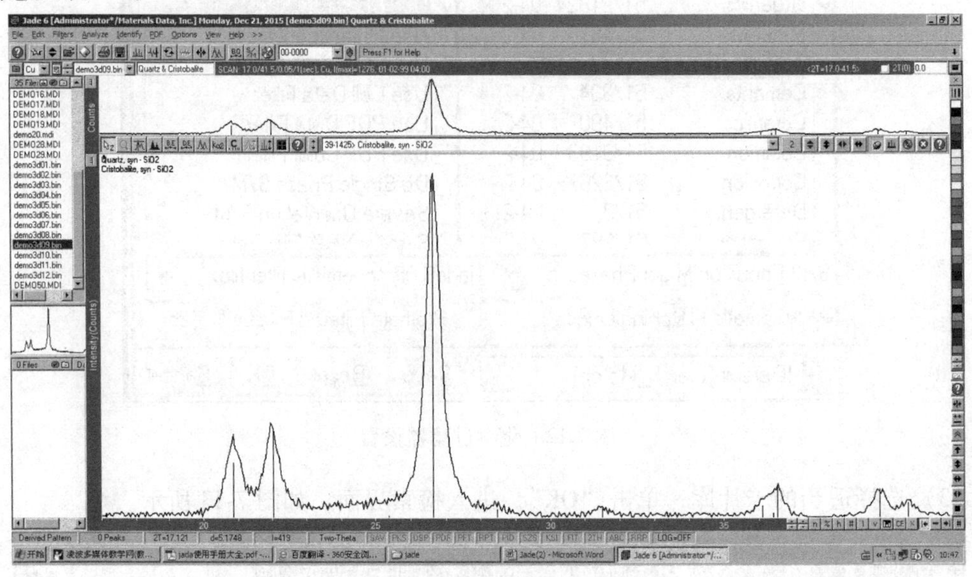

图 7-14 物相分析结果

表 7-1 数据 demo3d09 物相分析结果

PDF Overlay List（drag to shuffle，click on its column header to edit a number）

[demo3d09.bin] Quartz & Cristobalite

Phase ID (2 Overlays)	Chemical Formula	File ID	I%	2T(0)	d/d(0)	RIR	Wt%	Tag	XS(?)	#d/I	CSD#
Quartz，syn	SiO_2	PDF#46-1045	98.0	0.000	1.0000	3.41	0.0	Major	>1000	58	
Cristobalite，syn	SiO_2	PDF#39-1425	25.0	0.040	1.0000	?	0.0	Major	>1000	40	

（2）单击清除所有分析结果，打开“Options→Structure database”，出现如图 7-15 所示的对话框。

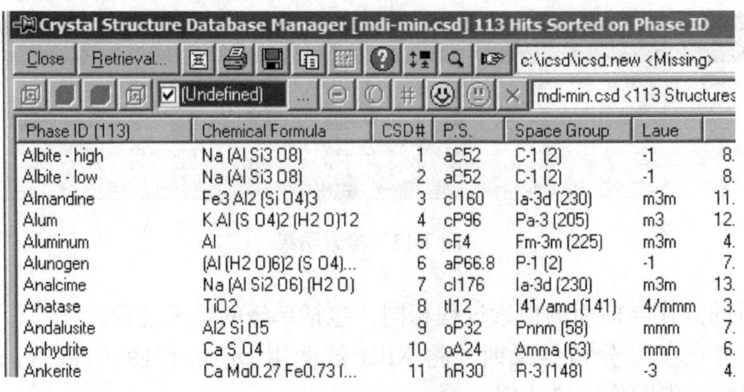

图 7-15 结构信息数据

（3）单击“Retrieval... → Chemistry...”，如图 7-16 所示。

（4）双击“Si”“O”两种元素，在下方输入其化学计量比，O 为 2.0，Si 为 1.0，单击“OK”，如图 7-17 所示。

（5）在出现的结果对话框中，双击“SiO_2”，则出现该物相的详细信息，如图 7-18 所示。

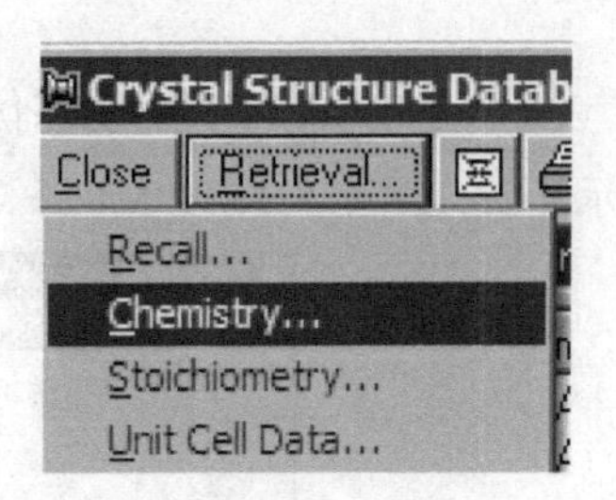

图 7-16　选择化学结构信息功能

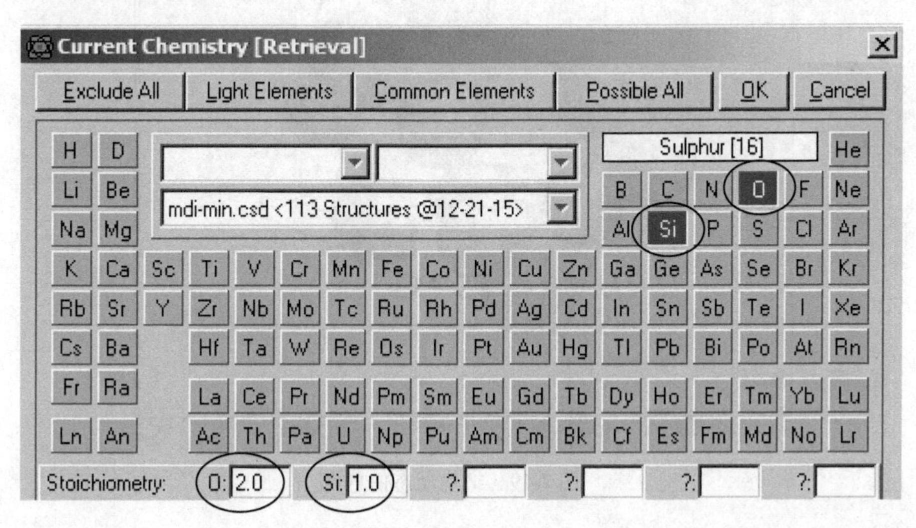

图 7-17　选择元素及配位数

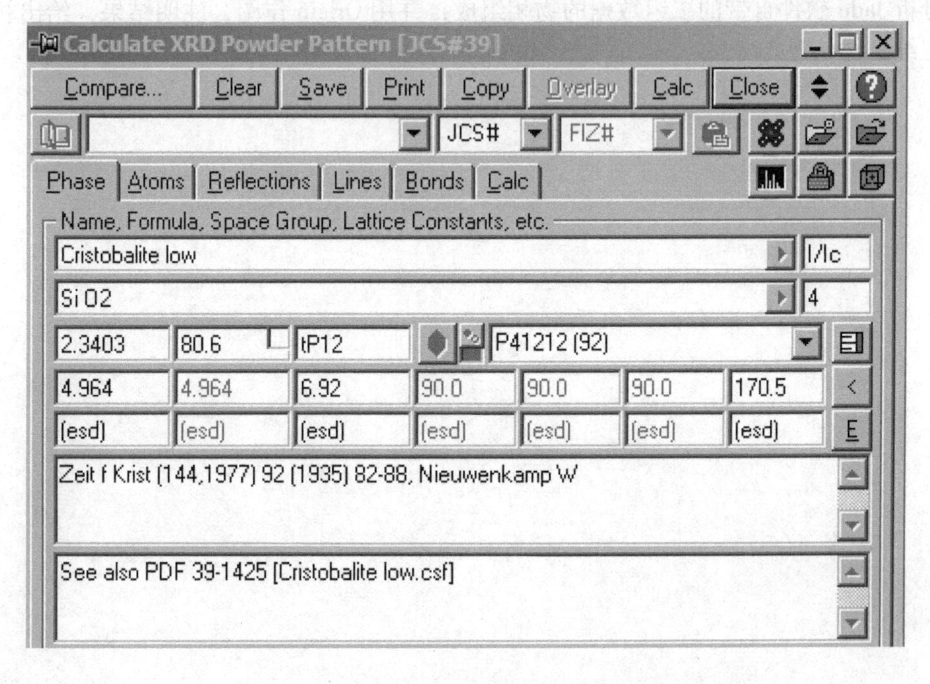

图 7-18　物相信息

（6）单击[icon]，观察动态仿真，图形可以任意旋转，以便观察其晶胞结构，如图 7-19 所示。

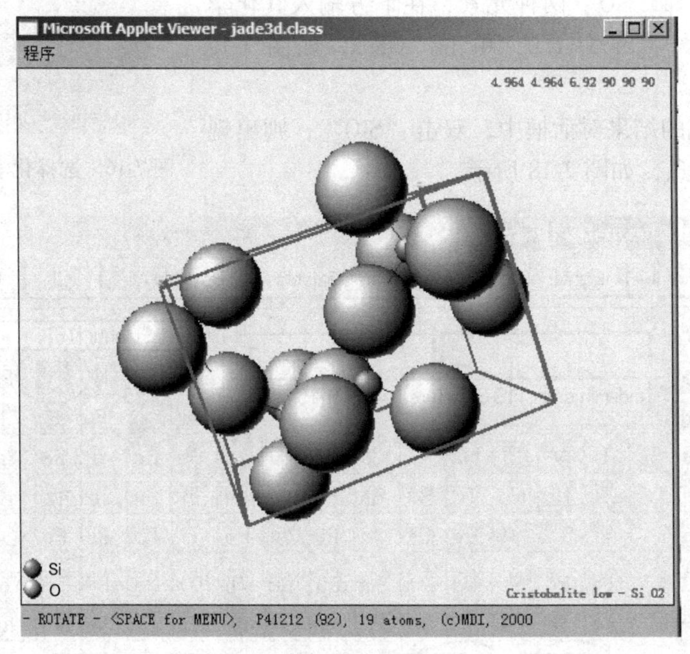

图 7-19 结构动态信息

7.2.4 练习

分析 Jade 软件自带的三组数据的物相组成，并用 Origin 作图，注明结果，给出相应物质的三维结构信息。

训练 8 Jade 6.0 软件操作（三）

——峰面积计算、报告与设置

8.1 学习目的和要求

物相分析结果通常以报告的形式给出，研究人员在后期处理、分析数据时，也要根据软件的一些设置计算相应的参数，该过程对于试样的分析至关重要。在本训练中，将学习寻峰、晶粒尺寸计算、半高宽计算、报告设置与显示等操作，要求掌握相关操作，得到准确的计算结果，并给出规范的结果输出，从而进一步掌握 Jade 软件的多项实用功能。

8.2 软件操作

Jade 软件设置

8.2.1 计算峰面积

衍射峰面积的计算和显示，需要操作者设置好软件的报告属性并正确选定衍射峰。属性设置的操作为：在“Edit/Preferences”命令中设置“Report→Estimate Crystallite Size from FWHM's”，即由半高宽的数值计算峰面积，如图 8-1 所示。选定衍射峰的操作为：单击计算峰面积按钮，然后在需要计算的衍射峰下方画一横线，横线位置应基本与基线重合，一般以横线两端与背景线能平滑相接为宜。

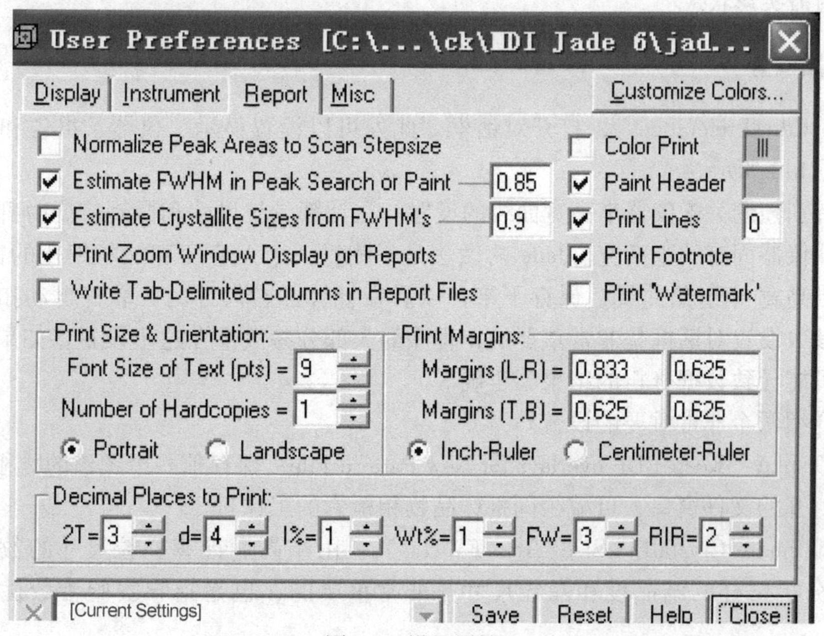

图 8-1 设置属性

设置好属性并选定衍射峰后，所画横线和衍射峰组成的封闭图形面积被显示出来。这一功能同时显示了峰位（即衍射峰的起始衍射角、终止衍射角和中心高度衍射角）、峰高、峰面积、面间距、半高宽和晶粒尺寸等信息，如图 8-2 所示。

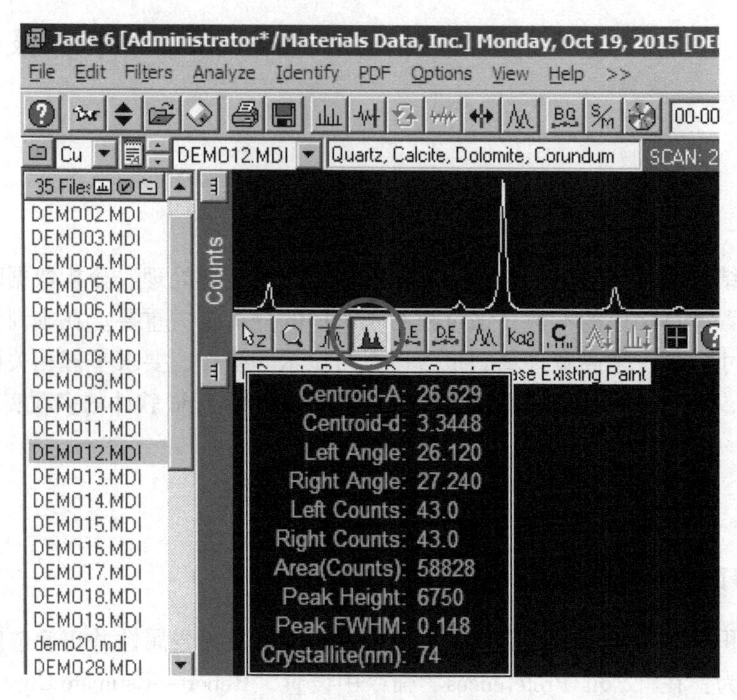

图 8-2　单峰相关信息数据

撤销计算面积，只需要在相应的峰下面再画一横线即可。选择箭头按钮，将光标形状更改为常用箭头形状。

8.2.2　属性设置

选择“Edit/Preferences”，打开对话框，此处可以设置显示、仪器、报告和个性化的参数，如图 8-3 所示。

这里特别强调关于仪器半高宽曲线的设置，在计算晶粒尺寸和微观应变时都要用到一个参数，即仪器固有的半高宽。Jade 的做法是：测量一个无应变和晶粒细化的标准样品，绘出它的半高宽-衍射角曲线，保存下来，以后在计算晶粒尺寸时，软件自动扣除仪器宽度。这个参数设置对话框是非常重要的，程序的大部分参数都在这里设置。如果改动其中的参数，可能导致数据分析的结果不正确。

这里介绍两个非常重要的设置。

（1）Display→Keep PDF overlays for New Pattern File：保存前一个图谱的物相检索结果到下一个打开的文件窗口，可减少同批样品物相检索的工作量。

（2）Estimate Crystallite Sizes from FWHM's：由半高宽计算晶粒尺寸的数据，这一数据对于分析试样的结晶度和晶粒尺寸是非常重要的，也是指导实验参数优化的重要依据。

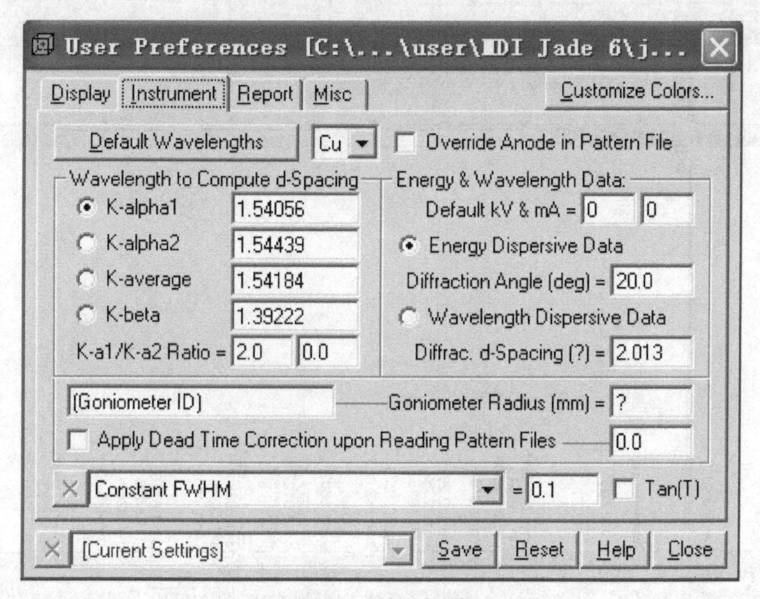

图 8-3 属性对话框

8.2.3 寻峰

Jade 报告查看

寻峰就是把图谱中的峰位标定出来，鉴别出图谱的某个起伏是否是一个真正的峰。寻峰并不是一开始就要做的，有些操作，如物相鉴定过程中会自动标定峰位。每一个衍射峰都有许多数据来说明，如峰高、峰面积、半高宽、对应的物相、衍射面指数、由半高宽计算出来的晶粒大小等，这些数据在一些计算中有用。

（1）寻峰。单击常用工具栏中的“寻峰”按钮，如图 8-4 所示，Jade 将按一定的数学计算方法来标定峰。一般来说，是按数学上的“二阶导数”是否为 0 来确定一个峰是否存在。因此，只要符合这个条件的峰起伏都会判定为峰，而有些峰因为不是那么精确地符合这个条件，而被漏判。

图 8-4 寻峰功能键

在寻峰之前，一般都做一次“平滑”，以减少误判。另外，在寻峰之后，一定要仔细检查，并用手动工具栏中的“手动寻峰”来增加漏判的峰（鼠标左键在峰下面单击）或清除误判的峰（鼠标右键单击）。单击“寻峰”功能键后，软件会在谱图中标注出衍射峰的位置，如图 8-5 所示。

寻峰后，可以通过屏幕右下角的工具，如图 8-6 所示，选择显示的峰值标记及方向等信息。

（2）寻峰报告。寻峰之后，就可以观察和输出“寻峰报告”了。选择菜单命令“Reports & Files→Peak Search Report...”（见图 8-7），会列出报告，如图 8-8 所示。

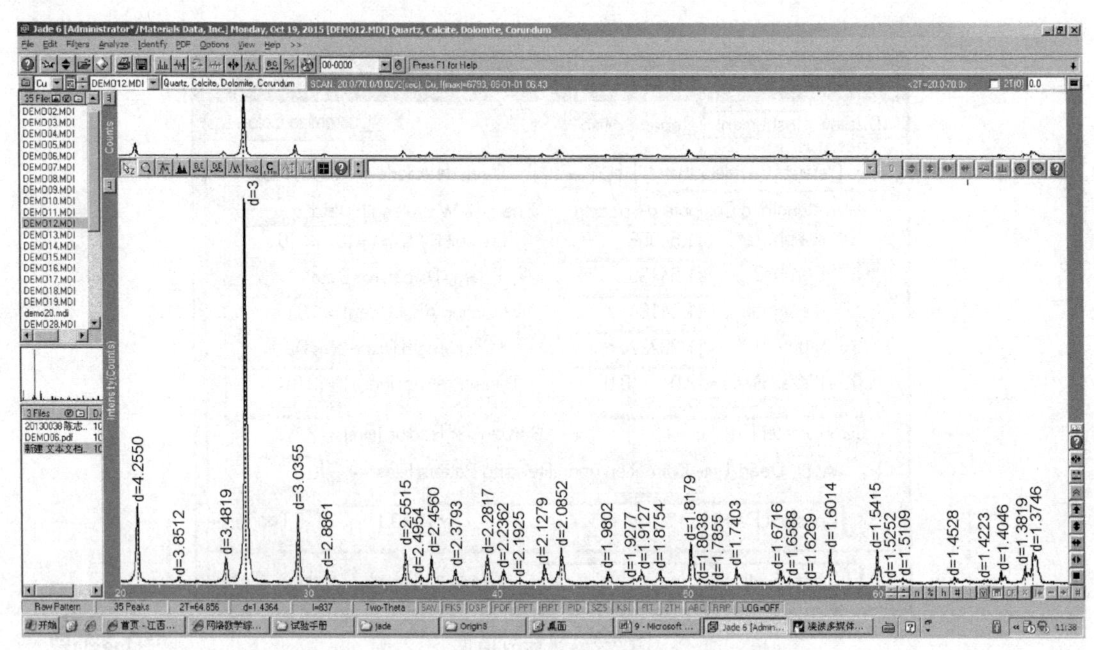

图 8-5　寻峰结果

图 8-6　衍射峰标记工具栏

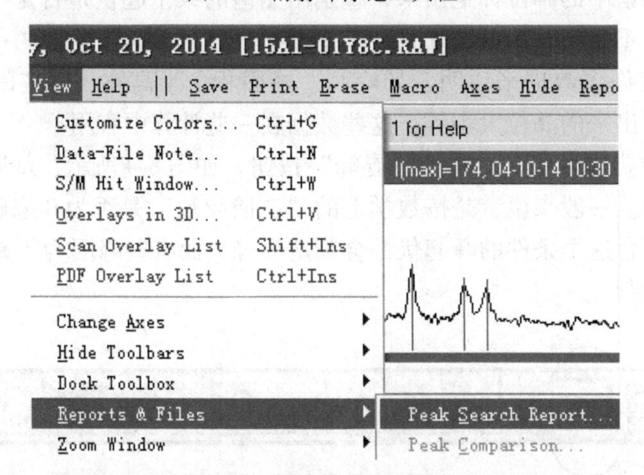

图 8-7　寻峰报告查看操作

Peak Search Report (8 Peaks, Max P/N = 5.9) -

Close　Print　Save　Copy　Erase　Customize　Rescale　Help

#	2-Theta	d(?)	BG	Height	I%	Area	I%	FWHM	XS(?)
1	31.184	2.8658	35	55	34.8	605	14.4	0.187	522
2	33.282	2.6897	36	62	39.2	752	17.9	0.206	460
3	35.000	2.5616	32	50	31.6	1032	24.5	0.351	248
4	35.735	2.5106	37	43	27.2	521	12.4	0.206	464
5	44.484	2.0350	25	49	31.0	748	17.8	0.260	358
6	64.138	1.4508	23	63	39.9	847	20.1	0.229	456
7	68.077	1.3761	25	23	14.6	631	15.0	0.466	210
8	73.241	1.2913	24	158	100.0	4208	100.0	0.453	224

图 8-8　寻峰报告

（3）物相鉴定后的报告。在物相鉴定后，选择菜单命令“View→Reports & Files→Phase ID Report...”，如图 8-9 所示，打开物相检索报告。

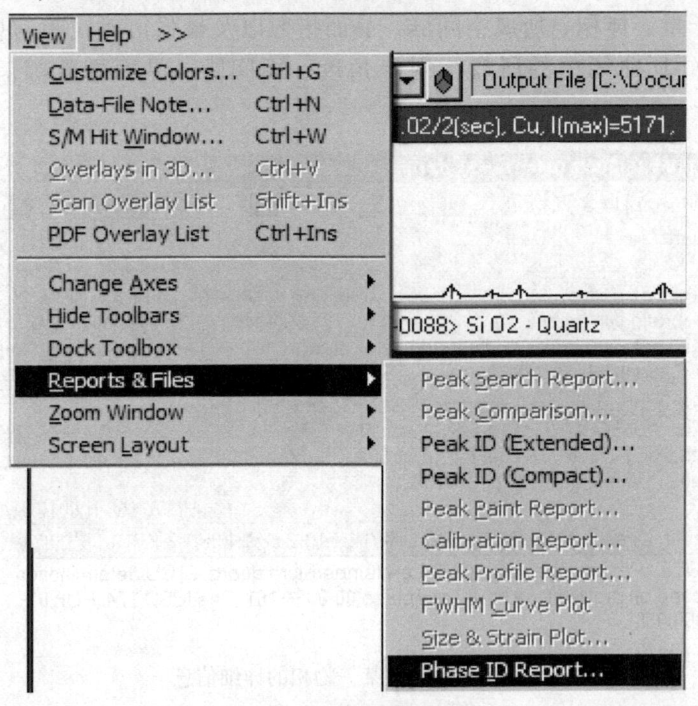

图 8-9　查看物相报告操作

单击“Phase ID Report”后，则出现物相分析对话框，给出所有物相分析的定性结果，即物相组成，如图 8-10 所示。

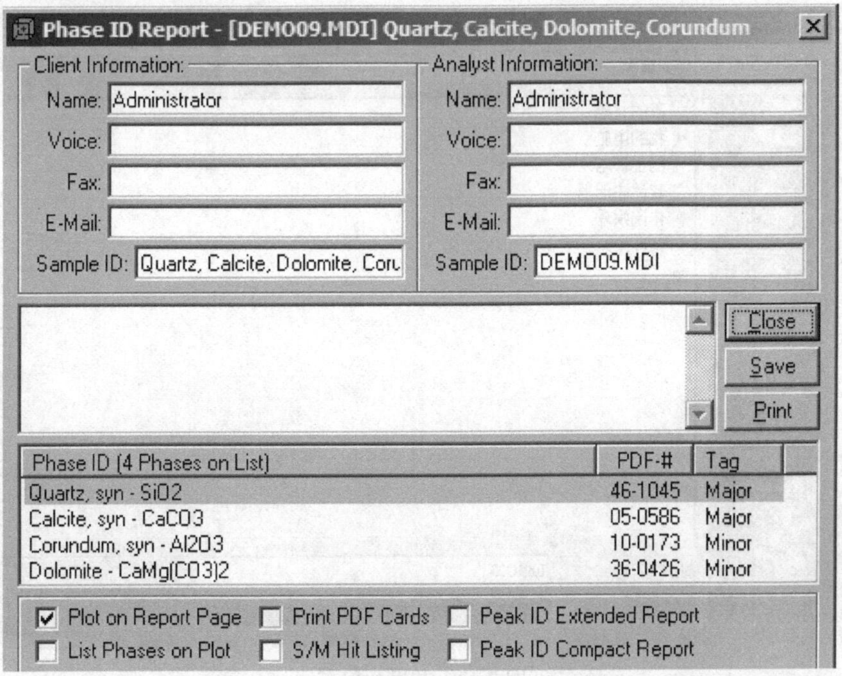

图 8-10　物相报告

双击要查看的某一物相，查看其详细的报告信息。在这个报告里包括三个内容，分别为“Reference”“Lines”和“PDF2”。常用的“Reference”给出了该物相的晶胞常数、密度、分子量、体积、所属空间群，晶面指数以及最强衍射线等信息；“Lines”列出了物相实测 XRD 曲线中的所有衍射峰角度、面间距、晶面指数等信息，如图 8-11 所示。

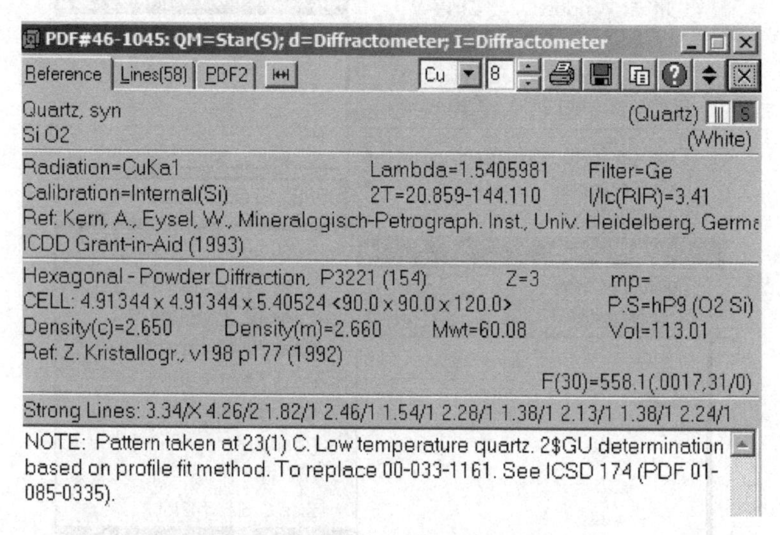

图 8-11 对应某一物相的详细信息

接下来可以选择相应的格式保存所需的报告，为方便查看，可以选择 XML 的保存格式，保存物相分析报告。在物相分析报告中单击“Save”，选择“Phase ID Report Files(＊.xml)”，如图 8-12 所示，保存后的文件可以直接用 Excel 打开。

图 8-12 结果的保存

8.2.4 练习

对 Jade 6.5 软件中的 DEMO08.MDI 数据进行寻峰，并给出寻峰报告，查看其中任意选定峰的面积、晶粒度等信息。

训练9　Jade 6.0 软件操作（四）

——XRD 结合 SEM/EDS 进行物相分析

9.1　学习目的和要求

通常，为保证分析结果准确，物相分析具有更直观的结果，需要对试样进行扫面电镜（SEM）、能谱（EDS）的分析，该分析结果与 XRD 结合，保证了物相定性分析的直观与准确性。本次训练，要求学生能够正确理解和认识 XRD 与 SEM 结果包含的信息内容，准确分析和描述物相分析的结果，恰当排版。

9.2　软 件 操 作

下面举例说明将 SEM 形貌及 XRD 物相分析相结合，进行氧化产物分析的详细过程。待分析试样为采用溶胶-凝胶工艺在 Fe-15Al 合金表面制备 Al_2O_3、TiO_2涂层后的合金，经 800 ℃高温氧化后氧化膜的形貌和成分分析。

9.2.1　Jade 导入数据并进行物相分析

Jade 导入数据

（1）导入数据。依次进行平滑和去背底操作，如图 9-1 所示。其中，去背底功能键“BG”左键单击一次为背底线编辑，再单击一次为去背底。

（2）限定化学元素检索。如图 9-2 所示，依次单击“1”~“9”操作，开展限定元素的全数据库检索。首先，右键单击“S/M”功能键，进入检索设置界面。勾选化学过滤器“Use Chemistry Filter”，去掉其他过滤器前的勾选符号。在打开的元素周期表中，选择体系中可能存在的元素，完成后单击“OK”。在检索设置对话框中勾选所有数据库，也可以根据实际物相的情况选择相应的数据库。数据库下方的物相选择中勾选“S/M Focus on Major Phases”，检索主要物相。自动匹配的峰数量可以根据实际情况进行修改，通常为 3 条，即要求三个强峰要与标准卡对应。若窗口中的衍射峰数量较少甚至低于 3 条，则需要在此处进行修改，具体操作为：单击去掉“Automatic Matching Lines”前面的勾选符号，即可修改方框中的数字。全部设置好以后，单击“OK”键，开始物相检测。

（3）物相检索。选择“OK”后，在弹出窗口中，选择恰当的物相，检索结果如图 9-3 所示。左键单击手动工具栏中检索结果的数字，即可出现检索物相对话框。对于该结果可以进行打印、保存和复制等操作，方便后续编辑和整理。该检索结果显示，测试的物相组成为 Al_2O_3（PDF#48-0366）和 Fe_2O_3（PDF#84-0308）。

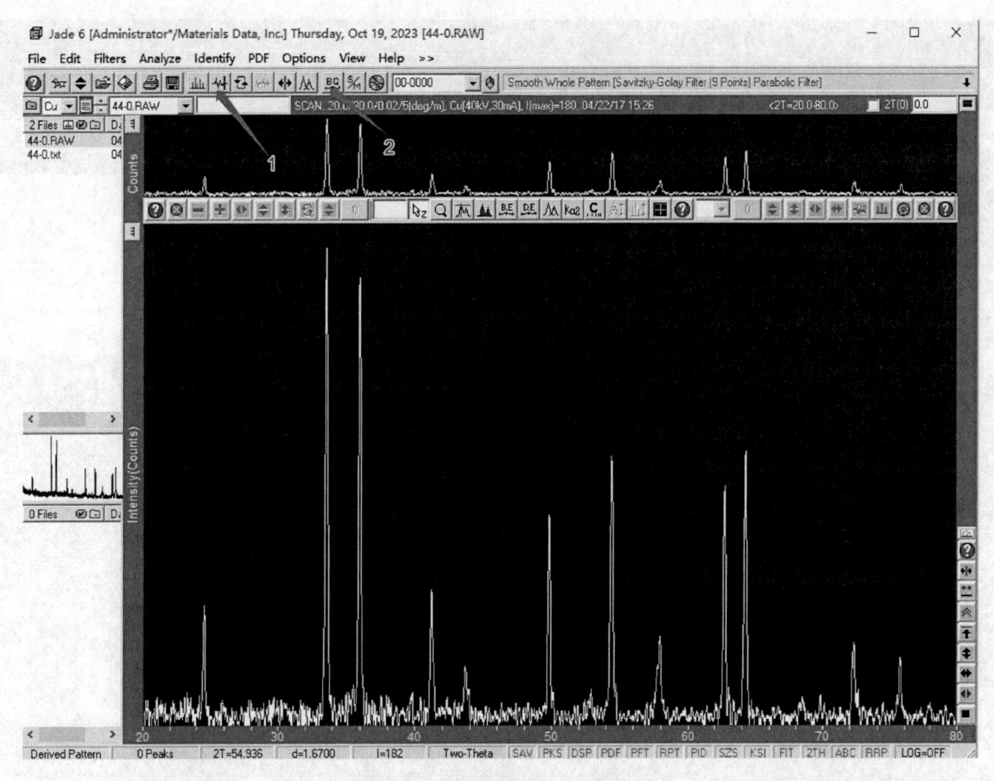

图 9-1　数据平滑、去背底

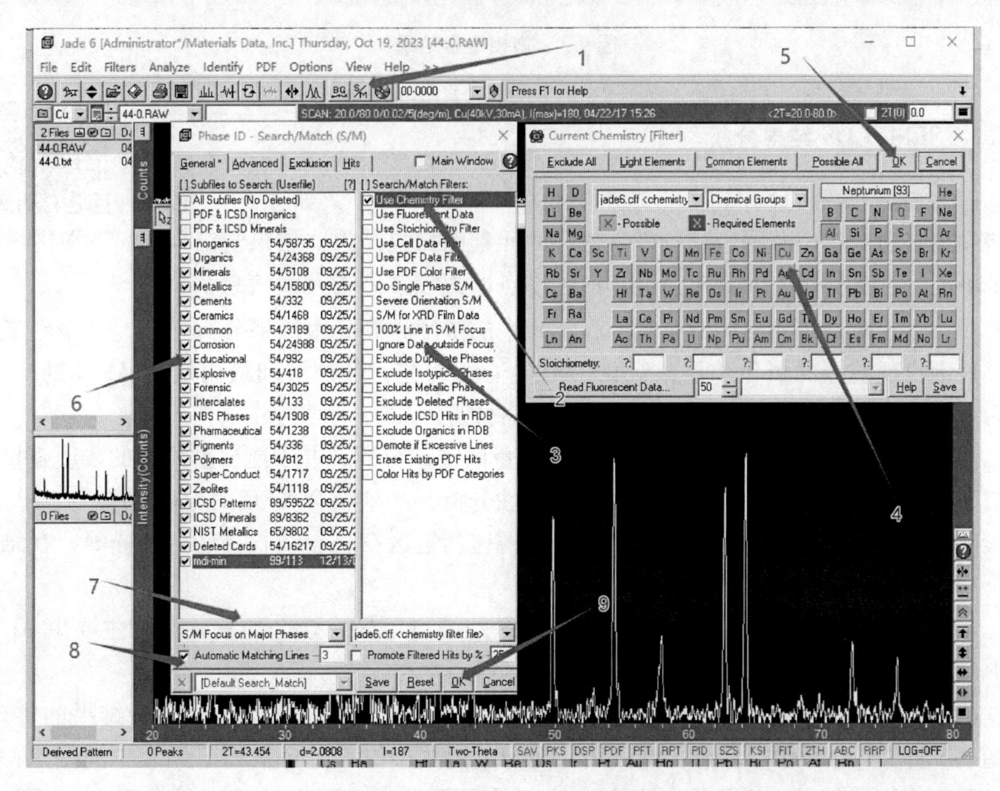

图 9-2　限定化学元素的检索设置

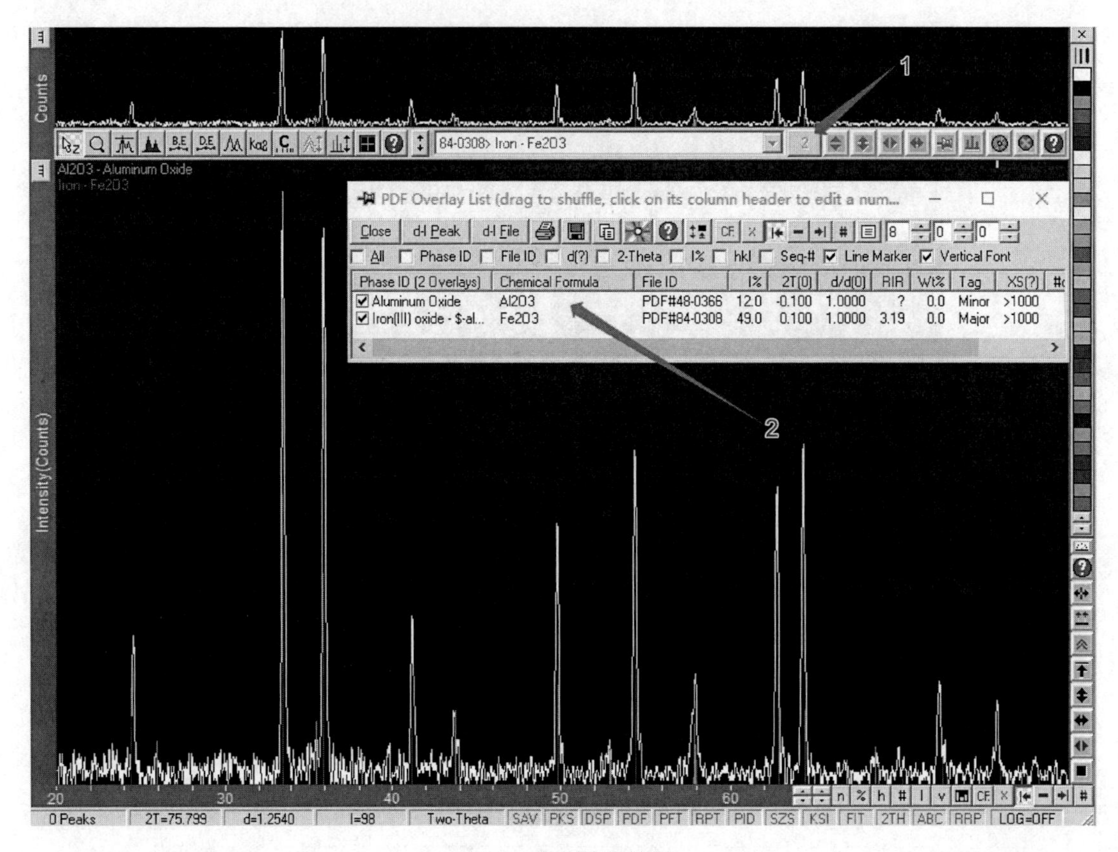

图9-3 物相检索结果

9.2.2 SEM/EDS结果分析

SEM/EDS
结果介绍

（1）打开样品的SEM/EDS结果文件“130044-EDS”，如图9-4所示。文档中给出的是对应左图中相应样品位置的元素面扫描结果，结果清晰地展示了不同元素在样品中的分布情况。白色小点即为收集到的元素信息，小点越密集，表示此处该元素的分布越明显，元素的浓度越高。由结果分析可知，合金经氧化后，表面出现明显的氧化物层，氧化层分层清晰明显，最外层和最内层中Al含量较高，即为Al的氧化物，中间层中则Fe的氧化物占优势。

注意：电镜的EDS结果只能给出元素含量的定量分析，并不能根据元素的浓度直接确定是哪一种具体的物相。若要得到准确的定性分析，必须结合XRD的分析结果。

除元素面扫描结果外，能谱常用的检测还包括选区扫描、线扫描、点扫描等，在结果分析中都是经常使用的分析方式。

本样品的分析中，结合XRD和SEM/EDS的结果可知，合金的氧化产物主要由Al_2O_3和Fe_2O_3组成。

（2）选择SEM拍摄的图片，结合EDS的元素分布结果，进行样品分析结果的整理，如图9-5所示。结果中需注意：左侧图片需为电镜拍摄图片，而非EDS结果中的图片；图片中需要标记比例尺、样品信息、产物物相结果及分布、EDS结果中的元素名称重新标记。图片中通常不会直接使用原始的比例尺标记、元素名称等信息，其在后续处理中很容易因字号偏小而无法识别。

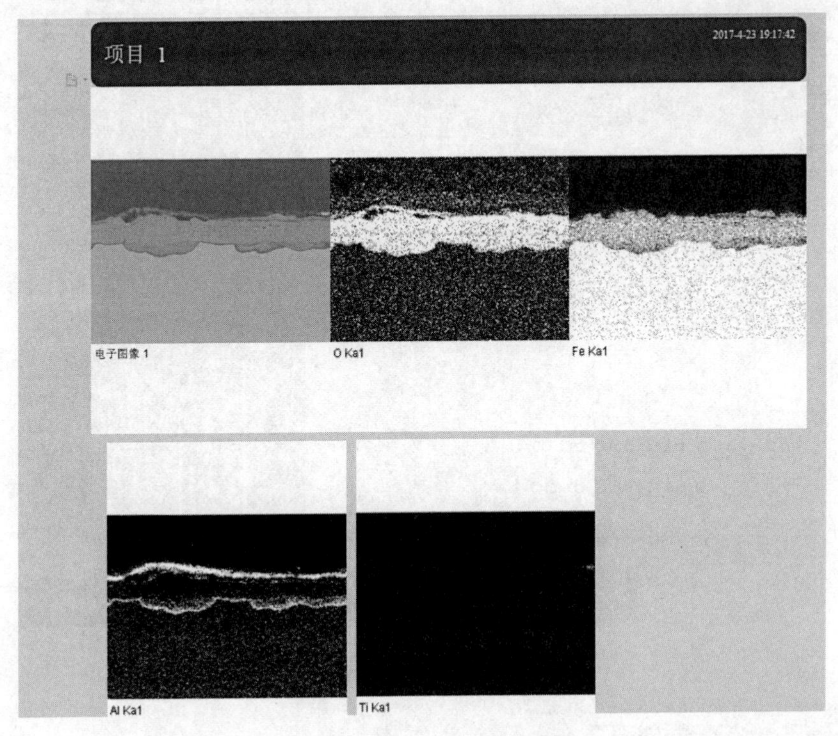

图 9-4 SEM/EDS 分析结果

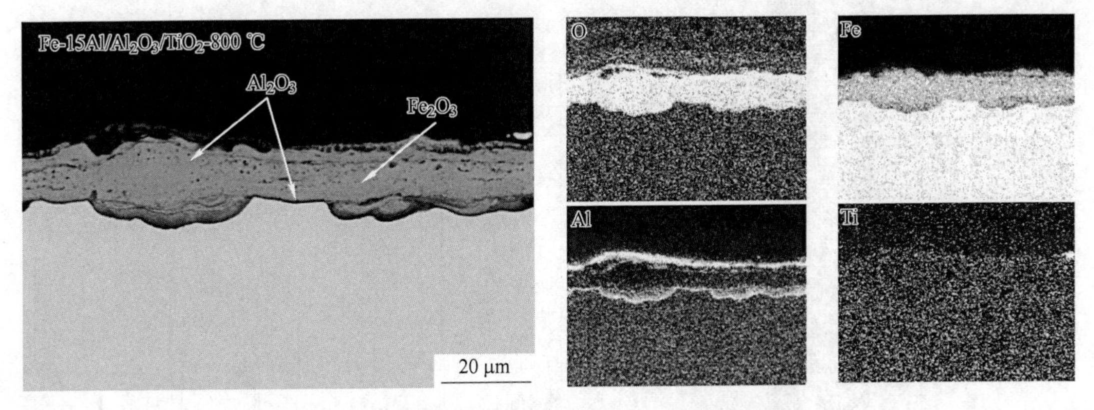

图 9-5 样品结合 XRD 及 SEM/EDS 分析结果的给出

9.2.3 XRD 结果输出

（1）衍射曲线数据的复制。在 Jade 数据分析窗口单击“Edit→Copy Pattern Data”功能键，复制曲线数据，如图 9-6 所示。

（2）打开 Origin 软件，选中数据表，粘贴数据，单击连续直线作图，如图 9-7 所示。

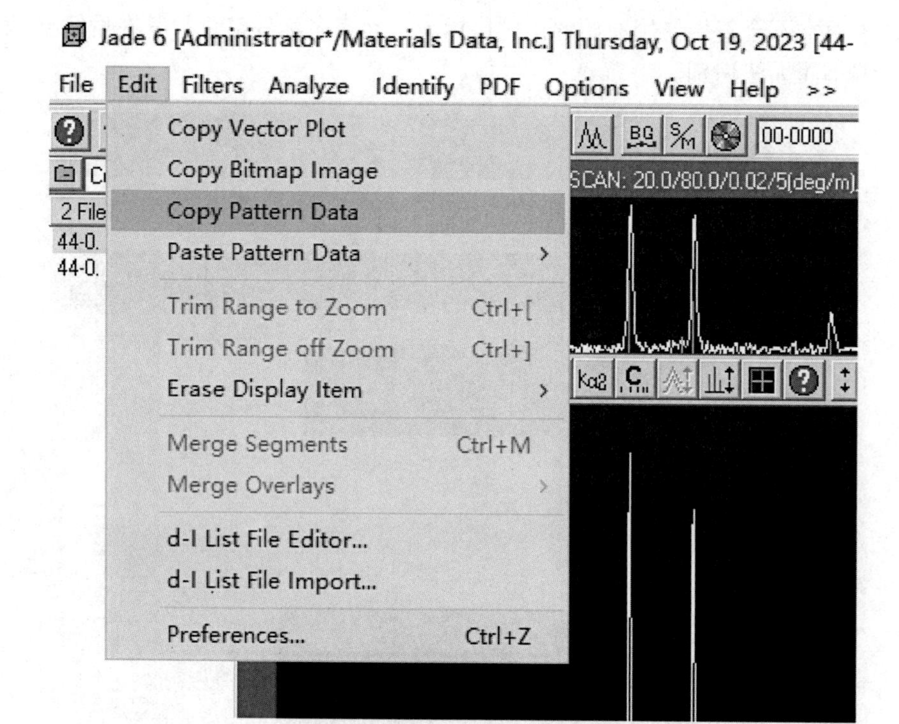

图 9-6 XRD 曲线数据的复制

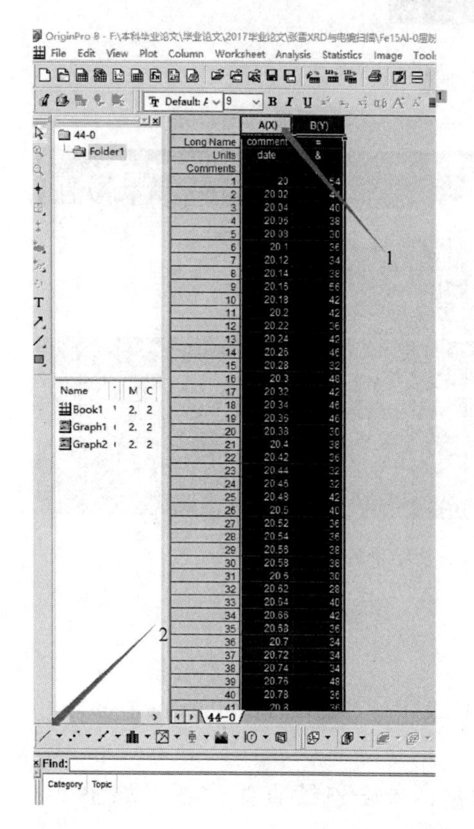

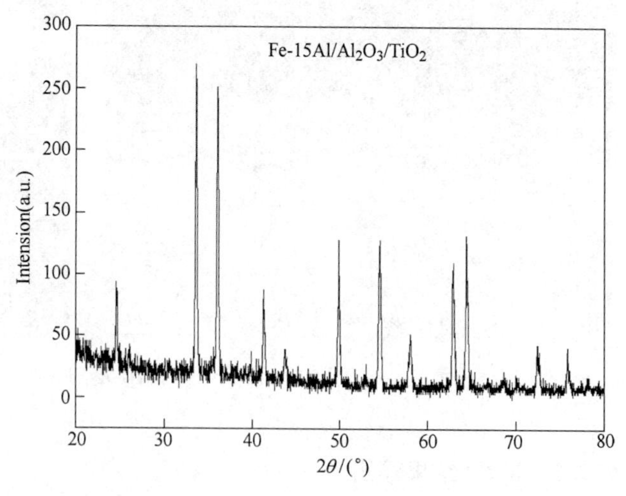

图 9-7 Origin 数据导入与作图

（3）衍射峰标记。选择左侧“Draw Data”功能键，对照 Jade 分析结果，找到同一物相的所有峰，在每个峰顶端位置左键双击，绘制数据点。依次单击同一物相的所有衍射峰，出现一条点线方式的连线，最后一个点在窗口的右上方，并用文本框标记衍射峰所属物相（有时标记衍射晶面），如图 9-8 所示。

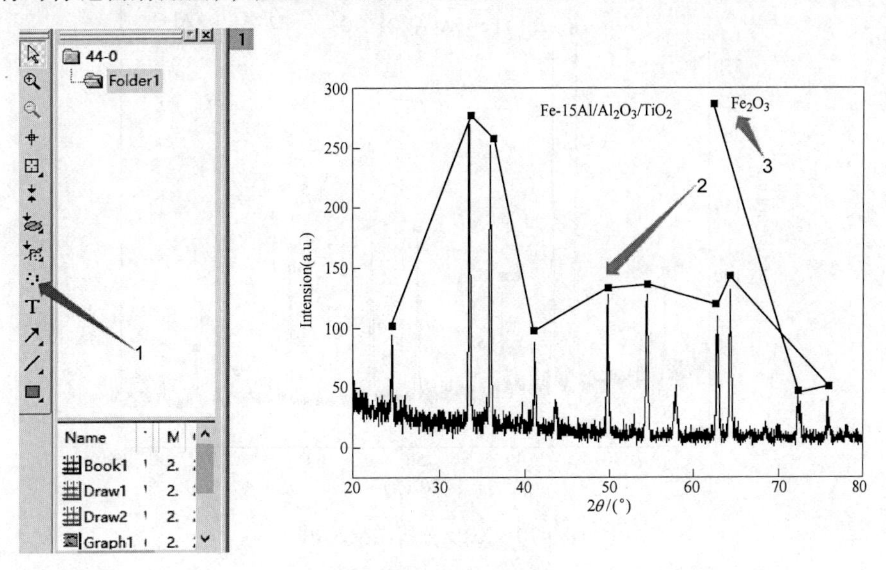

图 9-8　衍射峰连续标记

（4）绘制曲线设置。双击绘制的曲线，出现曲线细节（Plot Details）的对话框，将曲线类型“Plot Type”调整为“Scatter”，同时，对话框左侧功能区域中可以对符号形状、颜色、大小等进行调整，以图片美观、舒适为宜，如图 9-9 所示。

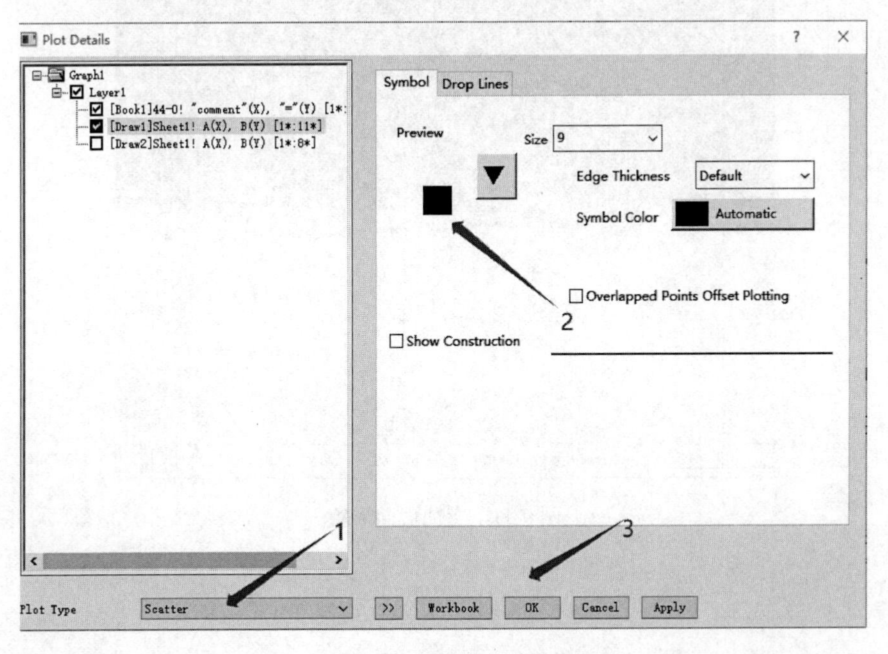

图 9-9　绘制曲线设置

（5）XRD 分析结果输出。重复上述操作，完成所有物相的衍射峰归属操作，最终获得 XRD 结果的 Origin 软件输出形式，如图 9-10 所示。该结果在 Origin 软件中选择“Edit→Copy Page”后，可以在文档中进行粘贴，清晰度高，且单击图片后可直接进行再次编辑。

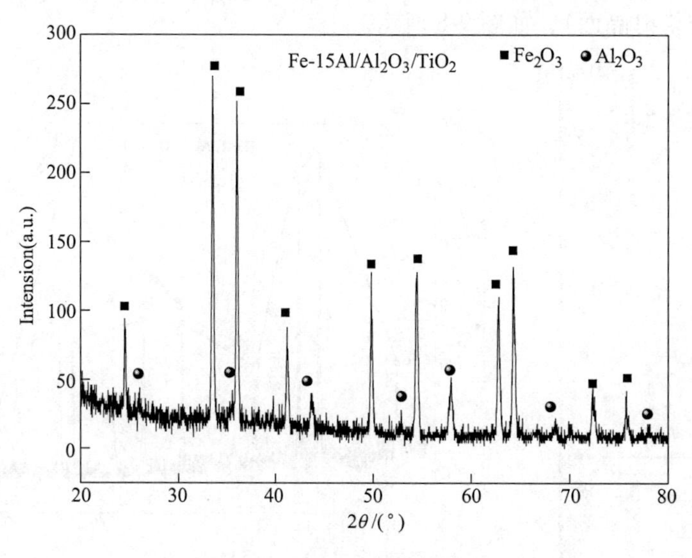

图 9-10 XRD 分析结果输出

9.2.4 练习

使用 Jade 软件分析数据的物相组成，并结合 SEM/EDS 给出图 9-11 的分析结果。

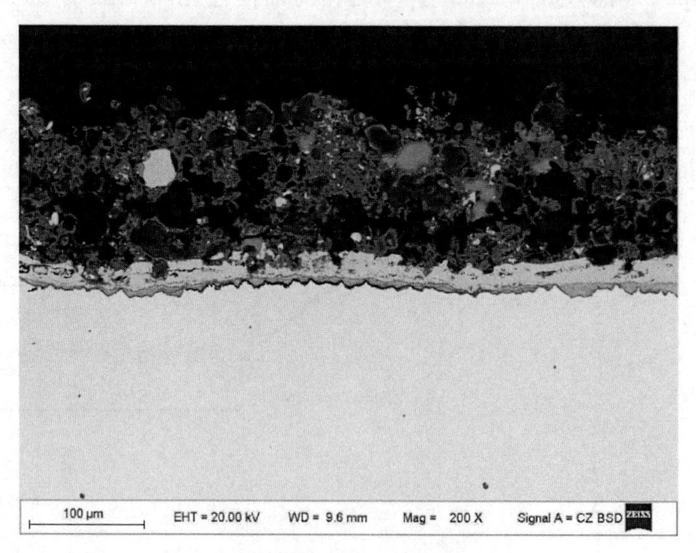

图 9-11 腐蚀截面形貌

训练 10　Jade 6.0 软件操作（五）

——计算材料相关参数

10.1　学习目的和要求

本训练将介绍使用 Jade 软件计算、分析材料的结晶度、晶粒尺寸、微观应变、点阵常数等操作，要求学生能够准确获得相关数据信息。通过计算相关数据，了解材料的特性，进而对进一步改进材料的性能提供一定的理论依据。

10.2　软 件 操 作

曲线拟合

在做“点阵常数精确测量”“晶粒尺寸和微观应变测量”和“残余应力测量”等工作前都要经过“扣背景”“图形拟合”的处理。常用工具栏中的拟合命令可进行全谱拟合，但有时由于窗口中衍射峰太多，导致计算受阻而不能进行，此时，需要用到手动拟合按钮。

衍射峰一般都可以用一种“钟罩函数”来表示，拟合的意义就是把测量的衍射曲线表示为一种函数形式。在大多数计算开始前，都需要对衍射峰进行拟合，拟合操作步骤如图 10-1所示。

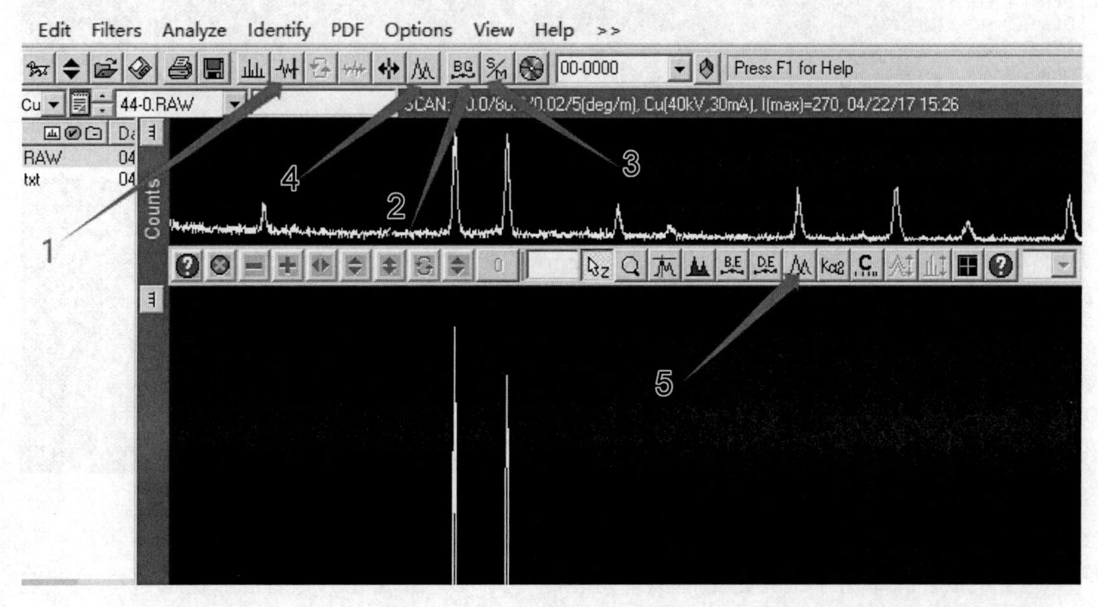

图 10-1　曲线拟合步骤

（1）打开一个文件，进行物相检索。

（2）扣除背景，一般同时要扣除Kα2。

（3）单一次图谱平滑，使谱线变得光滑一些，便于精确拟合。

（4）单击常用工具栏中的拟合功能键，开始作全谱拟合。

手动拟合：有选择性地拟合一个或选定的几个峰，其他未被选定的峰不作处理。单击手动拟合功能键，在需要拟合的峰上单击，选定峰位，依次选定所有需要拟合的峰后，再次单击此功能键，开始拟合。如果要取消对一个峰的拟合，鼠标移至衍射峰的拟合中心线，待其亮起，用鼠标右键单击，即可取消该衍射峰的拟合，可进行重新拟合。

10.2.1 结晶度的计算

结晶度查看

结晶度即结晶的完整程度，结晶完整的晶体，晶粒较大，内部质点的排列比较规则，衍射线强度大、尖锐且对称，衍射峰的半高宽接近仪器测量的宽度。结晶度差的晶体，往往晶粒过于细小，晶体中有位错等缺陷，使衍射线峰形宽而弥散。结晶度越差，衍射能力越弱，衍射峰越宽，直到消失在背景之中。

结晶度的计算过程如下：

（1）打开一个文件（以软件自带数据DEMO03为例）。

（2）对图谱进行平滑、去背底和物相检索，如图10-2所示。

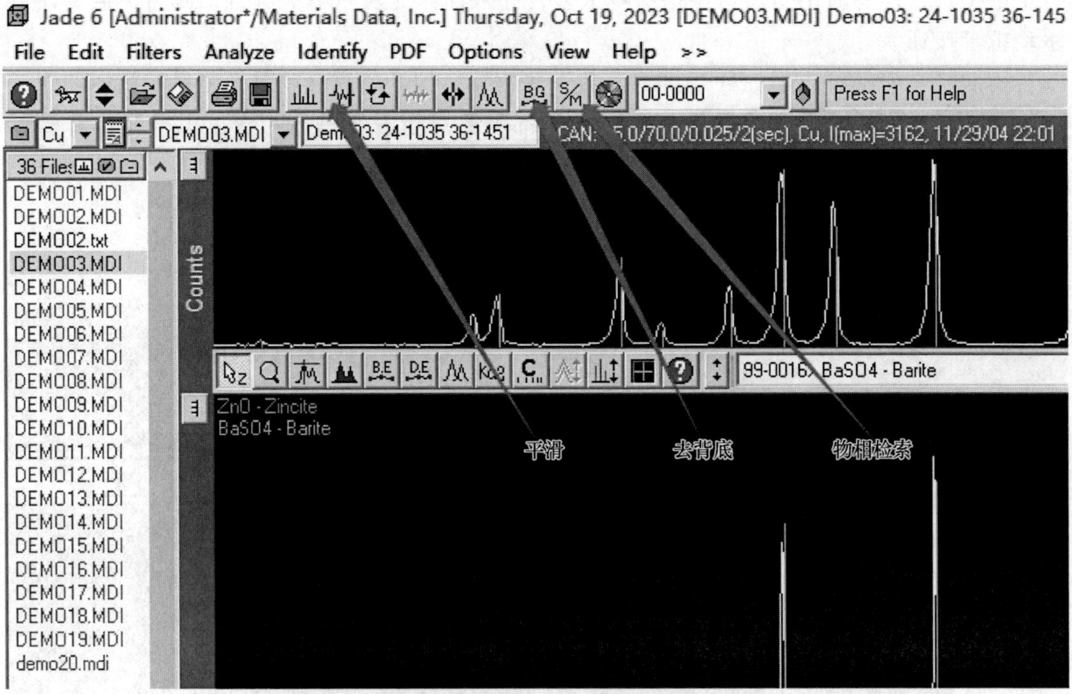

图10-2 平滑、去背底、物相检索

（3）拟合。单击主工具栏全谱拟合功能键，此时，出现提示对话框，显示窗口中太多的衍射峰，如图10-3所示。此时需要进行逐一选区拟合，提高拟合准确度。

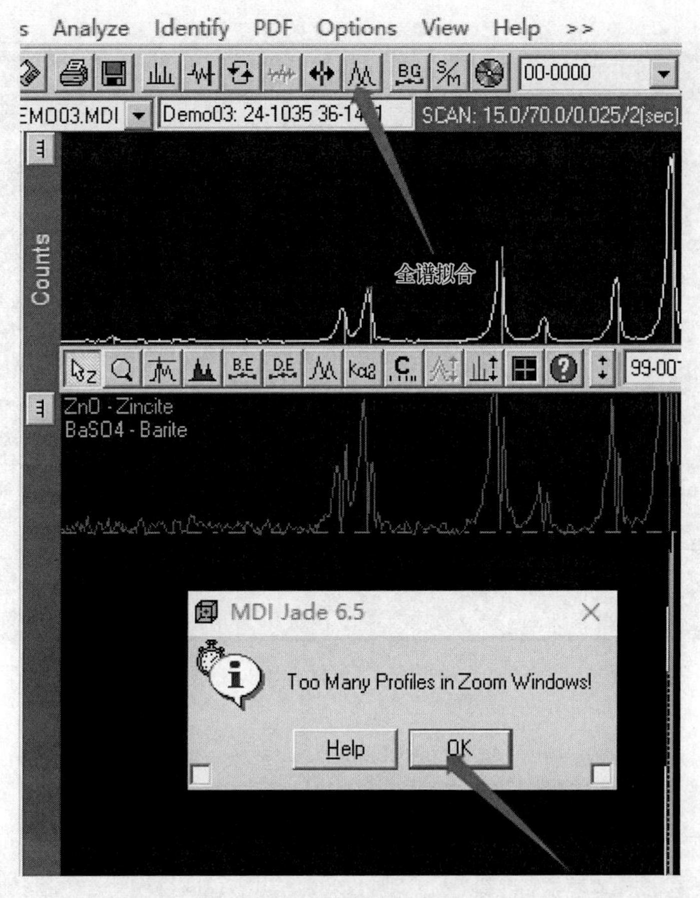

图 10-3　全谱拟合

(4) 选区拟合。在界面上部的全屏窗口中鼠标左键拖动，选择一定范围区域，则在下方的放大窗口中可以显示选区的放大图，在衍射峰上端出现一条红色的波动曲线，此为拟合误差线，波动越大的地方，拟合误差越大。同时，在界面的最上端显示条中，显示拟合误差"*R*"的具体数值。单击手动工具栏拟合按钮，进行手动拟合。单击后，软件根据计算结果进行衍射峰的拟合，动态过程可见，拟合误差数值减小，选区内的拟合误差曲线逐渐变得平直。若选区内有某个衍射峰的拟合误差曲线波动较大，则对该衍射峰进行重新的单峰拟合。首先，鼠标右键单击拟合中线，去除拟合；其次，在衍射峰中心或峰顶位置鼠标左键单击，选定拟合位置，单击手动拟合功能键，进行单峰的手动拟合。待拟合完成后，滚动鼠标滚轮，调整选区，继续进行手动拟合，直至全部衍射峰拟合完成，如图 10-4 所示。通常，以拟合误差曲线较为平直、拟合误差小于 10 为标准，确定拟合完成，如图 10-5 所示。

(5) 查看结晶度。选择菜单"View→Reports & Files→Peak Profile Report"，打开对话框，观察结晶度数据，如图 10-6 所示。结晶度实际为非晶峰面积占总面积的比例，通常非晶峰的确定以半高宽大于 5 为标准。若衍射峰较尖锐而不能够自动识别非晶峰，则需要手动勾选非晶峰才能够获得结晶度的数据。此时可以选择半高宽数值较大的峰作为非晶峰，但应尽量避免选择三个强峰，以免获得过低的结晶度而得到失真的结果。

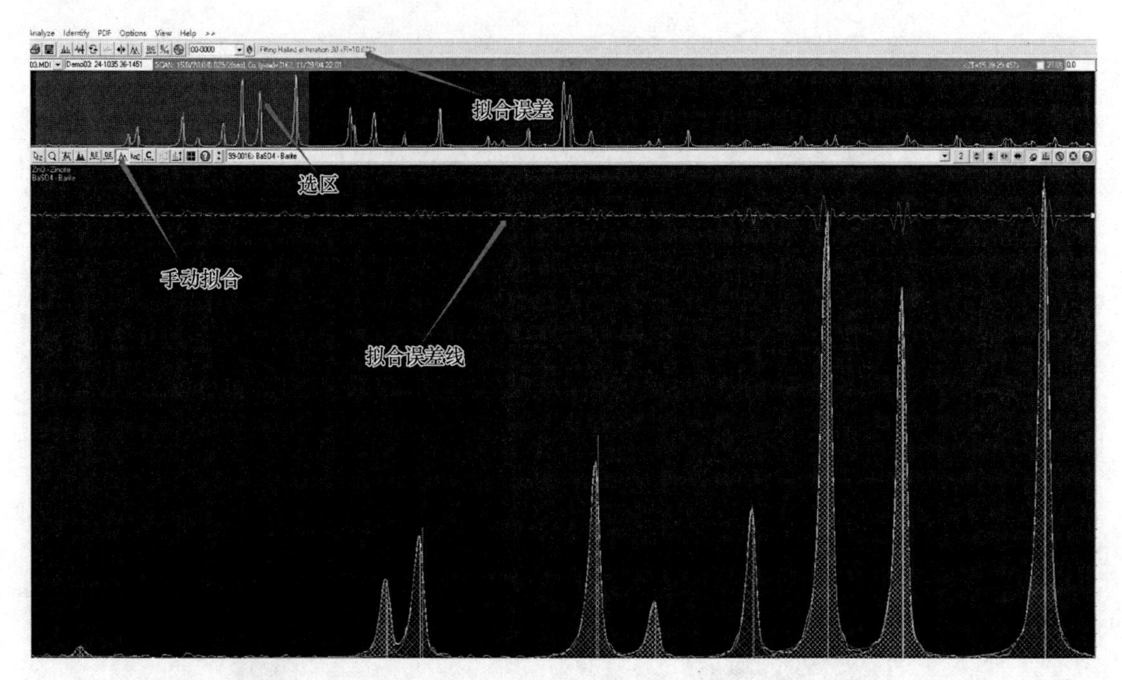

图 10-4 选区拟合

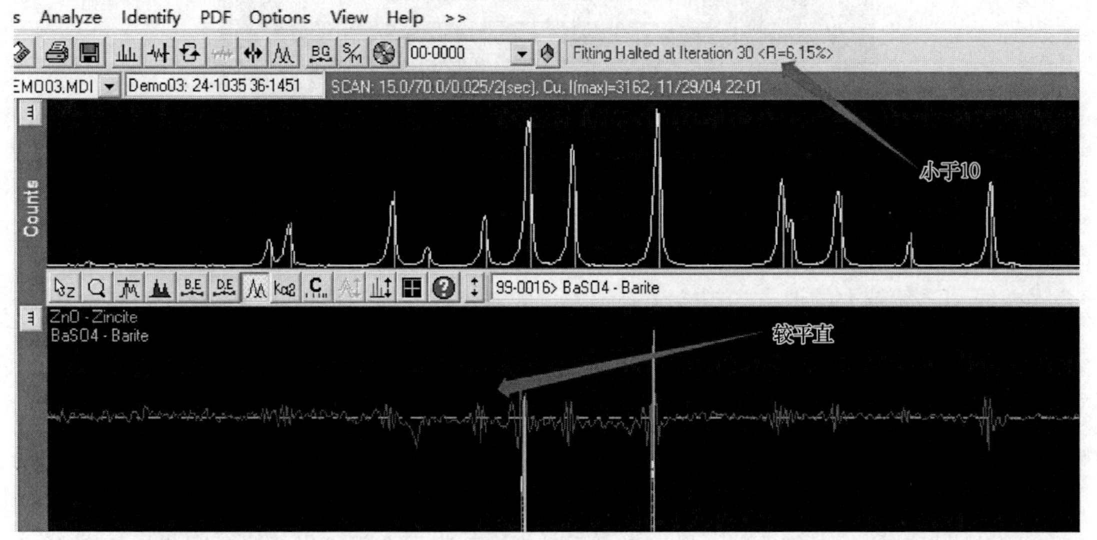

图 10-5 拟合完成

10.2.2 晶粒尺寸、微观应变

晶粒尺寸及应变曲线

谱峰拟合后，选择“View→Reports & Files→Peak Profile Report→Size & Strain Plot...”，如图 10-7 所示。晶粒尺寸“XS”为平均粒径，括号内问号代表单位为埃（Å）（1 Å=0.1 nm），平均粒径后面的括号内数字为误差值。

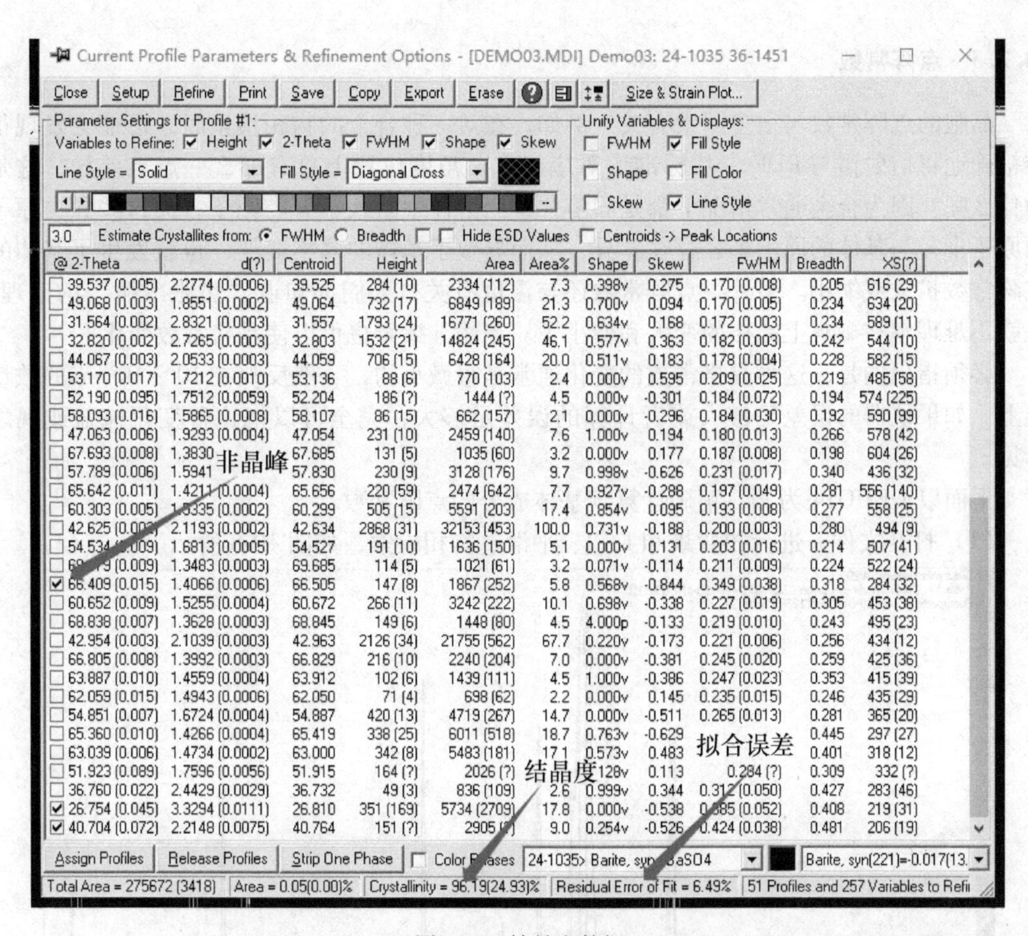

图 10-6　结晶度数据

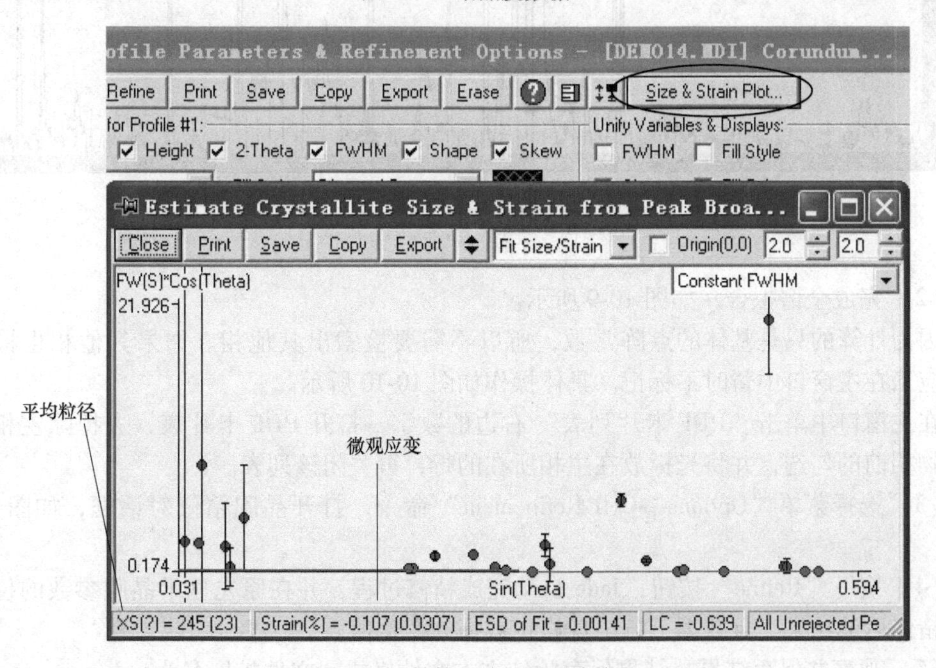

图 10-7　晶粒尺寸、微观应变

10.2.3 点阵常数

晶胞的点阵常数与很多因素有关。例如，在对一种合金的物相检索时，可能会发现很难精确地将衍射谱与 PDF 卡片标准谱对应起来。角度位置上总有那么一点点差异，这是为什么呢？因为合金通常情况下都是固溶体，固溶体中溶入了异类原子，而这些异类原子的原子半径与基体的原子半径存在差异，从而导致了基体的晶格畸变，也就发生了基体的点阵常数扩大或缩小。另外，点阵常数还与温度有关，人们都知道“热胀冷缩”的道理，也就不难理解在微观上晶格的变大和变小了。当然，掺杂也可以使晶格常数变化。

必须指出的是，这种晶格常数的变化通常是很微小的，一般反映在 $10^2 \sim 10^3$ nm的数量级上。如果仪器的误差足够大或者计算的误差足够大，完全可以把这种变化掩盖或视之不见。

下面以 DEMO14 为例，精确计算其基体成分的点阵常数。

（1）打开文件，进行扣背景和 Kα2、平滑、物相检索，如图 10-8 所示。

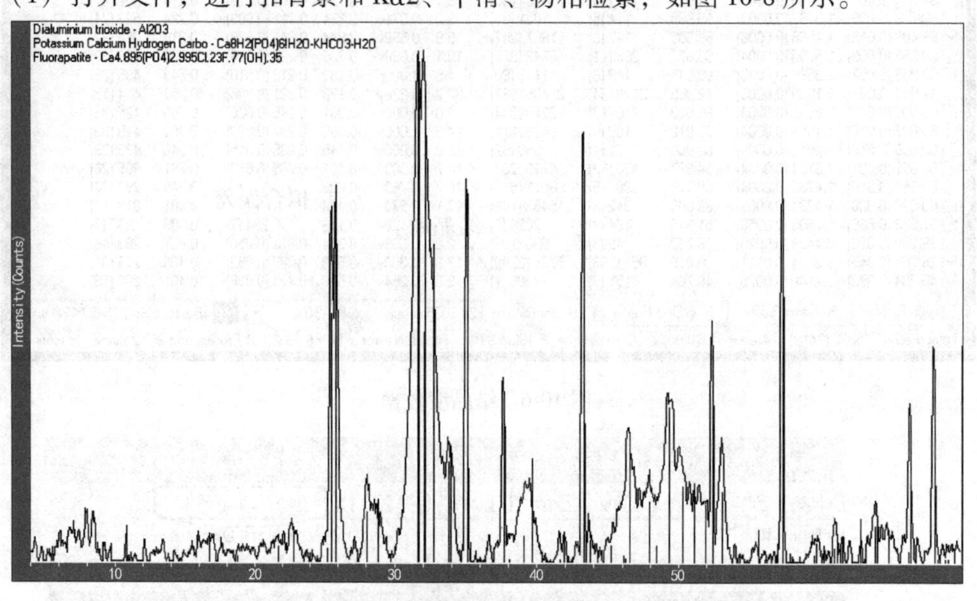

图 10-8　物相检索结果

（2）完成全谱拟合，如图 10-9 所示。

因为计算的只是基体的点阵常数，所以不需要检索出其他相。如果其他相也检索出来，应当在主窗口中暂时不标记。具体操作如图 10-10 所示。

在主窗口中单击“PDF 卡片列表”右边的数字，打开 PDF 卡片表，去掉除主相外的其他物相前的勾选，并将光标放在主相所在的行，再关闭该列表。

（3）选择菜单“Options→Cell Refinement”命令，打开晶胞精修对话框，如图 10-11 所示。

（4）按下“Refine”按钮，Jade 自动完成精修过程，并在原先显示晶胞参数的位置显示了精修后的结果，且数据下方出现修正数据的变化值。

（5）观察并保存结果。结果保存为纯文本文件格式，文件扩展名为 .abc。

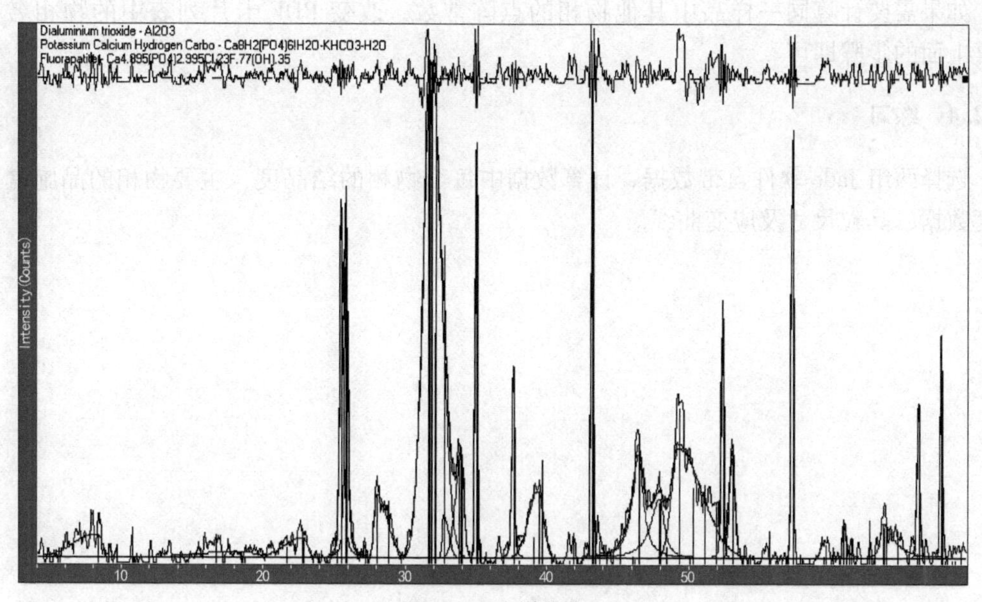

图 10-9　全谱拟合

PDF Overlay List (drag to shuffle, click on its column h...

Close | d-I Peak | d-I File | CF | 8 | 0 | 0

All | Phase ID | File ID | d(?) | 2-Theta | I% | hkl | Seq-# | Line Marker | Vertical Font

Phase ID (3 Overlays)	Chemical Formula	File ID	I%	2T(0)	d/d(0)	RIR	Wt%	Tag	XS
Dialuminium trioxide	Al2O3	PDF#78-2427	72.0	-0.060	1.0000	0.96	0.0	Major	>10
Potassium Calcium ...	Ca8H2(PO4)6!H2O...	PDF#47-0260	97.0	0.020	1.0000	?	0.0	Major	>10
Fluorapatite	Ca4.895(PO4)2.99...	PDF#70-0796	98.0	-0.120	1.0000	1.05	0.0	Major	>10

图 10-10　只保留主相的操作

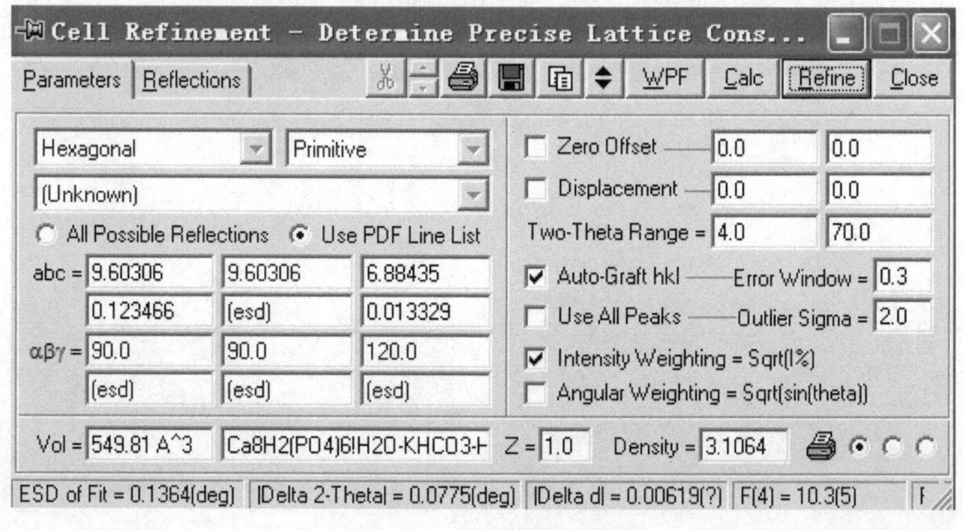

图 10-11　晶胞精修对话框

如果需要计算同一样品中其他物相的点阵常数，改变 PDF 卡片列表中的物相名称，重复上面的步骤即可。

10.2.4 练习

选择两组 Jade 软件自带数据，计算数据中每个物相的结晶度，主要物相的晶胞常数、角度数据、晶粒尺寸及应变曲线。

训练 11　ChemDraw 软件操作（一）

——基础知识

ChemDraw
软件介绍

11.1　学习目的和要求

如今的教学科研工作中，多学科交叉现象随处可见。对于材料专业的学生，化学也是一门必修课程，基础化学实验、物理化学实验等课程在材料学院的开设也非常广泛。另外，材料类专业学生的就业方向中，也包括了采用化学手段对材料进行分析的领域，因此，如何规范地书写化学反应式、绘制实验装置图，也是学生应该掌握的一项基本技能。

ChemDraw 是国内外最流行、最受欢迎的化学绘图软件之一，它可以建立和编辑与化学有关的一切图形。例如，建立和编辑各类化学式、方程式、结构式、立体图形、对称图形、轨道等，并能对图形进行翻转、旋转、缩放、存储、复制、粘贴等多种操作。

ChemDraw 软件可以运行于 Windows 平台下，使得其资料可方便地共享在各软件之间。除了以上所述的一般功能外，Ultra 版本还可以预测分子的常见物理化学性质，如熔点、生成热等，对结构按 IUPAC 原则命名，预测质子及碳 13 化学位移动等。

11.2　软 件 操 作

11.2.1　工作环境

ChemDraw 的工作环境如图 11-1 所示。

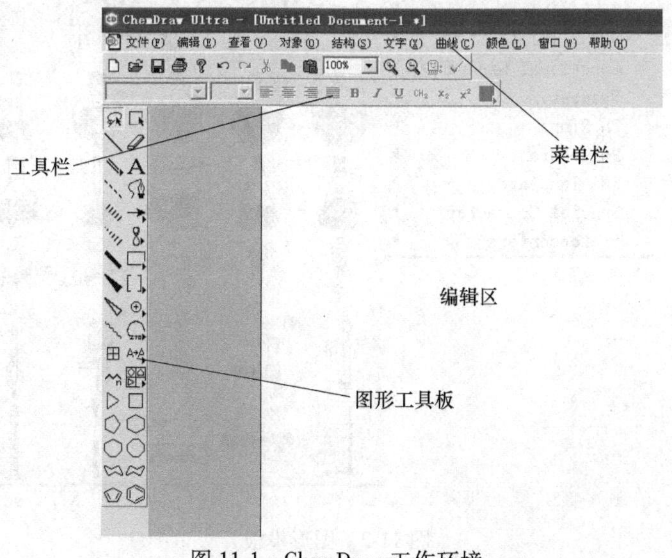

图 11-1　ChemDraw 工作环境

（1）菜单栏：含有操作 ChemDraw 应用文件和内容的命令设置。

（2）工具栏：含有常用命令图标，单击图标时，其效果与选择菜单中相应的命令一样。

（3）编辑区：供绘制图形结构的工作区。

11.2.2　图形工具板

图形工具板含有所有能够在文件窗口绘制结构图形的工具，如图 11-2 所示。选择了这些工具的图标后，光标将随之改变成为相应的工具形状。

图形工具板是绘图时最重要的工具，其中包含了所有的模板，在图标右下角如果有黑色箭头，则该部分含有扩展内容，将鼠标放在此位置上，即出现所包含的内容。相关的内容如图 11-3~图 11-12 所示，学习者可自行查看并熟悉。

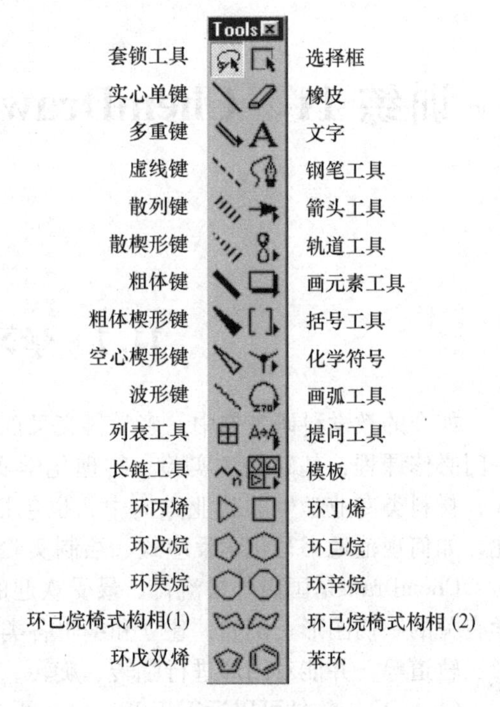

图 11-2　图形工具板

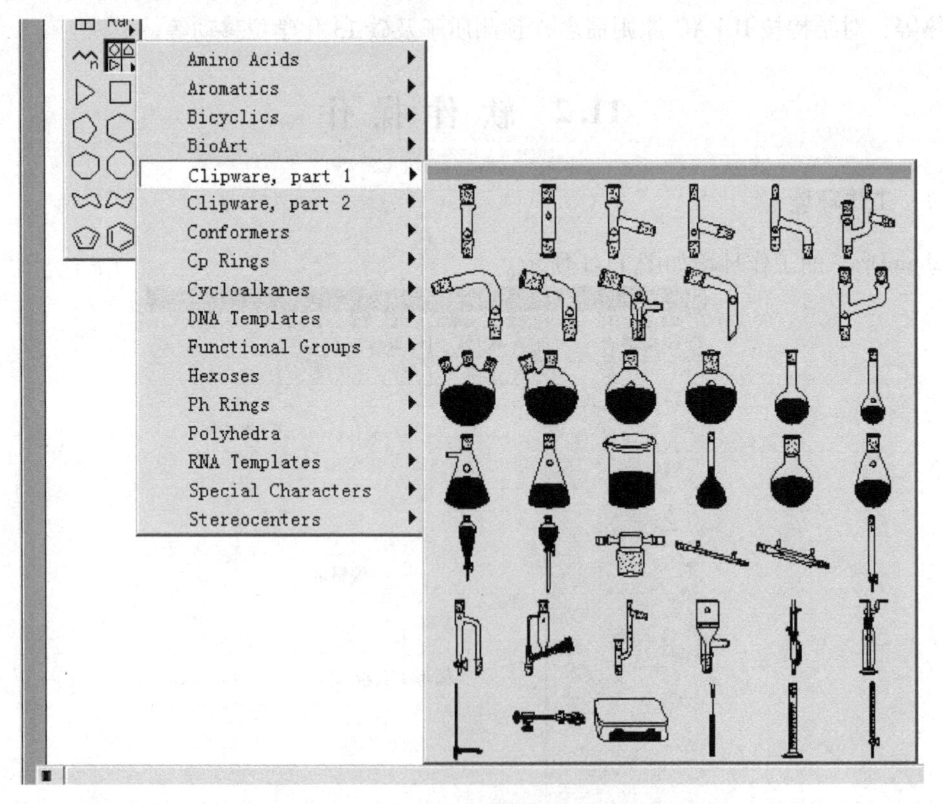

图 11-3　图形模板

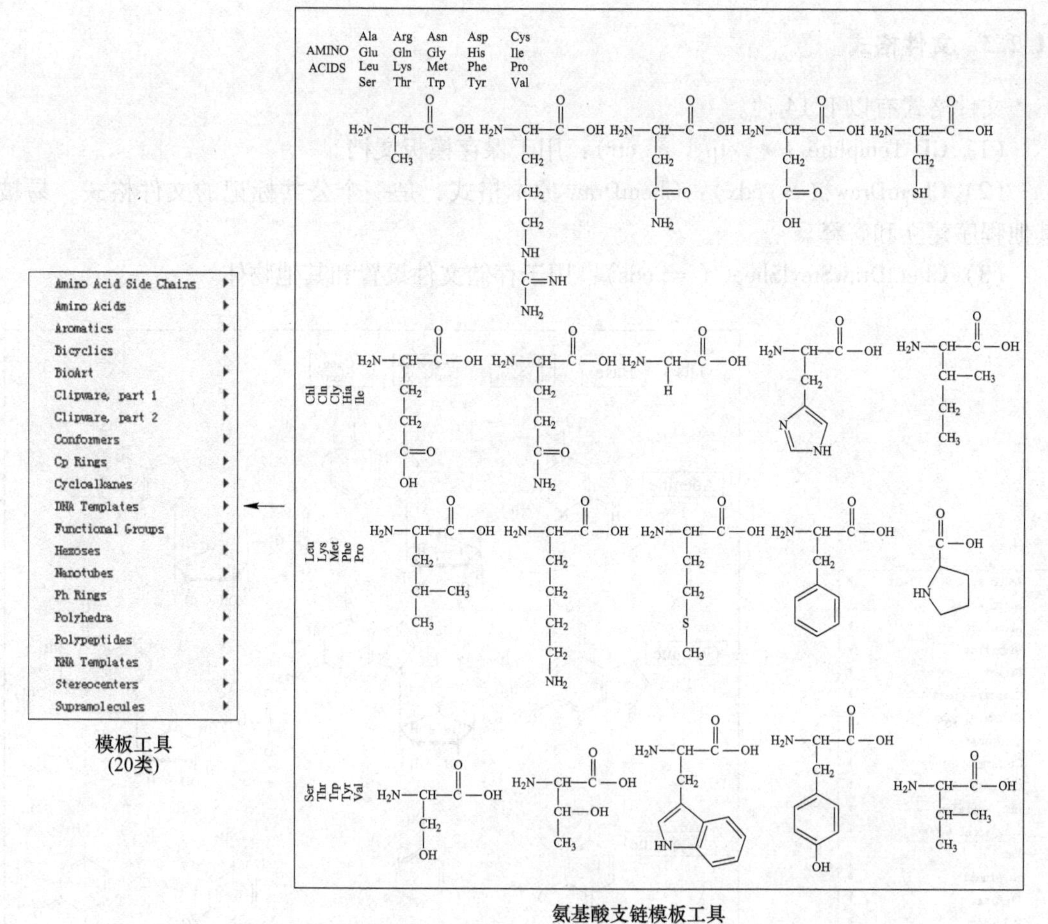

图 11-4 氨基酸支链模板工具

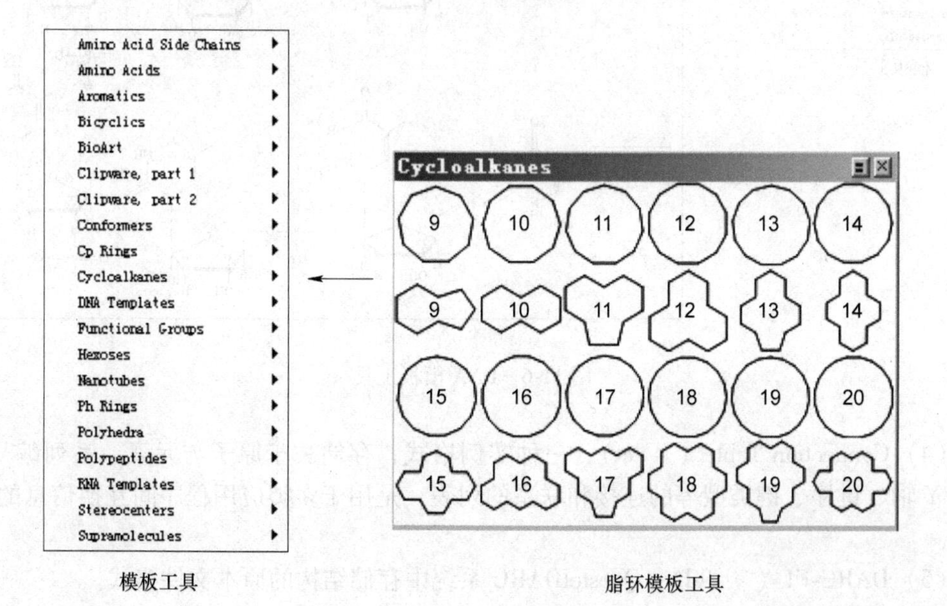

图 11-5 脂环模板工具

11.2.3 文件格式

文件格式有以下 14 种。

（1）CD Template（ *. ctp、 *. ctr）：用于保存模板文档。

（2）ChemDraw（ *. cdx）：ChemDraw 原本格式，是一个公共标记的文件格式，易被其他程序建立和解释。

（3）ChemDrawSteylSheet（ *. cds）：用于存储文件设置和其他物体。

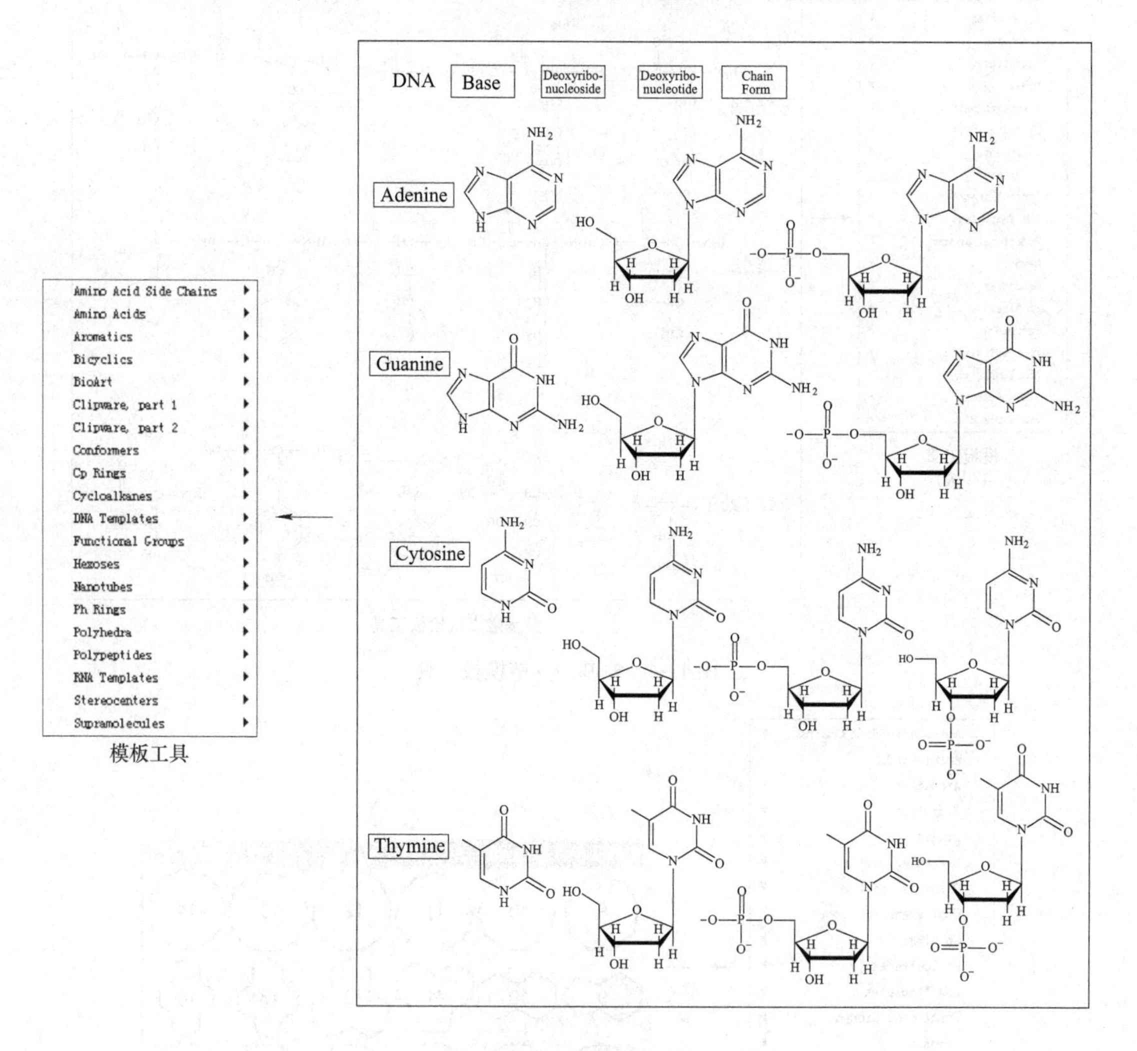

图 11-6 DNA 模板工具

（4）Connection Table（ *. ct）：一种实例格式，存储关于原子与元素、系列编号、X 轴和 Y 轴、键序、键类型等的连接和联系的列表，是用于多类应用程序间互换信息的通用格式。

（5）DARC-F1 （ *. fld）：QuestelDARC 系统中存储结构的原本文件格式。

（6）DARC-F1 Query（ *. flq）：QuestelDARC 系统中存储查询的原本文件格式。

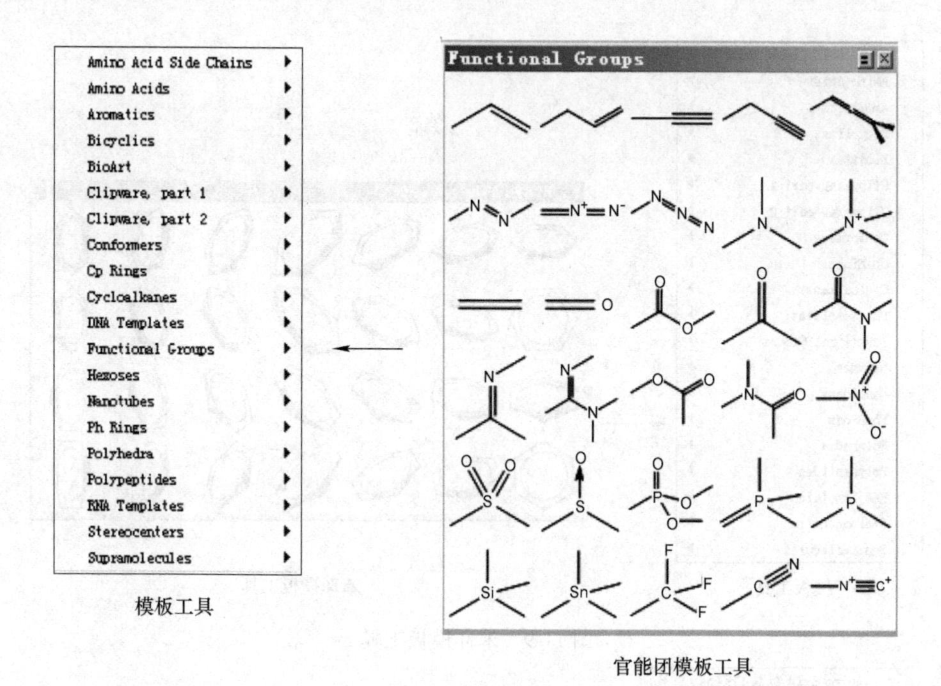

图 11-7 官能团模板工具

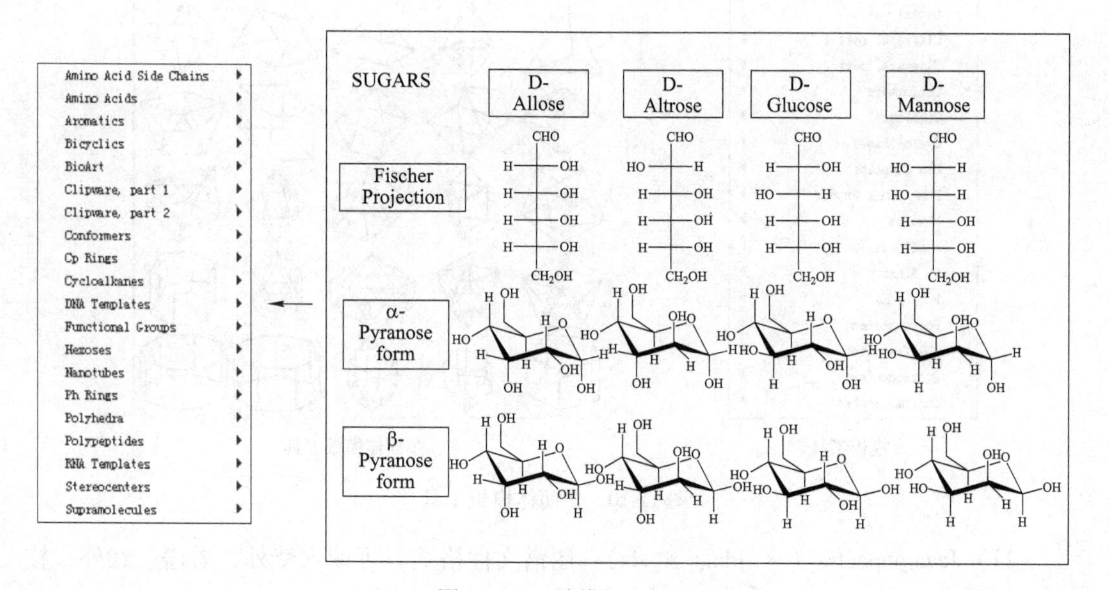

图 11-8 己糖模板工具

（7）ISIS Reaction（＊.rxn）：MDL 开发的格式，用于存储元素反应信息。

（8）ISIS Sketch（＊.skc）：在 Windows 或 Macintosh 环境下，存储并传输到另外的 ISIS 应用程序中。

（9）MDL MolFile（＊.mol）：MDL（分子设计有限公司）MolFile 文件格式用于其他在 Windows、Macintosh 和 Unix 环境下的化学数据库和绘画应用软件。

（10）Galactic Spectra（＊.spc）：银河图谱文件格式。

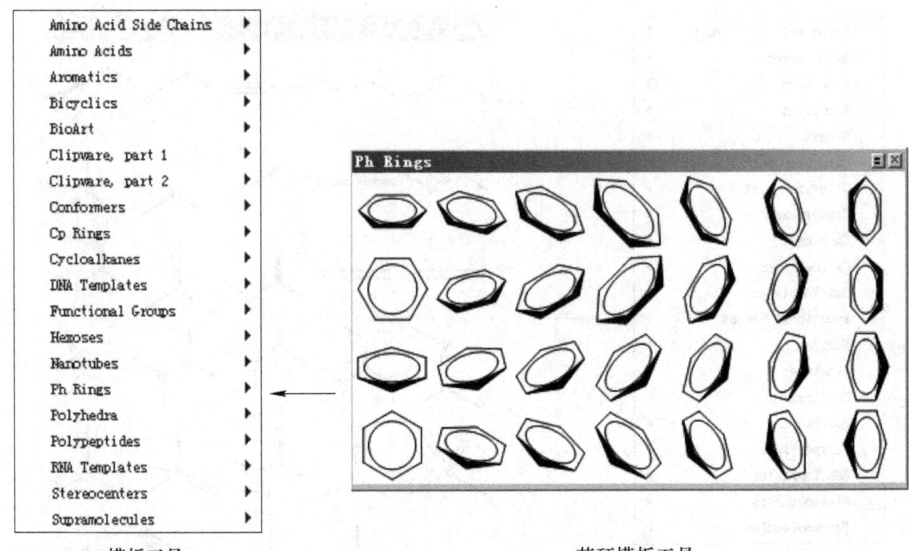

图 11-9 苯环模板工具

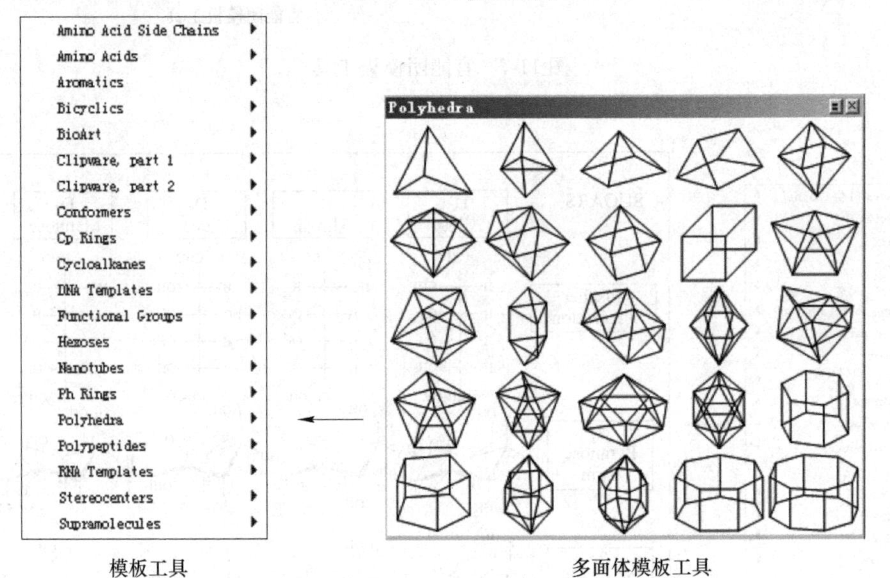

图 11-10 多面体模板工具

（11）JcampSpectra（ *. jdx、 *. dx）：图谱文件格式，可读入紫外、质谱、红外、核磁等数据文件。

（12）MSI ChemNote（ *. msm）：ASCII 文本文件，可以用于像 ChemNote 一类的应用程序。

（13）SMD 4.2（ *. smd）：ASCII 文本文件，一般用于检索化学文摘数据库。

（14）Windows Metafile（ *. wmf）：图片文件格式，可以将 ChemDraw 图片传输到其他应用程序中，如 Word。wmf 文件格式中含有 ChemDraw 的结构信息，可被 ChemDraw 早期版本编辑。

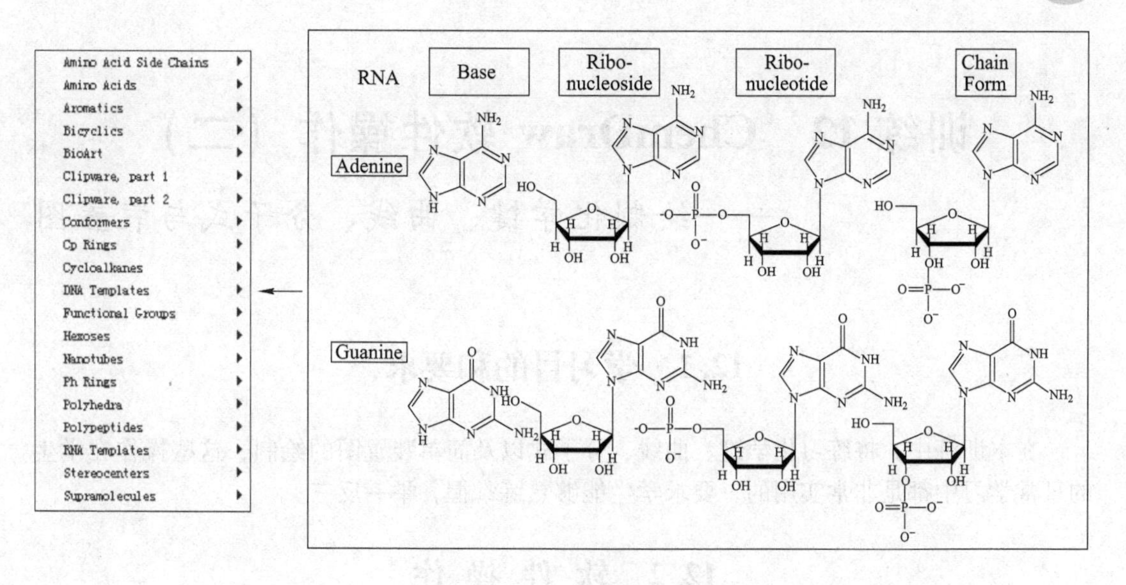

图 11-11　RNA 模板工具

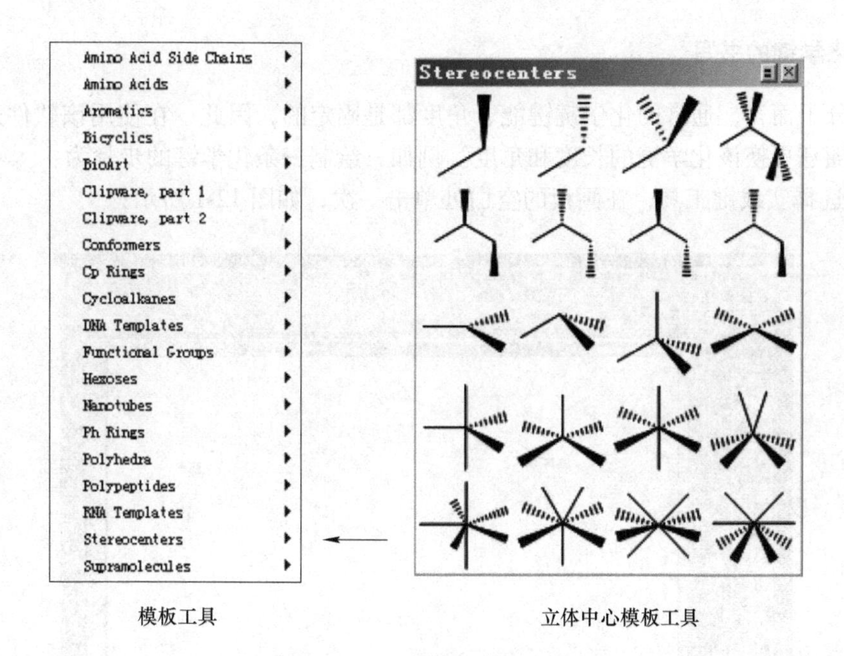

图 11-12　立体中心模板工具

11.2.4　练习

在计算机中正确安装和运行 ChemDraw 软件，查看并熟悉各模块中的信息内容。

训练 12　ChemDraw 软件操作（二）

——绘制化学键、曲线、分子式与装置图

12.1　学习目的和要求

在本训练中，将练习化学键、曲线、分子式以及简单装置图的绘制，这些操作在学生的日常学习中都是非常实用的，要求学生能够熟练掌握，举一反三。

12.2　软 件 操 作

12.2.1　化学键的书写

对于分子而言，通常的化学键键能、角度都是固定的，因此，在使用该软件进行绘制时，不要随意更换该化学键的长度和角度。例如，绘制三条化学键的步骤为：

（1）选择实线键工具，在画板的空白处单击一次，如图 12-1 所示；

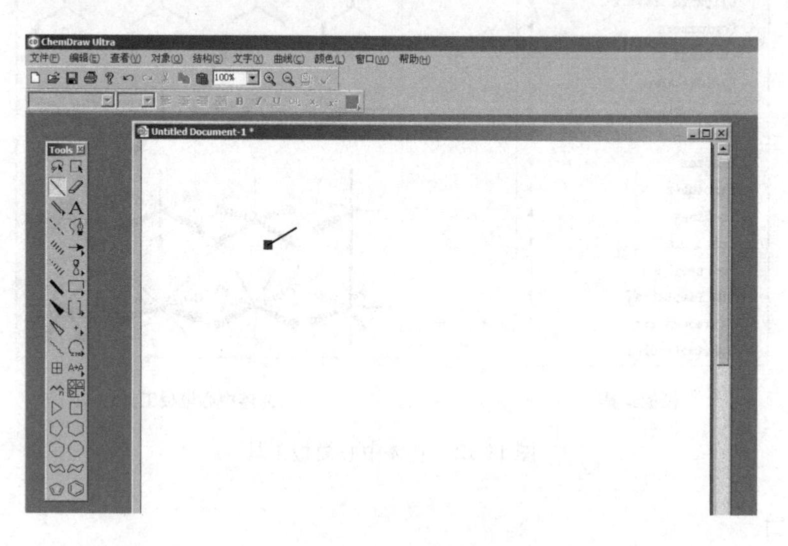

图 12-1　绘制单键

（2）将光标移动至键的上端点位，单击两次，键的空间角度是固定的 109°28′，如图 12-2 所示。

图 12-2　绘制化学键

注意，在有些场合，键的长度需要调整，此时的操作是：

选择化学键工具（单键、双键等），按住“Alt”键，左键拖动鼠标，即可绘制任意长度的化学键。

12.2.2 分子式的书写

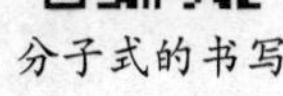
分子式的书写

以4-甲基-4-羟基-2-戊酮分子为例，其分子式为 O OH ，书写方法如下：

（1）绘制三键“ ”。

（2）鼠标放到垂直键的中间，出现编辑条，单击一次，则出现双键，如图12-3所示。

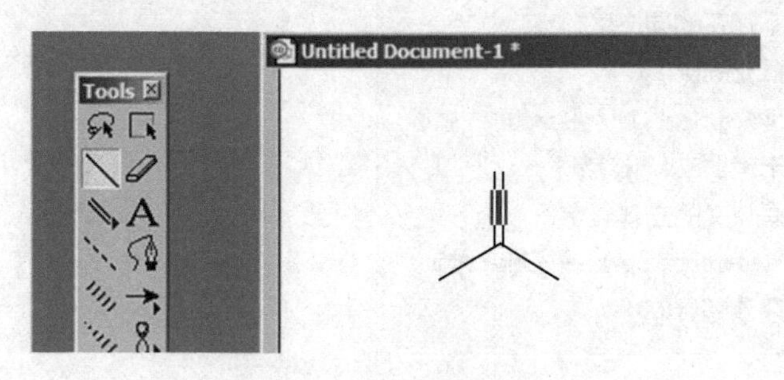

图12-3 绘制双键

（3）选择“A”工具，输入文本，鼠标在双键上端定位后单击，输入“O”，如图12-4所示。

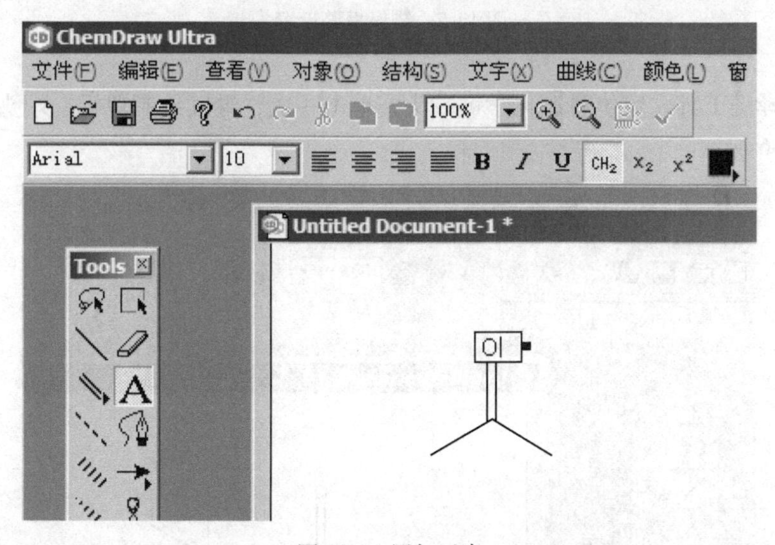

图12-4 添加元素

注意：原子的输入一定要在定位之后进行，否则会出现红色的方框，这是一种化学警告，告诫此处有错误。在ChemDraw软件中，对于错误警告可以进行编辑。选择“文件→参数设置→Display”，可以选择对哪些错误进行警告，以保证绘制的准确性，通常全部勾选，如图12-5所示。

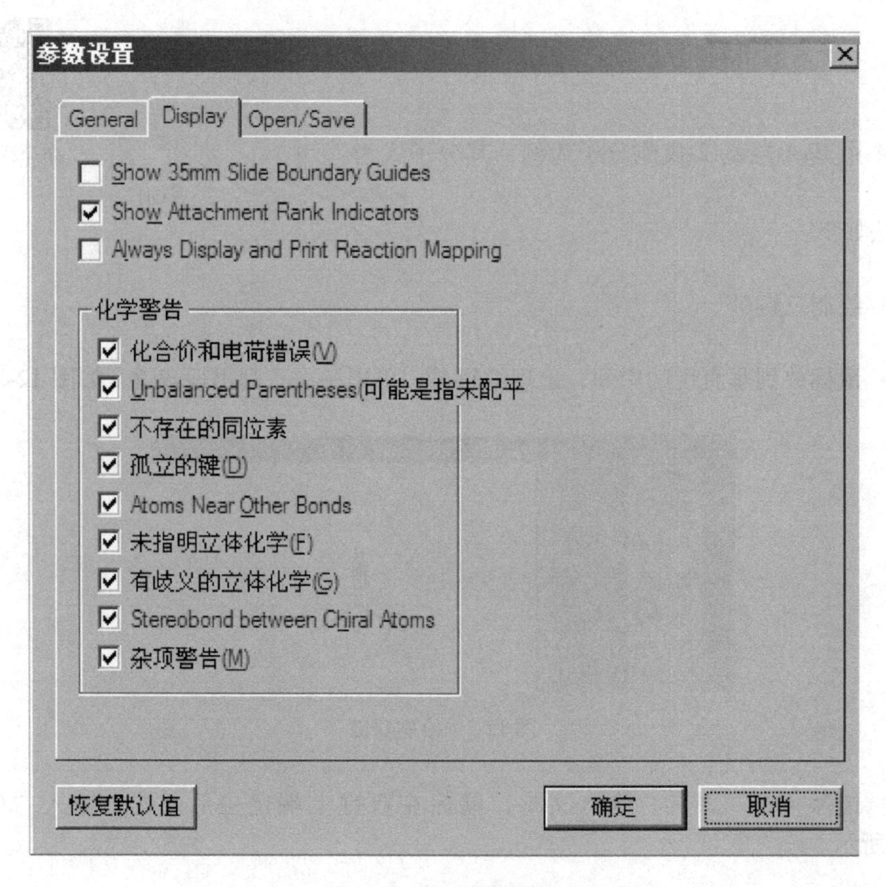

图 12-5 错误报警设置

（4）选择键工具，定位右边化学键端头，单击一次，继续绘制单键，端头定位单击三次，如图 12-6 所示。

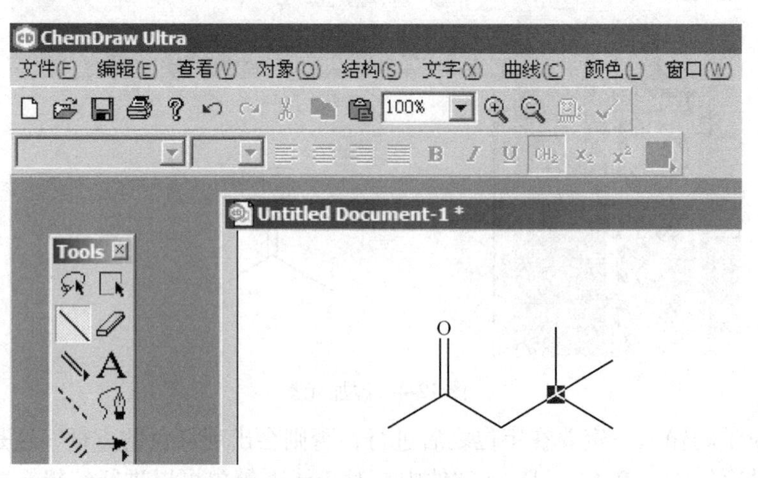

图 12-6 绘制分子

（5）在指定位置输入“OH”，如图 12-7 所示。

12.2.3 曲线的绘制

曲线的绘制

在绘制反应方程式时，常常将电子的转移等机理同时标注，此时则需要用带有方向的圆滑曲线来标注，因此曲线的绘制也是一项基本技巧。

以图 12-8 所示为例，说明曲线的绘制。

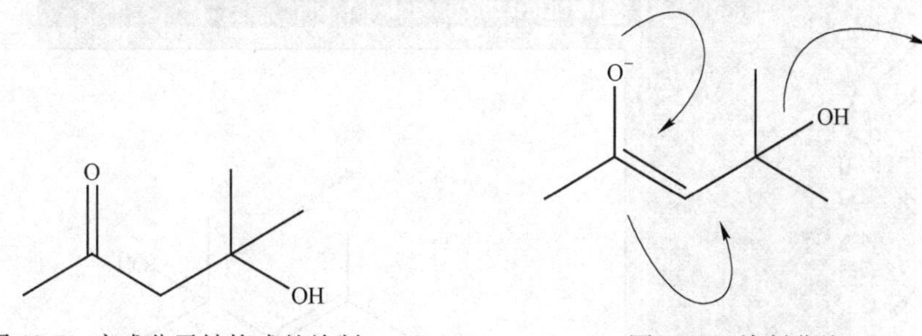

图 12-7　完成分子结构式的绘制　　　　图 12-8　绘制曲线

（1）绘制三条化学键，其中一个为双键。画法为：在对应的单键上单击一次，若形成的双键在下方，选择生成的双键单击一次，则原绘制于单键上方的第二条键会更改位置到原有单键的下方，如图 12-9 所示。另外，双键的绘制也可以直接选择双键功能键进行鼠标左键单击，完成绘制。

（2）定位双键右端，按住鼠标左键，待出现单键时，拖动鼠标，提供一个向上的方向引导，化学键的角度随之调整。待角度合适时，松开鼠标左键，则获得所需方向的化学键。之后在键的右端定位，单击三次，如图 12-10 所示。

（3）在相应位置输入“O”，选择负电荷符号“-”，在“O”周围单击，绘制出电荷符号。之后对电荷进行调整，使其位于 O 元素的恰当位置，具体操作为：选择方框工具，在空白处单击一次，再选中图中的“-”，移动至“O”的右上角，输入“OH”，获得如图 12-11 所示的分子结构图。

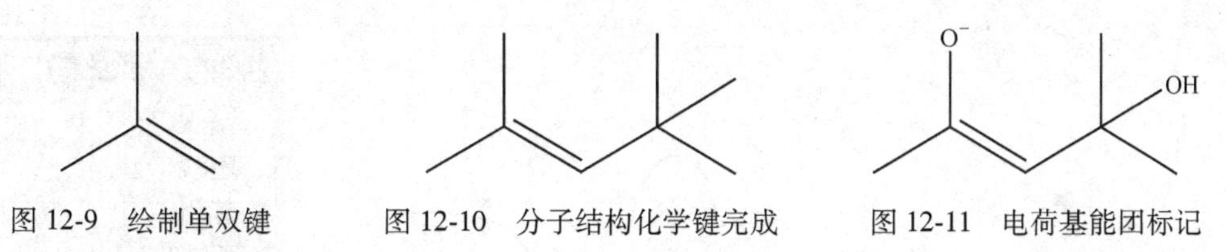

图 12-9　绘制单双键　　图 12-10　分子结构化学键完成　　图 12-11　电荷基能团标记

（4）选择笔工具，在“O”上方鼠标左键单击并拖拽至右下方，松开鼠标，如图 12-12 所示。

（5）在虚直线的下方选择箭头的端点位置，单击一次，如图 12-13 所示。

（6）按“ESC”键退出，如图 12-14 所示。

（7）单击曲线上任意一点，出现带有两个端头可编辑的虚线，拖动可以改变曲线的角度；单击箭头，同样出现箭头编辑的虚线，拖拽两端可以改变箭头的角度，如图 12-15 所示。

（8）同样方法，绘制另外两条曲线，获得中间体结构图，如图 12-16 所示。

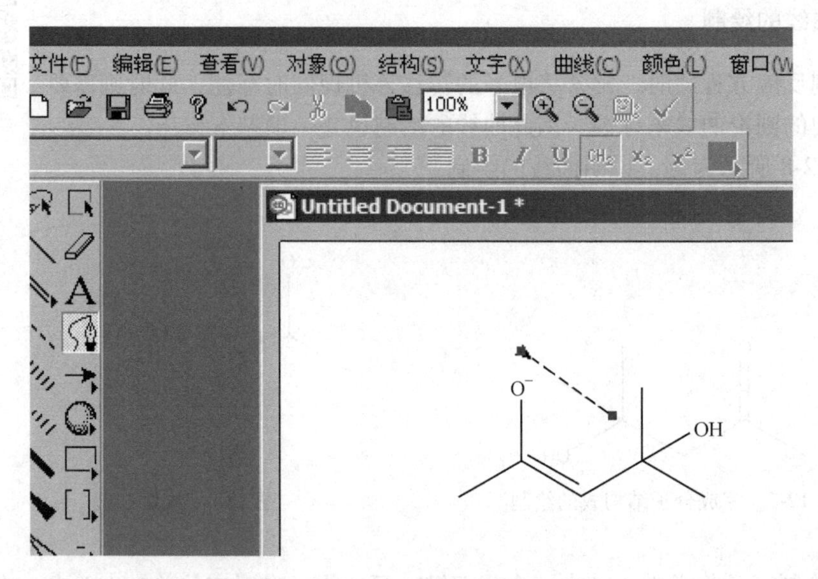

图 12-12　推拽出箭头曲线

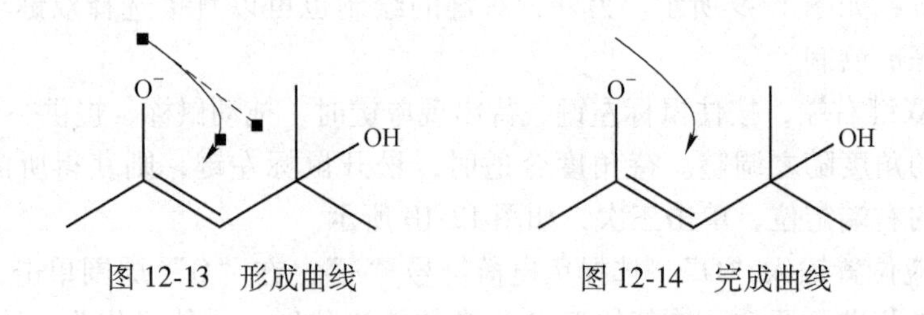

图 12-13　形成曲线　　　　图 12-14　完成曲线

注意：曲线的箭头位置等信息可以在菜单的“曲线”里面进行编辑操作，如图 12-17 所示。

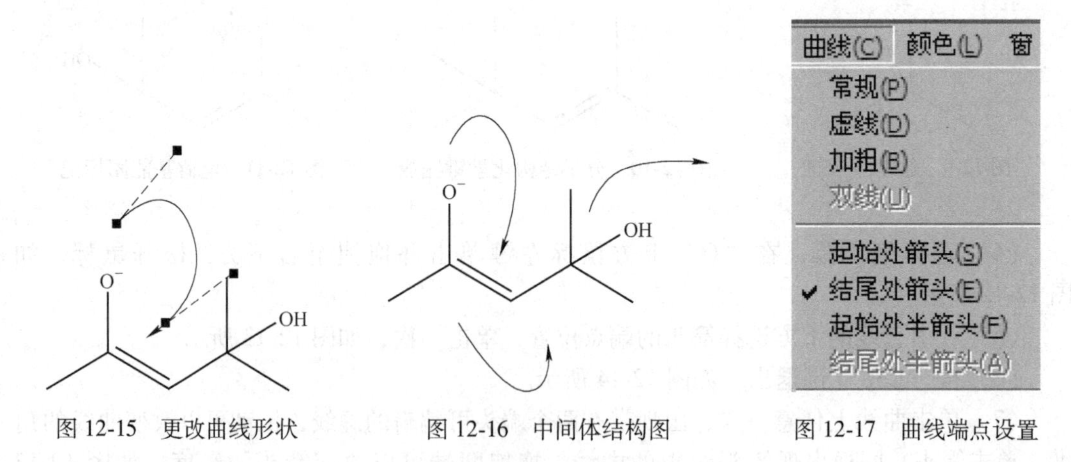

图 12-15　更改曲线形状　　　　图 12-16　中间体结构图　　　　图 12-17　曲线端点设置

分子式绘制好以后，可以通过单击主菜单的“查看→化学性质窗口”，查看相应的理化常数等信息，如图 12-18 所示。

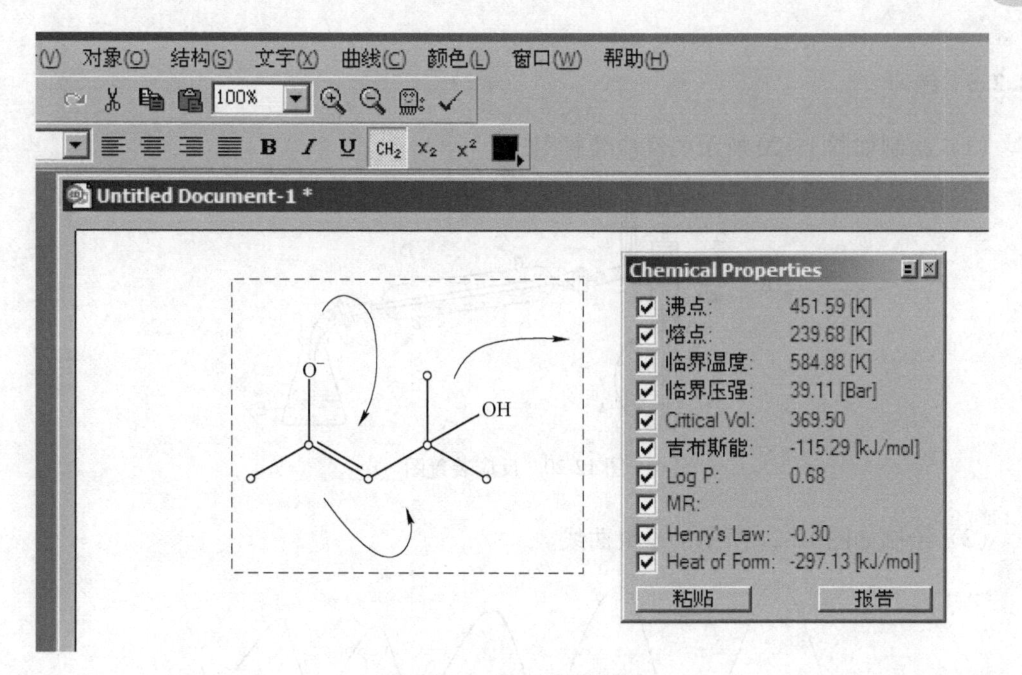

图 12-18 查看化学性质

12.2.4 化学装置图的绘制

装置图的绘制

在 ChemDraw 软件中，附带了一些简单的化学反应装置，可以绘制简单的装置图，例如一套简单的有机合成装置，如图 12-19 所示。此操作较为简单，学生可自己操作。

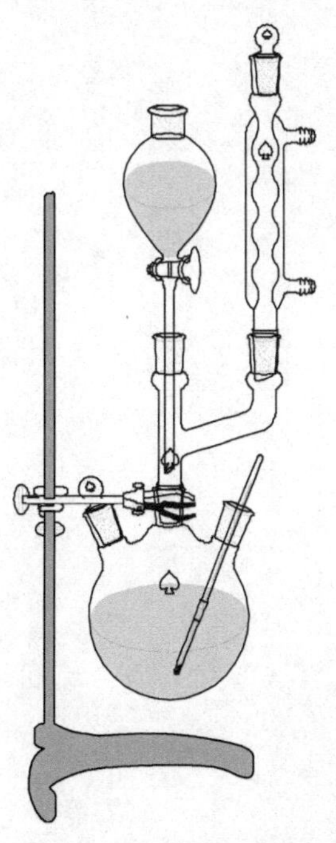

图 12-19 有机合成装置

12.2.5 练习

（1）绘制如图 12-20 所示的反应装置图。

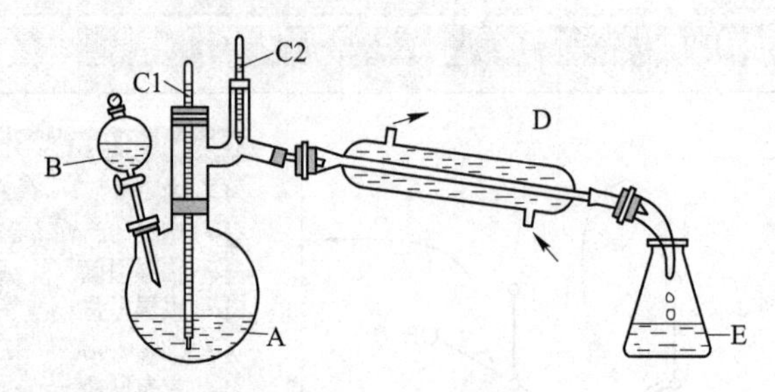

图 12-20 反应装置图

（2）绘制如图 12-21 所示的平滑曲线。

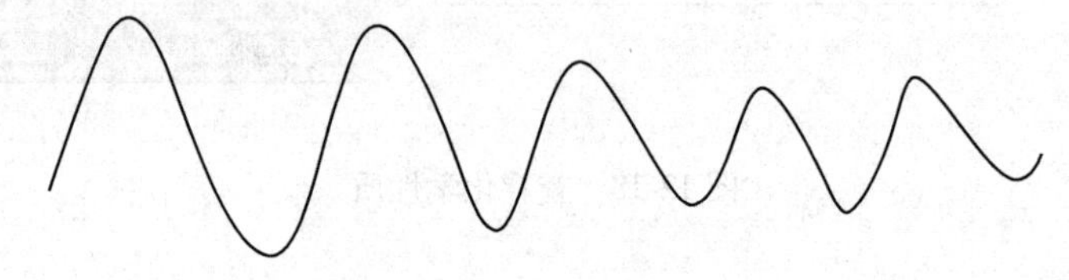

图 12-21 平滑曲线

训练 13　ChemDraw 软件操作（三）

——图形的旋转、缩放与化学信息查询

13.1　学习目的和要求

在本训练中，将学习 ChemDraw 软件中图形的旋转、缩放，分子式相关化学信息的查询，已知名称确定分子结构等操作。这些技能都是非常实用的，在今后的学习和工作中会起到非常重要的作用，要求学生能够熟练掌握。

13.2　软 件 操 作

13.2.1　图形的旋转、缩放

图形的旋转、缩放

（1）对图形进行手动和设定角度的旋转操作，以苯环为例，操作方法如下：

1）选择苯环模板，如图 13-1 所示。

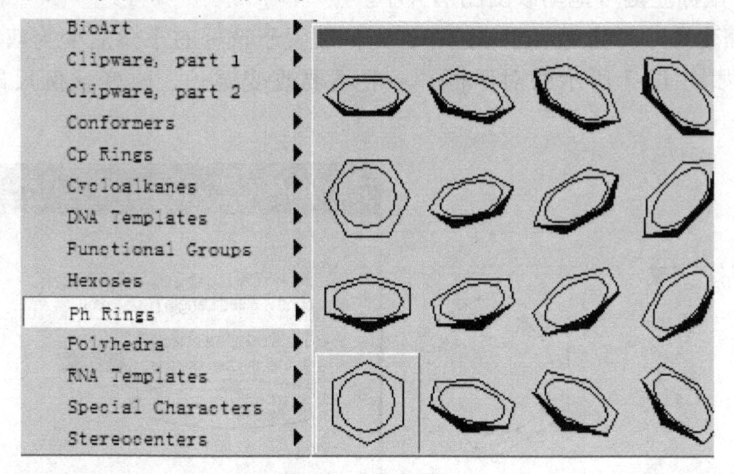

图 13-1　苯环模板

2）选择方框工具，选中苯环，如图 13-2 所示。

3）右上角为水平旋转按钮，光标变成两端带有箭头的弯线时，点住鼠标左键不放，可以顺时针、逆时针任意旋转图形，如图 13-3 所示。旋转时，显示了旋转的角度数据。

4）双击右上角的角度旋转位置，则出现固定角度旋转对话框，如图 13-4 所示。可以输入角度，选择顺时针或逆时针旋转。例如，输入顺时针旋转 90°，则获得如图 13-5 所示的图形。

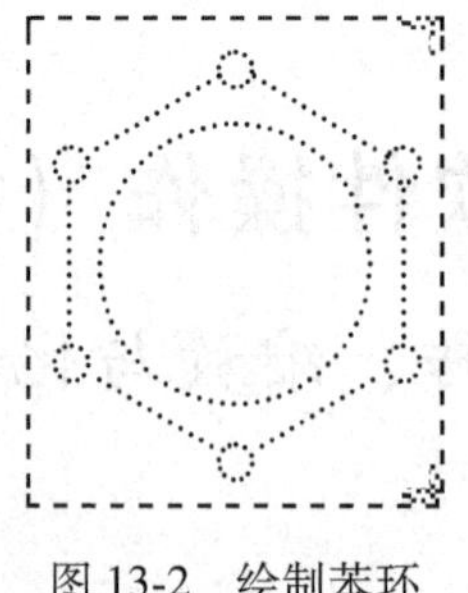

图 13-2　绘制苯环

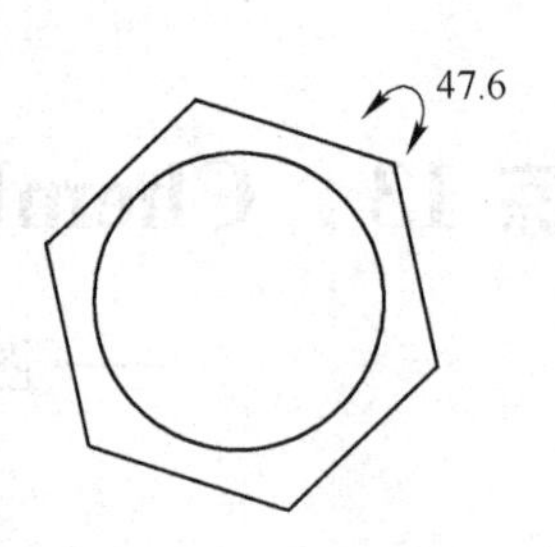

图 13-3　水平旋转

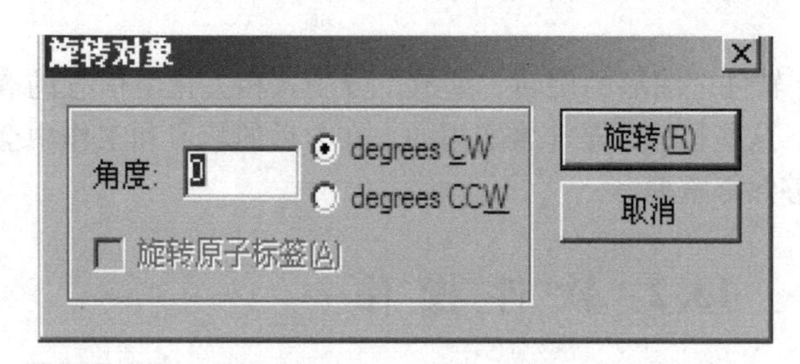

图 13-4　设置旋转角度

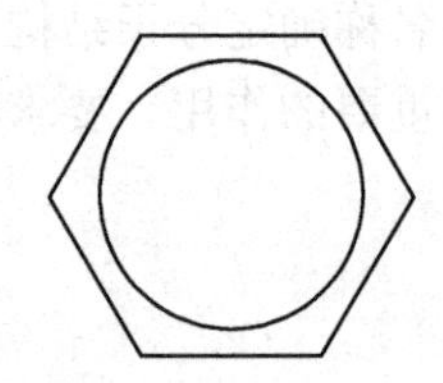

图 13-5　顺时针旋转 90°所获图形

（2）图形的缩放方法如下：

1）手动任意缩放。绘制苯环并选中，光标放置于选框右下角后变为双箭头，如图 13-6 所示，鼠标左键可拖动改变图形大小。

2）固定缩变尺寸。绘制苯环并选中，光标放置于选框右下角后变为双箭头，鼠标左键双击，打开如图 13-7 所示的对话框。一般不要改变键长，改变比例尺即可改变图形大小。

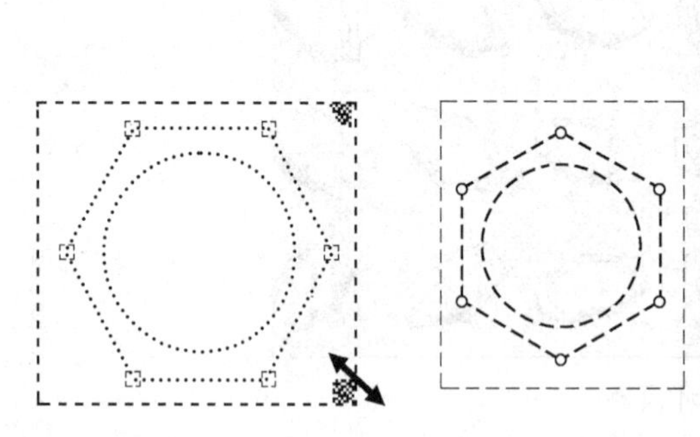

图 13-6　手动任意缩放

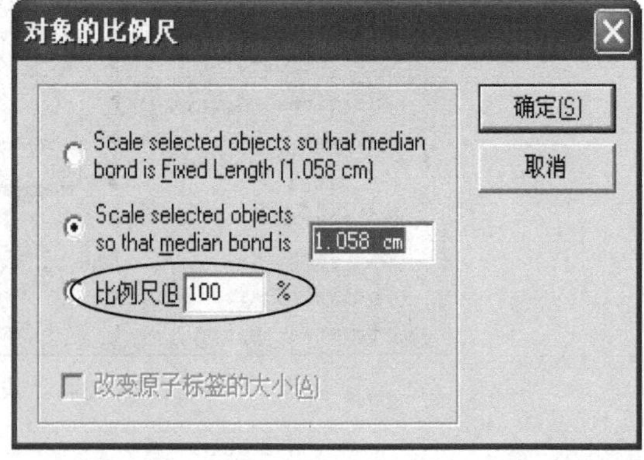

图 13-7　按比例尺缩放

13.2.2　化学信息查询

化学信息查询

（1）已知分子式，查看信息，具体方法如下：

1）绘制物质化学分子式，如图 13-8 所示；

2）选择功能“查看→化学性质窗口”（见图 13-9），则出现如图 13-10 所示的相关化学信息；

3）选择“报告”，即可以记事本格式显示物质的详细理化性质，如图 13-11 所示；

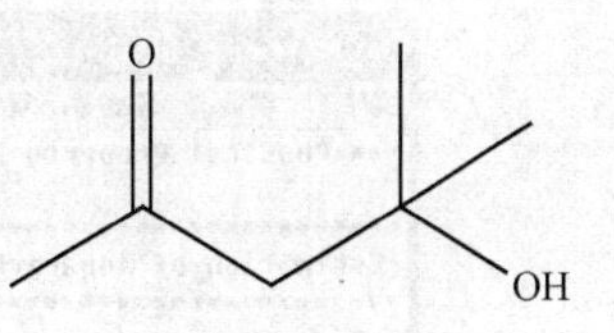

图 13-8　绘制结构式

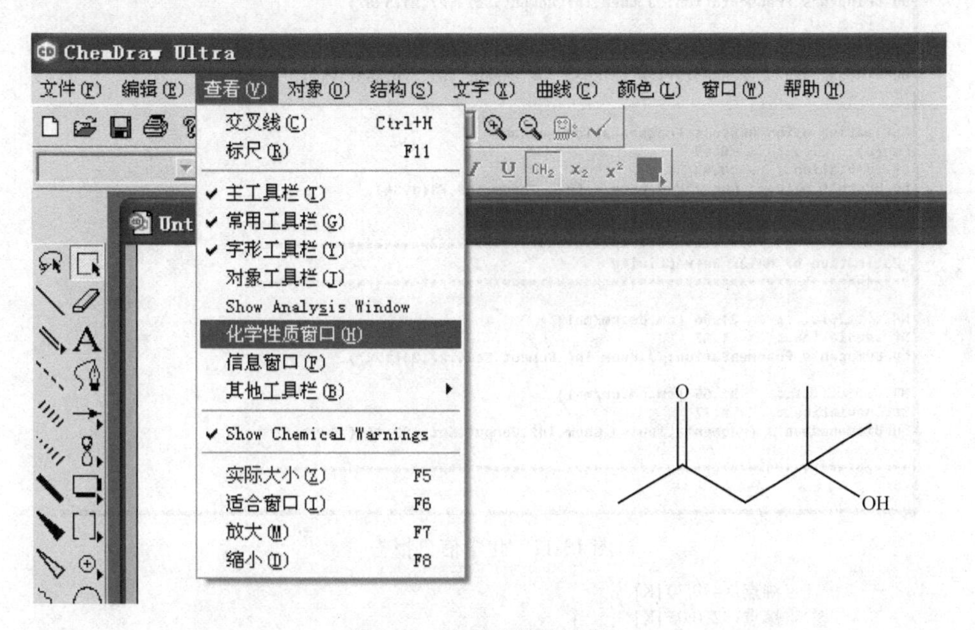

图 13-9　查看化学性质窗口

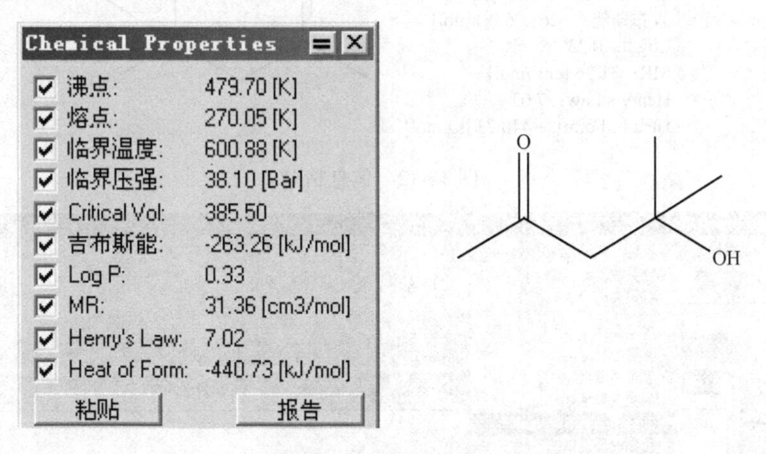

图 13-10　化学信息

4）选择“粘贴”，即可把信息窗口的内容粘贴在分子式旁边，如图 13-12 所示；

5）选择功能菜单“查看→Show Analysis Window”（见图 13-13），则出现如图 13-14 所示的对话框，显示了结构式相关的分析数据信息；

6）选择“粘贴”，则数据信息被粘贴在文档中，如图 13-15 所示。

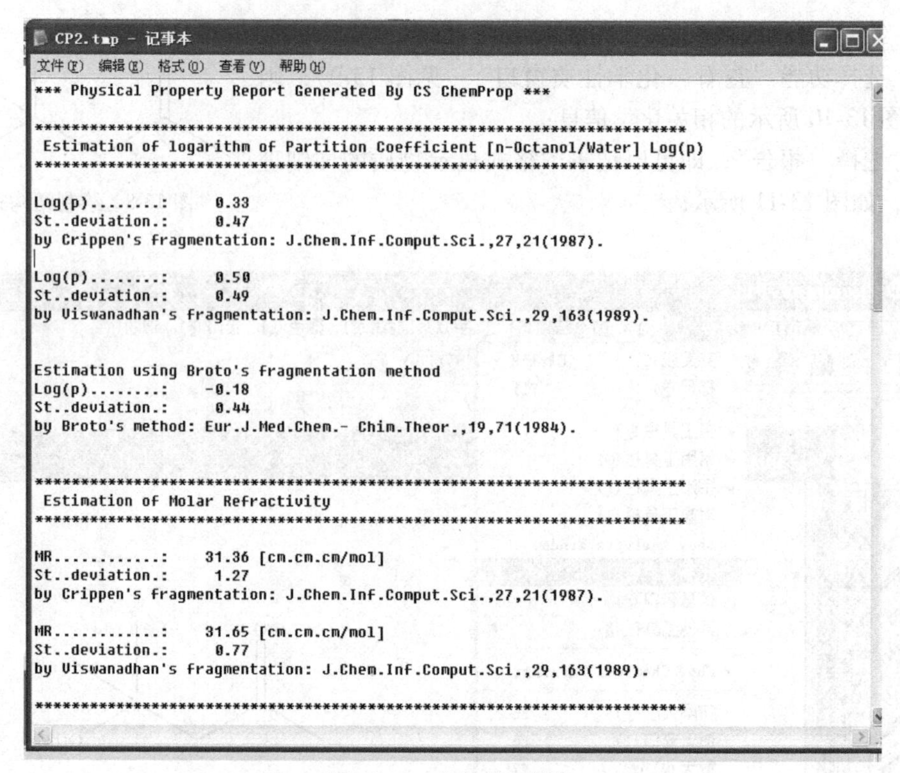

```
CP2.tmp - 记事本
文件(F) 编辑(E) 格式(O) 查看(V) 帮助(H)
*** Physical Property Report Generated By CS ChemProp ***

*************************************************************************
 Estimation of logarithm of Partition Coefficient [n-Octanol/Water] Log(p)
*************************************************************************

Log(p)........:      0.33
St..deviation.:      0.47
by Crippen's fragmentation: J.Chem.Inf.Comput.Sci.,27,21(1987).

Log(p)........:      0.50
St..deviation.:      0.49
by Viswanadhan's fragmentation: J.Chem.Inf.Comput.Sci.,29,163(1989).


Estimation using Broto's fragmentation method
Log(p)........:     -0.18
St..deviation.:      0.44
by Broto's method: Eur.J.Med.Chem.- Chim.Theor.,19,71(1984).


*************************************************************************
 Estimation of Molar Refractivity
*************************************************************************

MR............:    31.36 [cm.cm.cm/mol]
St..deviation.:     1.27
by Crippen's fragmentation: J.Chem.Inf.Comput.Sci.,27,21(1987).

MR............:    31.65 [cm.cm.cm/mol]
St..deviation.:     0.77
by Viswanadhan's fragmentation: J.Chem.Inf.Comput.Sci.,29,163(1989).

*************************************************************************
```

图 13-11 化学信息报告

沸点：479.70 [K]
熔点：270.05 [K]
临界温度：600.88 [K]
临界压强：38.10 [Bar]
Critical Vol：385.50 [cm^3/mol]
吉布斯能：−263.26 [kJ/mol]
Log P：0.33
MR：31.36 [cm^3/mol]
Henry's Law：7.02
Heat of Form：−440.73 [kJ/mol]

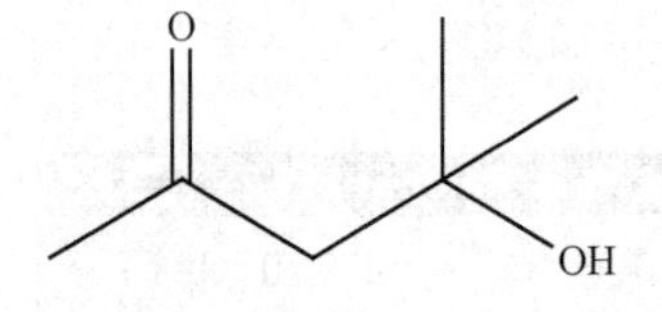

图 13-12 信息粘贴

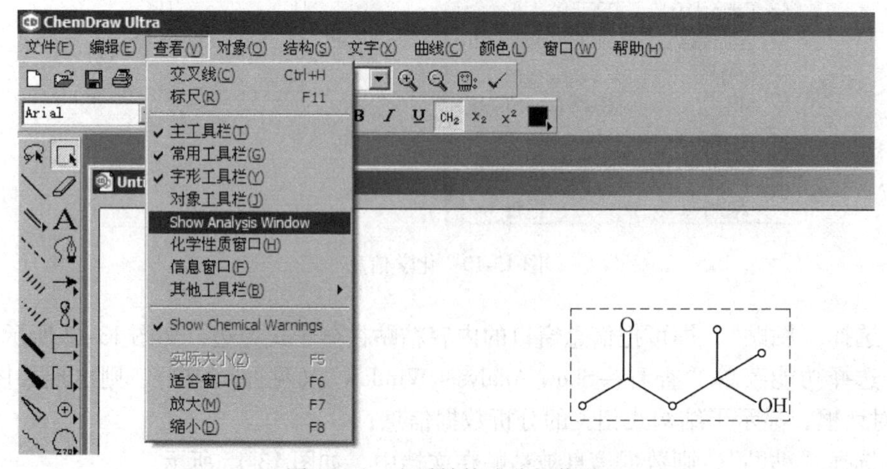

图 13-13 查看结构式分析信息

（2）选中分子式，单击功能“结构→Convert Structure to Name”，即结构转换为名称（见图 13-16），则在分子式下面显示物质的化学名称，如图 13-17 所示。

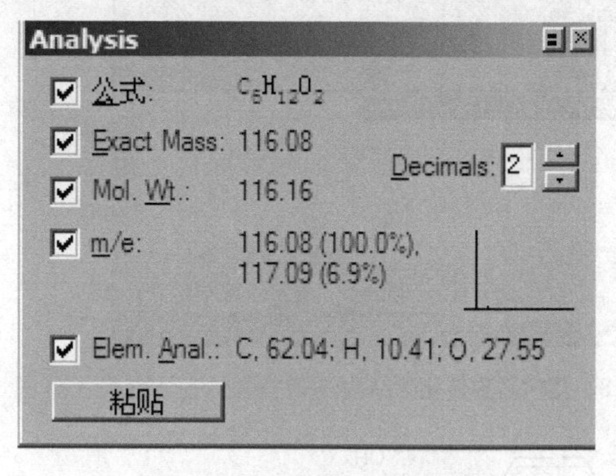

图 13-14 结构式分析结果

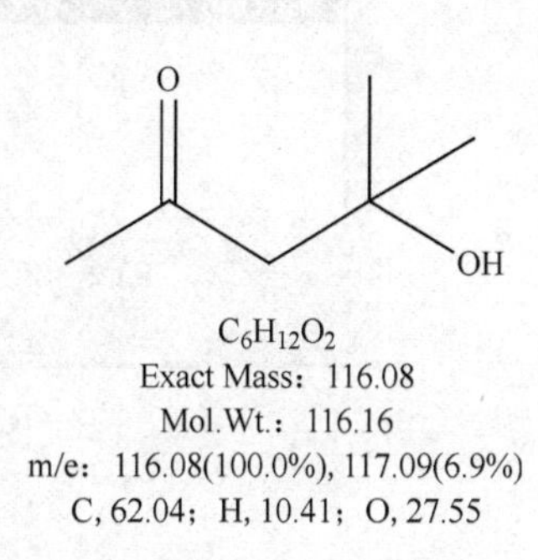

图 13-15 分子式信息

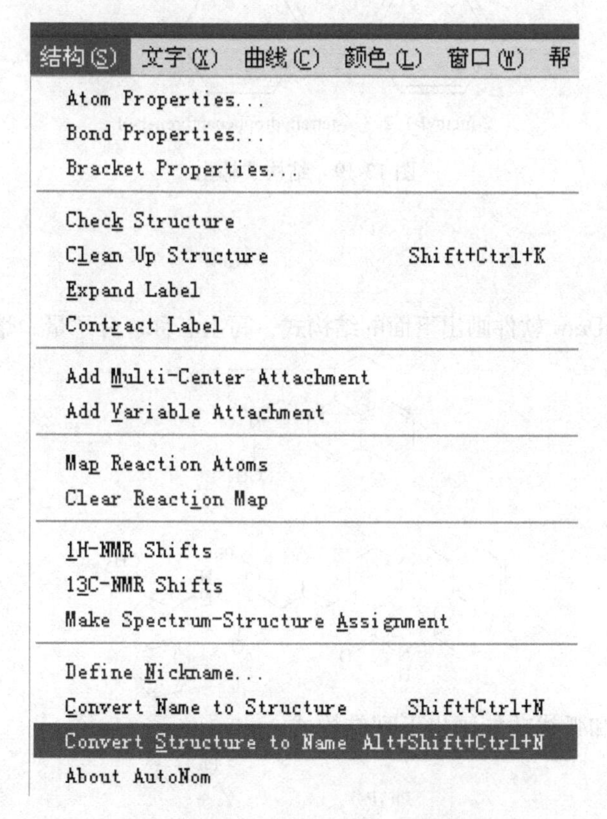

图 13-16 结构转换为化学名称操作

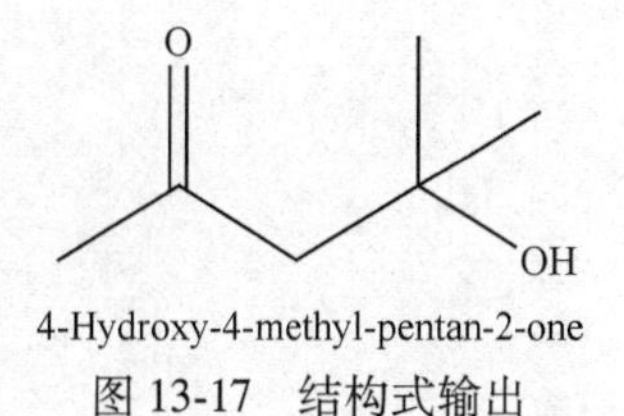

图 13-17 结构式输出

（3）选择菜单工具“结构→Convert Name to Structure”，即名称转化为结构式，在出现的对话框中输入物质名称，如图 13-18 所示；单击“确定”，则在文档中出现相应的分子式，如图 13-19 所示。

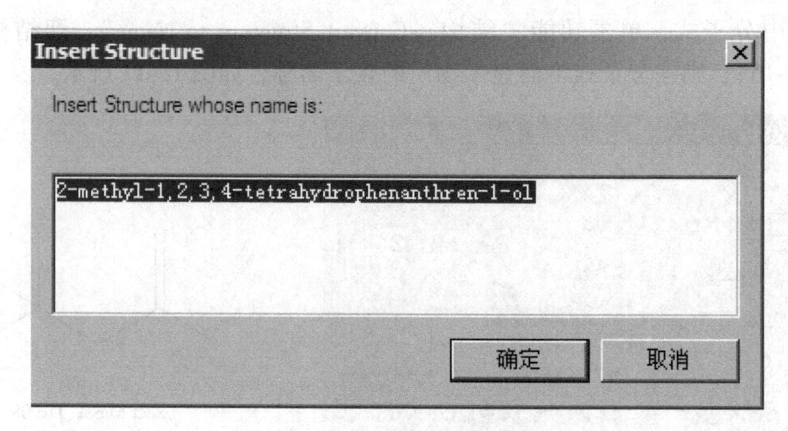

图 13-18 化学名称转化为结构

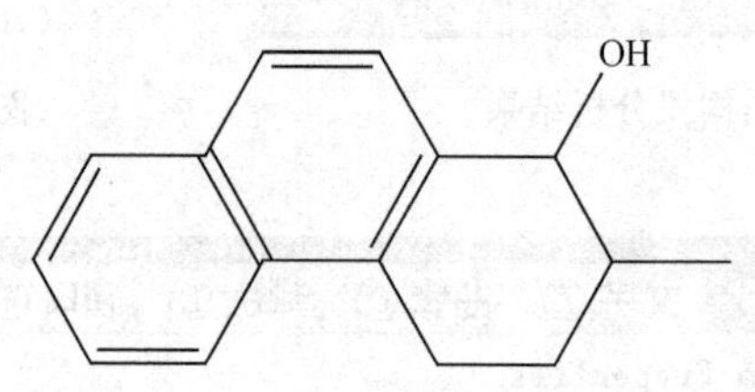

2-methyl-1, 2, 3, 4-tetrahydrophenanthren-1-ol

图 13-19 结构式输出

13.2.3 练习

（1）利用 ChemDraw 软件画出下面的结构式，写出名称、分子量、熔点、沸点等信息。

（2）利用箭头和弧线功能画出下列结构式。

（3）画出下列化合物的结构，并注明相关信息。

1）3-methylbenzoic acid；

2）2-methyl-1,2,3,4-tetrahydrophenanthren-1-ol；

3）7-amino-9-methylbicyclo［3.3.1］nonan-3-ol。

训练 14　KingDraw 软件操作

化合物三维信息查看

14.1　学习目的和要求

KingDraw 化学结构式编辑器软件由青岛清原精准农业科技有限公司开发研制，是一款专业型化学结构式编辑器，中文操作界面，功能全部免费。KingDraw 分为手机版和电脑版，内置多种化学绘图元素和基团，并可以进行手势绘制、结构式命名、IUPAC 名称转结构式、查看化学属性、3D 分子模型转换等多种操作。用户可以根据使用场景，选择手机端或电脑端进行下载，它们可以通过云端同步存储、查看文件。

KingDraw 可兼容 cdx、mol、SMILES 等多种常用结构式绘制软件的文件格式，并支持 ACS1996 等绘图标准。KingDraw PC 版可以与 ChemDraw 等常用结构式软件互通，可以将结构式在软件中互相复制粘贴，而且支持将结构式直接复制粘贴到 Office 系列办公软件中，并可以进行同步修改。

本训练要求学生学习和掌握 KingDraw 软件的操作，通过该软件实现快速绘制化学结构式，查看立体架构、化学信息、结构信息以及供应商信息等，为化学、材料专业学生的学习和研究工作提供帮助。

14.2　软 件 操 作

14.2.1　绘制结构式

（1）打开软件，出现软件初始界面，如图 14-1 所示。主工具栏中包括“结构式”“工

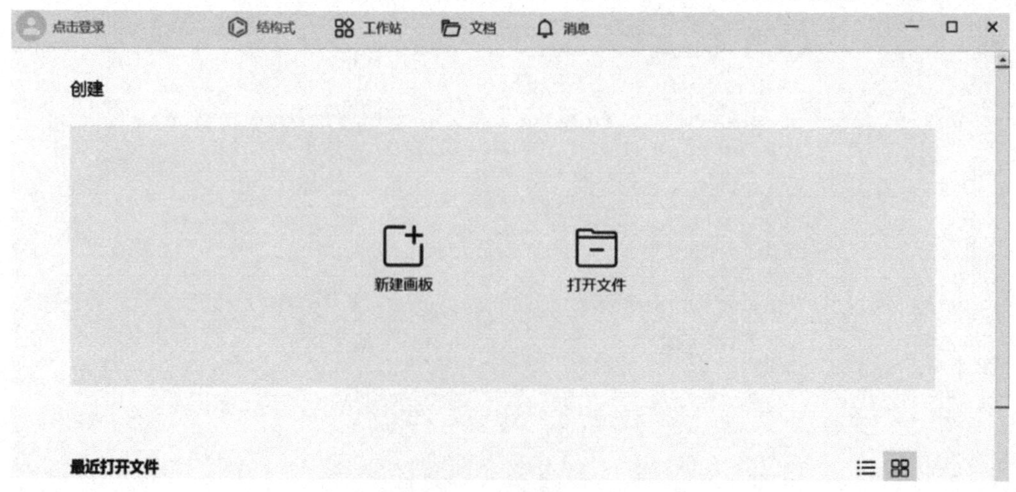

图 14-1　软件初始界面

作站”“文档”和“消息”，其中的“结构式”为绘制分子结构的窗口，“工作站”则可以查阅分子、化合物的所有信息。

（2）选择工具栏“结构式”，单击“新建画板”，绘制分子式，绘制方式与前述ChemDraw软件一致，这里不再赘述。图14-2所示是绘制苯环的结构式。需要注意的是，KingDraw的基本绘图功能与ChemDraw类似，但是模板中缺少实验装置，增加了“碳纳米管”“超分子类”等。因此，在绘图过程中，两种软件可以实现互通有无。

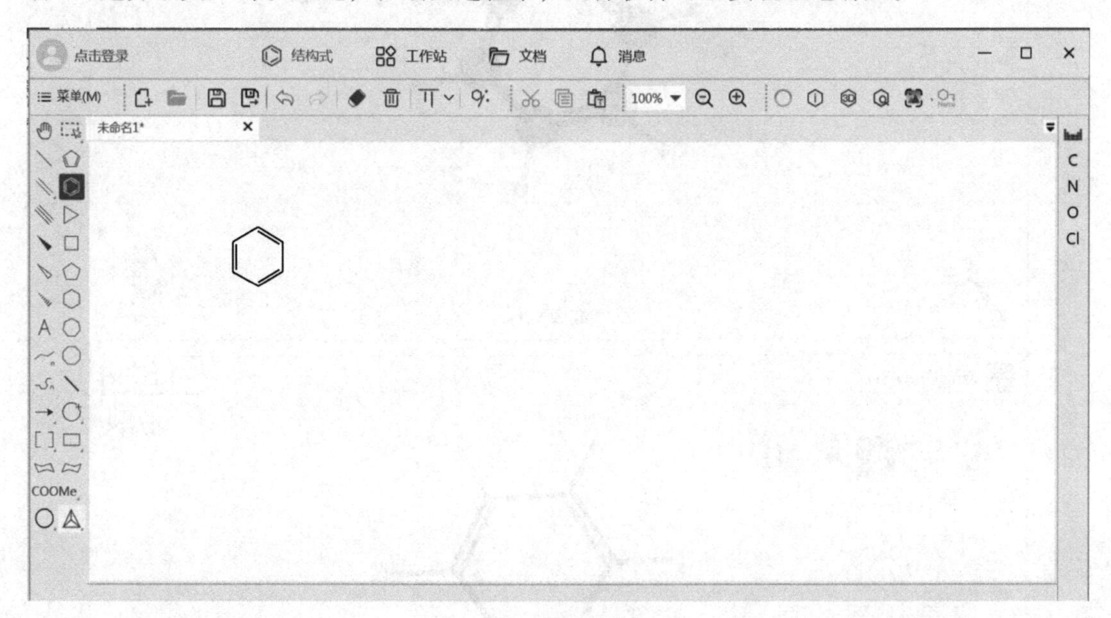

图14-2 绘制结构式

14.2.2 查看三维结构

（1）单击矩形框，选中画板中的结构式，单击“3D”，如图14-3所示。

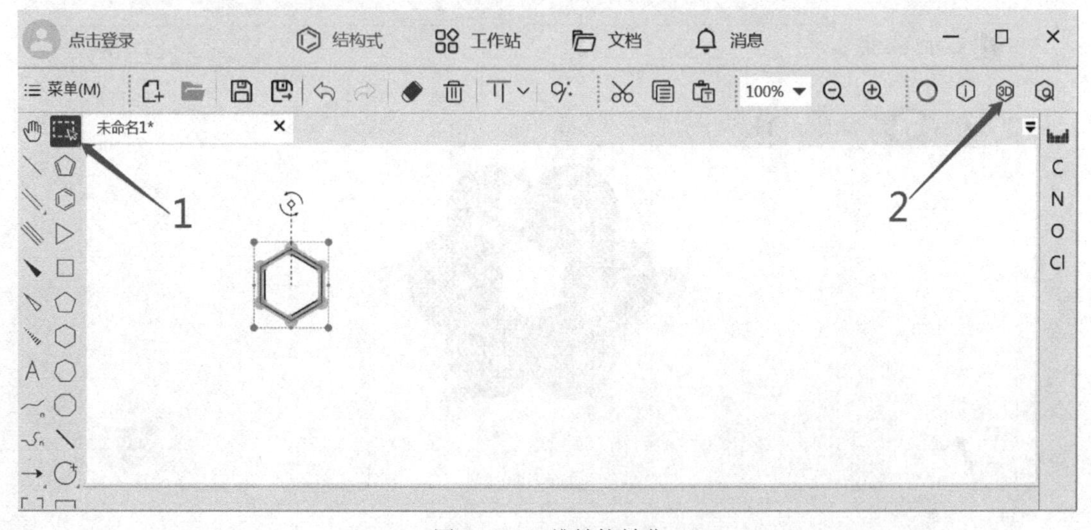

图14-3 三维结构转化

（2）单击“3D”转化后，会获得苯环的三维结构示意图，如图 14-4 所示。三维结构图有三种表现形式，分别为球棍状、棒状以及空间填充状。当分子处于三维结构状态时，鼠标

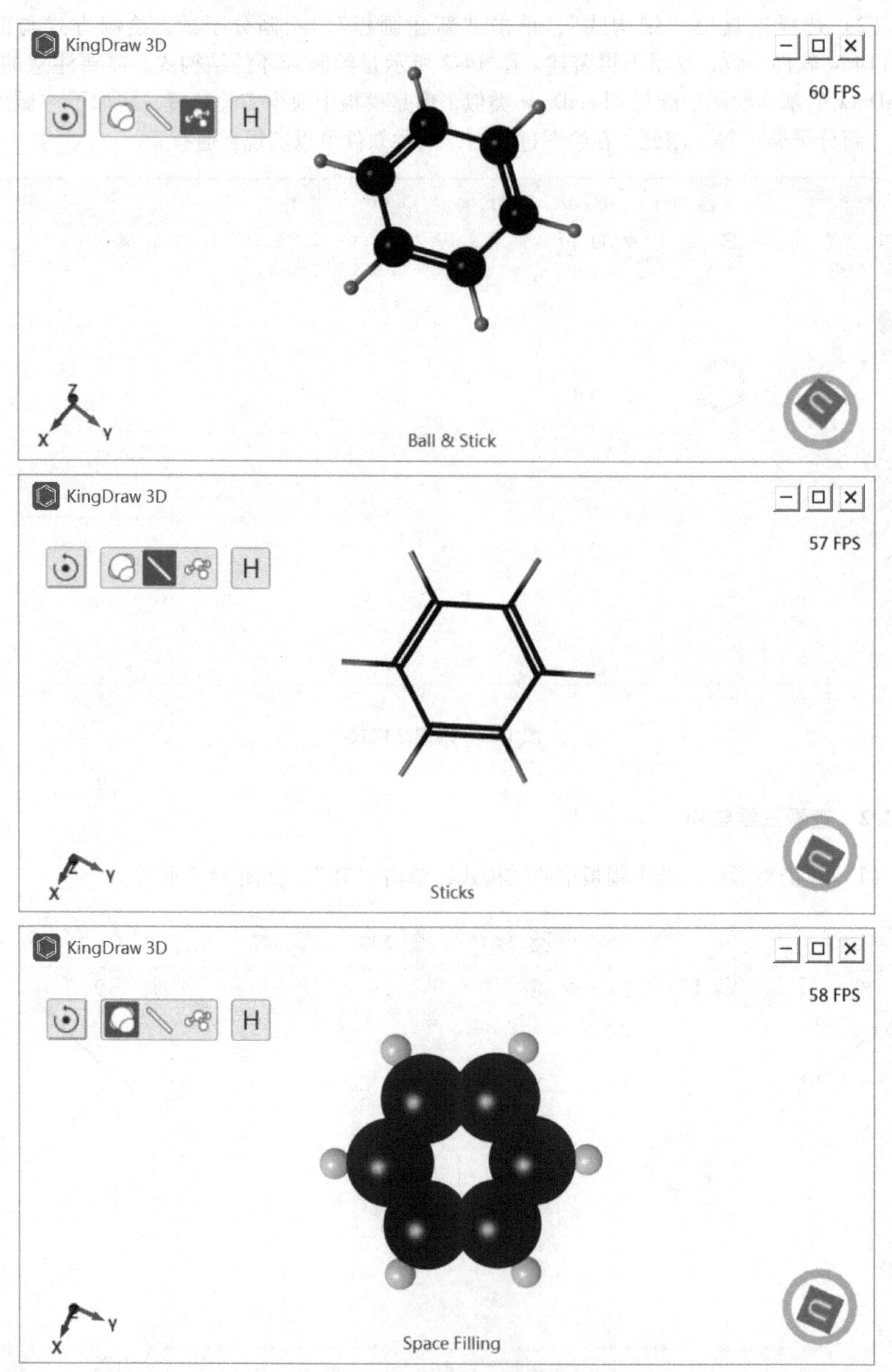

图 14-4 苯环的三维结构示意图

右键可以用于移动三维结构在平面内的位置，左键则可以以选中的原子为中心，对三维结构进行三维方向的旋转。

14.2.3 查看化学信息

（1）单击“化学属性”按钮，即可获得化合物的化学信息，如分子式、分子质量、谱图等信息，如图 14-5 所示。对所得结果可以直接单击“复制到画板”，相关信息即粘贴到化合物的结构式下方。

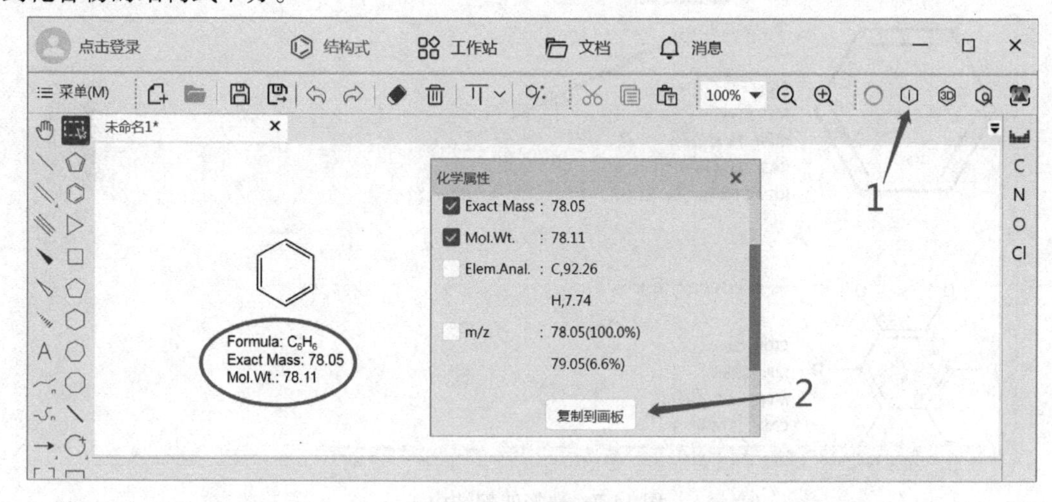

图 14-5 化学属性查看

（2）单击矩形工具，选中苯环结构式，单击“化合物百科”功能键，如图 14-6 所示。

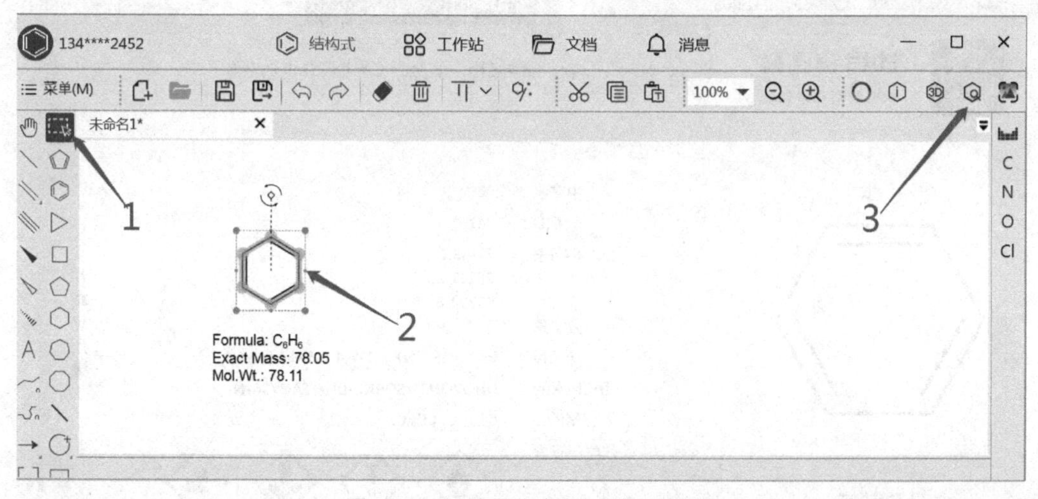

图 14-6 查看“化合物百科”选项

选择后，出现多个相似的分子结构式，按照与所查询结构式的相似度由高到低排列，如图 14-7 所示。找到准确的结构式，单击名称即可获得该化合物的详细信息；同时，也会提供产品的供应商信息，如图 14-8 所示。其中的供应商信息包含国内和国外的厂家信息、联系方式及价格等，如图 14-9 所示。

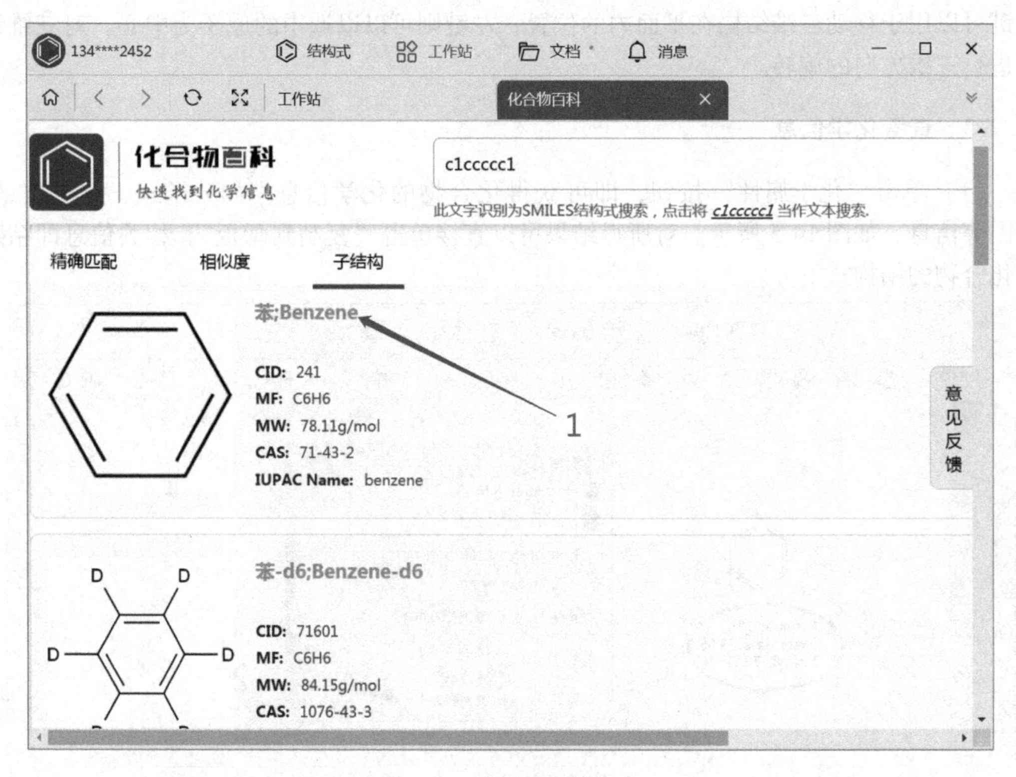

图 14-7 选择匹配结构式

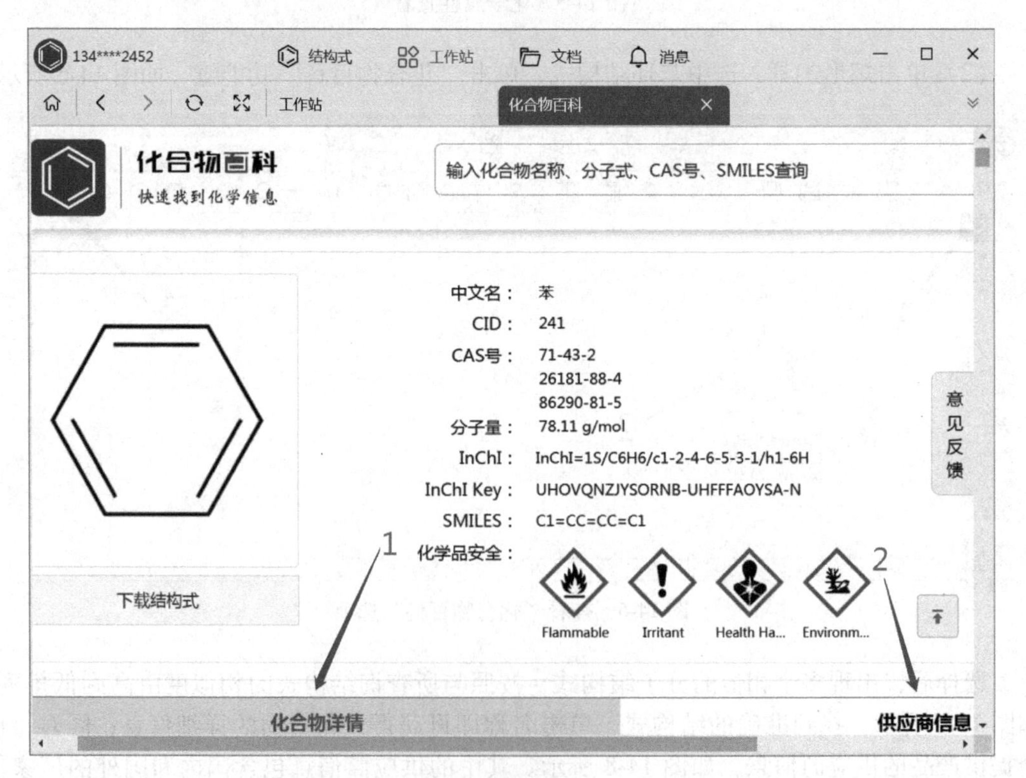

图 14-8 详细信息

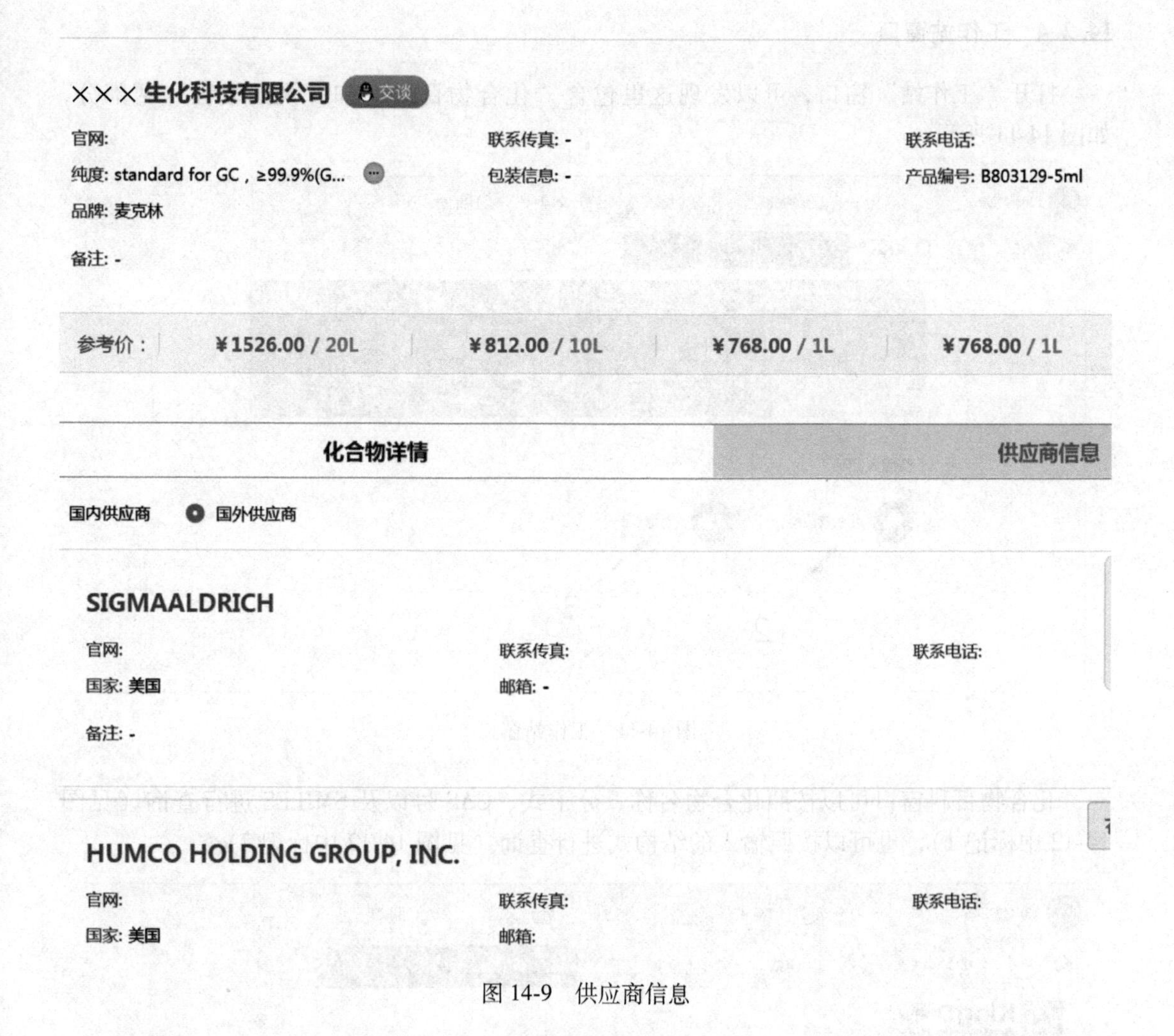

图 14-9　供应商信息

在该软件的结构式窗口中，还包含图片搜索功能（即根据图片分析其对应的化合物的信息）（见图 14-10 中标记 1）以及结构和名称之间的转化功能（见图 14-10 中标记 2）。

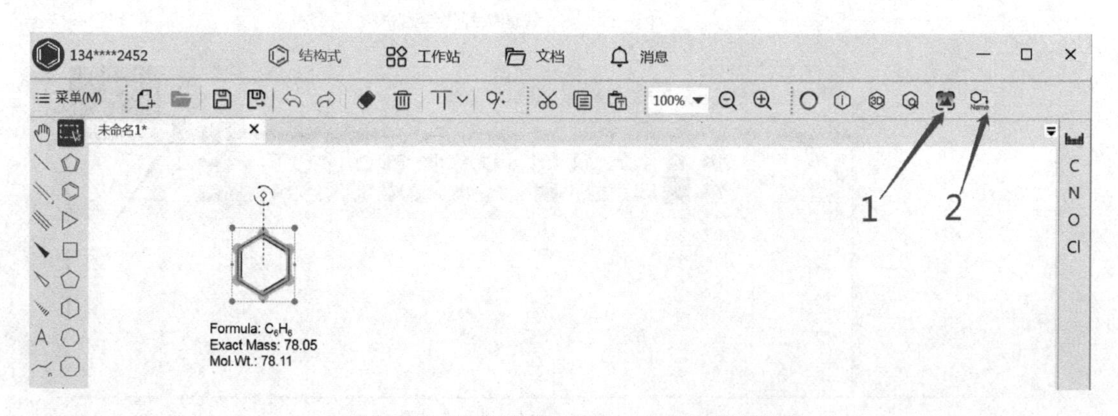

图 14-10　图片搜索及结构、名称转化功能

14.2.4　工作站窗口

打开“工作站”窗口，可以发现这里包含“化合物百科”和“视频教程”两部分，如图 14-11 所示。

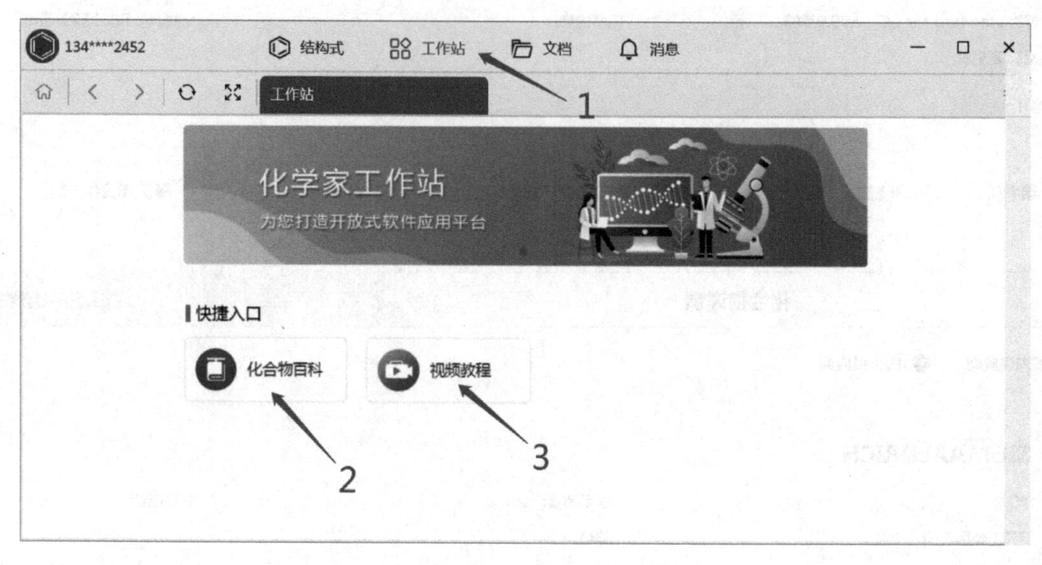

图 14-11　工作站窗口

化合物百科窗口可以按照化合物名称、分子式、CAS 号以及 SMILES 进行查询（见图 14-12 中标记 1），也可以按照输入的结构式进行查询（见图 14-12 中标记 2）。

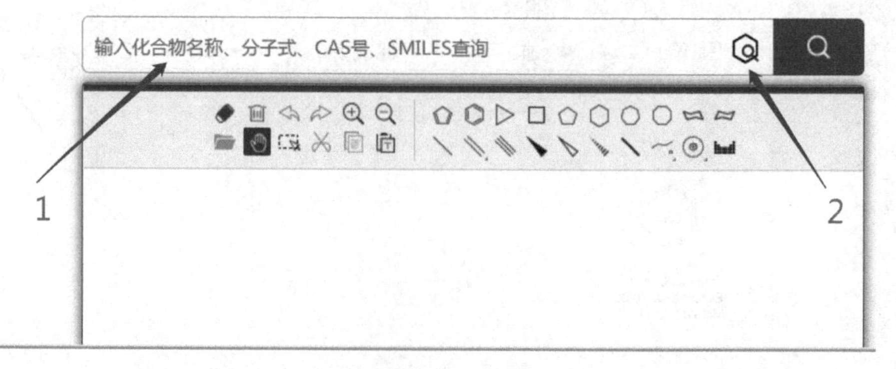

图 14-12　化合物百科查询方式

工作站中的“视频教程”链接了软件的详细讲座视频课程，如图 14-13 所示，可以直接观看学习。

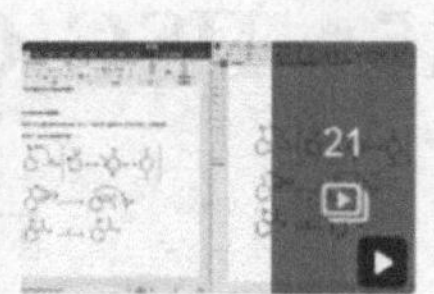

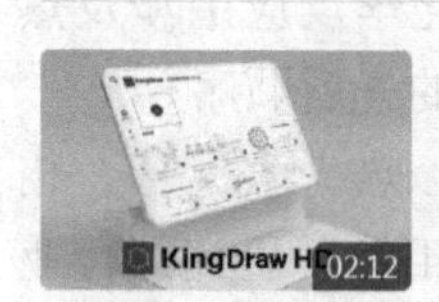

图 14-13 视频学习合集

14.2.5 练习

写出葡萄糖的英文名称、分子结构和三维结构。

训练 15　HSC Chemistry 软件操作（一）

——软件安装与化学反应热力学计算

15.1　学习目的和要求

本训练要求学生学习和掌握化学热力学分析软件 HSC 的安装以及化学反应中涉及热力学数据的计算，用于判断反应进行的驱动力大小，以及各个反应进行的先后顺序。

HSC Chemistry 是一种化学模拟软件，可用于模拟和优化化学反应、热力学计算、相平衡分析、材料性能预测等多种化学问题。该软件能够帮助科学教育、工业、研究等行业的用户更好地进行热力学相关的研究和教育，主要应用领域包括冶金和金属加工、化学工程、材料科学、环境科学、生命科学等多个领域，是一种功能强大的化学计算工具。

HSC 热力学计算的基本原理主要基于热力学第一定律和热力学第二定律，前者表示能量守恒，后者表示能量不能自发地从低温物体传递到高温物体，即热量的传递具有方向性。在本部分实验中涉及的内容，主要依据能量最低的原理开展计算，即过程变化中的吉布斯自由能越低，产物越稳定，反应的驱动力越大。

HSC 支持多种热力学模拟，包括等温线、等压线、等熵线、热力学参数估算等；功能强大，HSC 包含了完整的热力学计算功能，例如熵、焓、比热容、热导率等；操作简单，HSC 采用图形界面，操作简单直观；支持自定义模型，用户可以根据自己的需求，添加新的模型。

期望通过本训练的学习，使学生掌握 HSC 的安装以及化学反应中涉及热力学数据的计算，能够更好地分析金属材料的相关性能。

15.2　软件操作

15.2.1　软件安装

（1）解压文件，单击应用程序“setup”，调用安装准备数据，单击“Next”按钮，如图 15-1 所示。

名称	修改日期	类型	大小
Manuals	2022/5/2 10:12	文件夹	
06 Whats New in HSC 6	2006/8/28 16:23	DOC 文档	467 KB
07 Installation to Hard Disk	2006/8/25 18:10	DOC 文档	91 KB
99 Order Forms and Prices	2006/8/28 18:16	XLS 工作表	98 KB
setup ← 1	2006/9/5 17:19	应用程序	64,169 KB
使用帮助(河东软件园)	2016/10/19 9:24	Internet 快捷方式	1 KB
使用说明	2016/10/19 9:24	文本文档	2 KB
下载说明	2014/12/25 10:17	2345Explorer HT...	4 KB

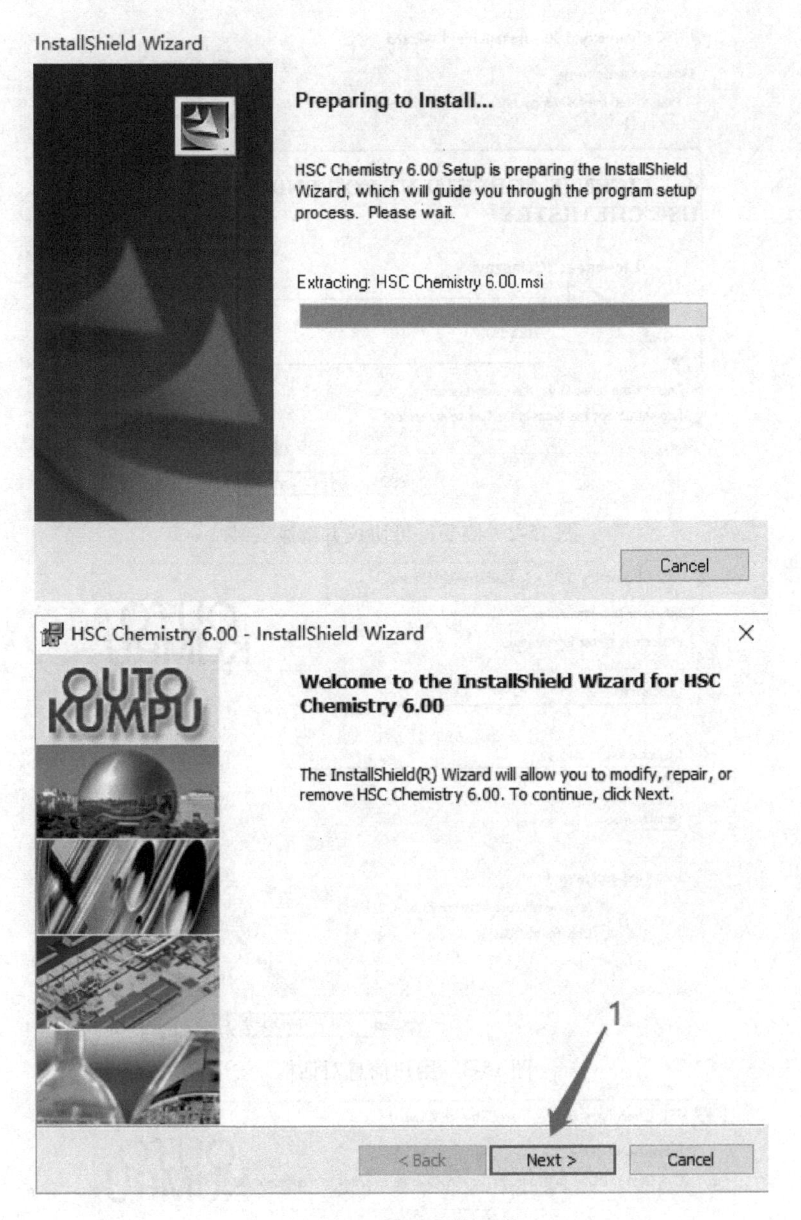

图 15-1 打开安装程序

（2）在弹出的协议许可对话框中选择接受协议，单击“Next”，如图 15-2 所示。

（3）在弹出的用户信息对话框中直接单击“Next”，如图 15-3 所示。

（4）在安装路径对话框中直接单击“Next”，也可根据实际需求，更换安装路径，如图 15-4 所示。

（5）安装类型选择及信息确认。安装类型包括三种，通常选择经典安装，即“Typical”，确定后单击“Next”。在弹出的确认对话框中检查安装信息，无误后单击“Install”，开始安装，如图 15-5 所示。

（6）安装完成，单击“Finish”，如图 15-6 所示。此时，在桌面会出现三个 HSC 相关图标。

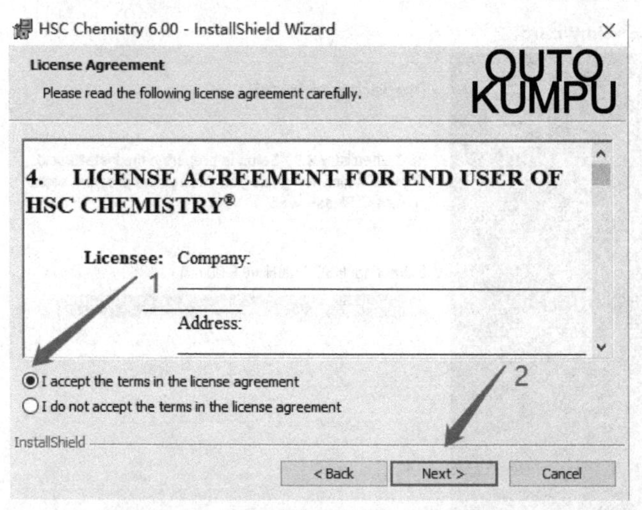

图 15-2　接受许可协议并继续安装

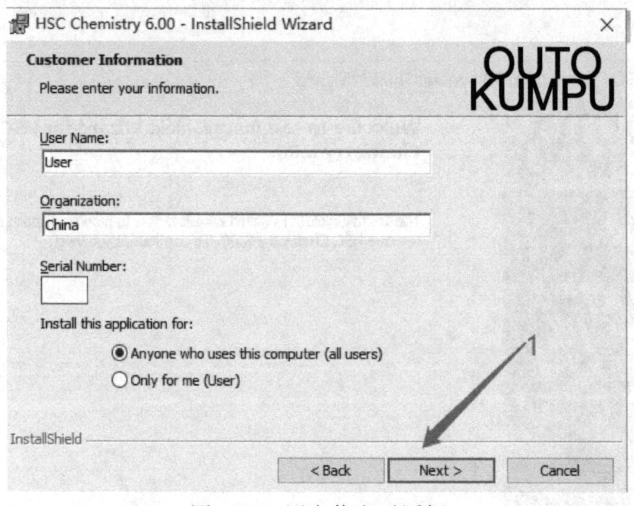

图 15-3　用户信息对话框

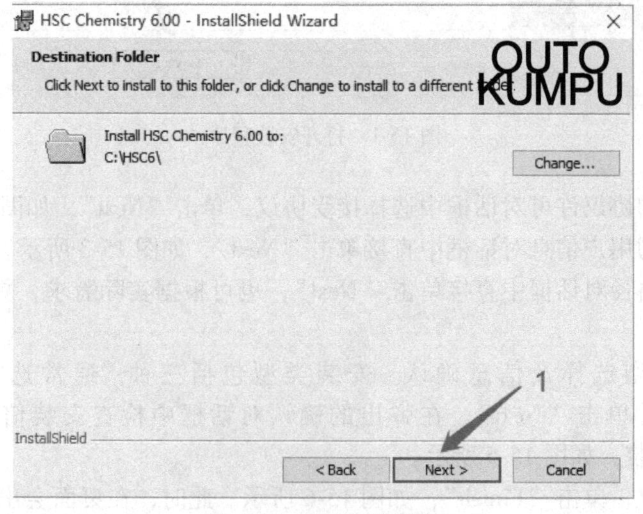

图 15-4　确定安装路径

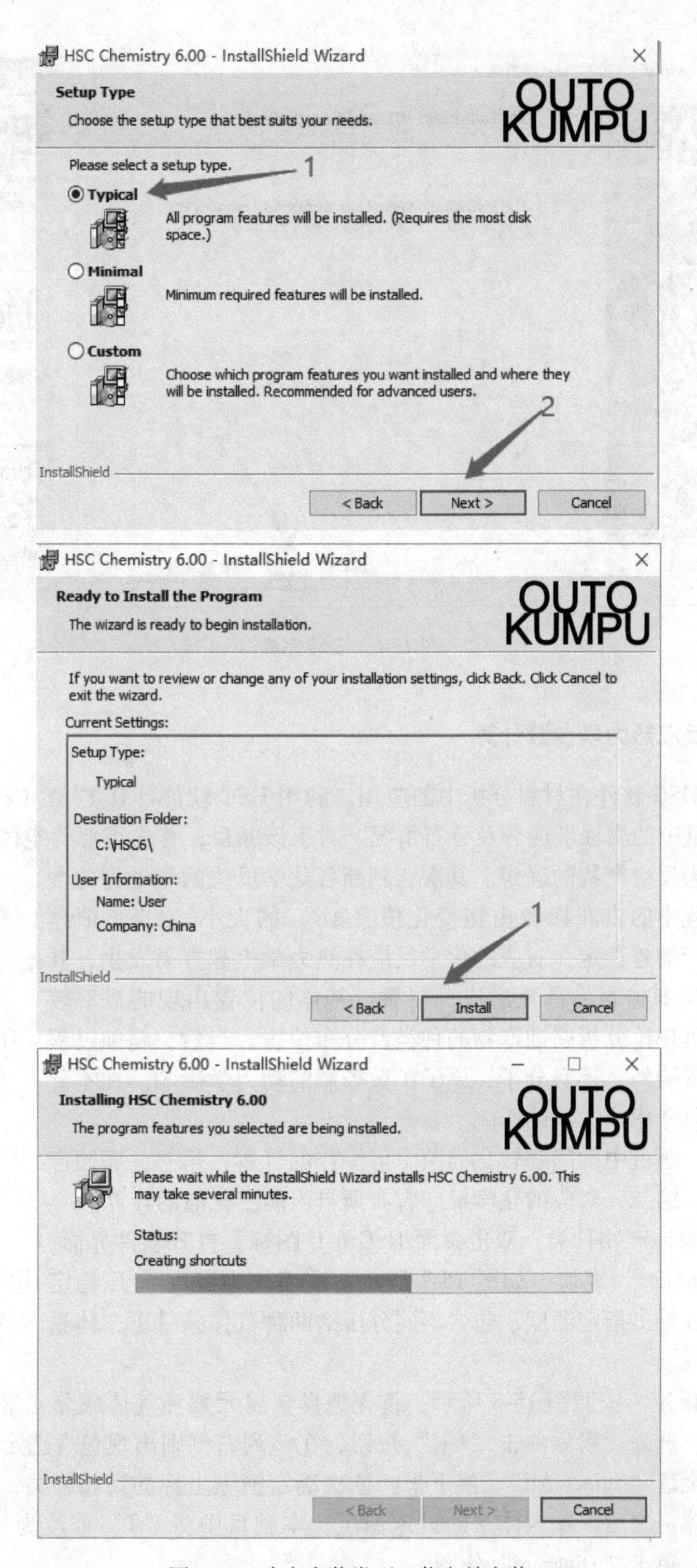

图 15-5 确定安装类型、信息并安装

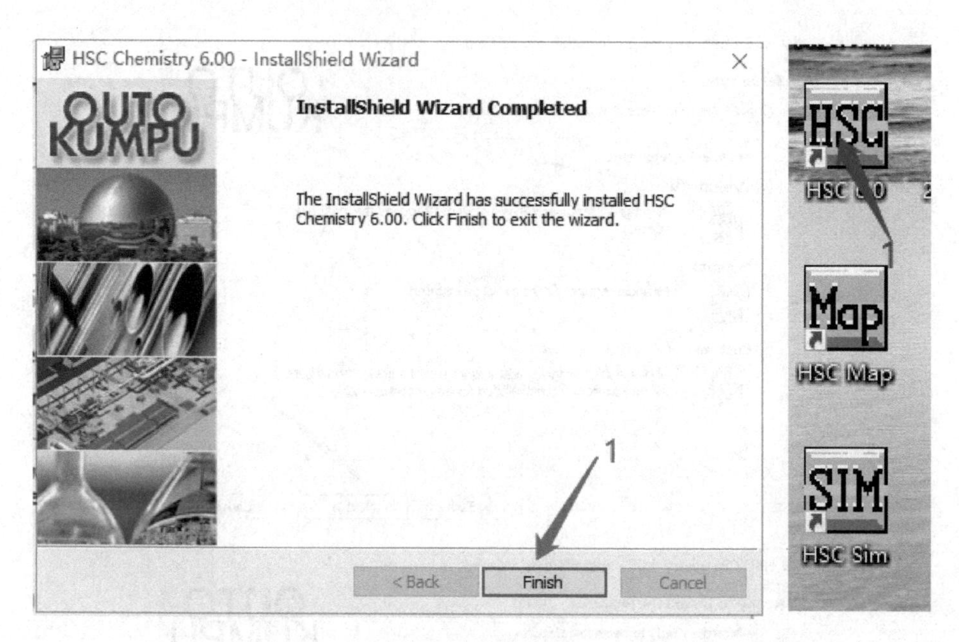

图 15-6　安装完成

15. 2. 2　化学反应热力学参数计算

举例说明 HSC 软件在材料分析中的应用。利用 HSC 软件计算 Fe-Al-Cr 合金在 800 ℃下、O_2-Cl_2 气氛中的腐蚀层成分及分布情况。对于该题目，首先需要确定体系中涉及的化学反应，主要为反应产物的确定。其次，判断各化学反应的驱动力的大小，即反应过程中的吉布斯自由能变化值（ΔG）的大小。ΔG 负值越大，说明反应产物越稳定，对应的化学反应在热力学上越容易发生，其对应的腐蚀产物则越容易首先形成，在靠近基体的位置出现的概率较大。由此，即可理论分析腐蚀产物的种类及分布位置。当然，腐蚀过程除了受热力学影响外，还有分子、原子扩散控制的动力学影响。在本部分内容中，则只考虑热力学的影响。

Tpp 及 Ellinhanm 计算平衡组成

由上可知，题目中的问题转化为两个可操作的计算：第一，腐蚀产物种类的确定；第二，对应的化学反应吉布斯自由能变化值的计算。

HSC 计算反应吉布斯自由能变化

（1）确定腐蚀产物种类。双击桌面 HSC 6. 0 图标。打开软件界面，选择“Tpp-Diagrams”模块，如图 15-7 所示。该模块为温度-分压稳定相图模块，可以给出指定温度、包含不同分压的两种气体条件下，体系的稳定物相组成。

（2）条件设定。按照图 15-8 所示，首先选择金属元素和气体成分元素，此窗口必须选择三种元素。选好元素后单击“OK”按钮，在该列右侧则出现包含选定三种元素的所有物相，单击全选“Select All”。接下来，依次确定横纵坐标的物相种类，通常为气体环境中的两种气体。之后，输入体系的设定温度，本题目中将“T”修改为“800”。至此，参数设定完成，单击“Diagram”作图。

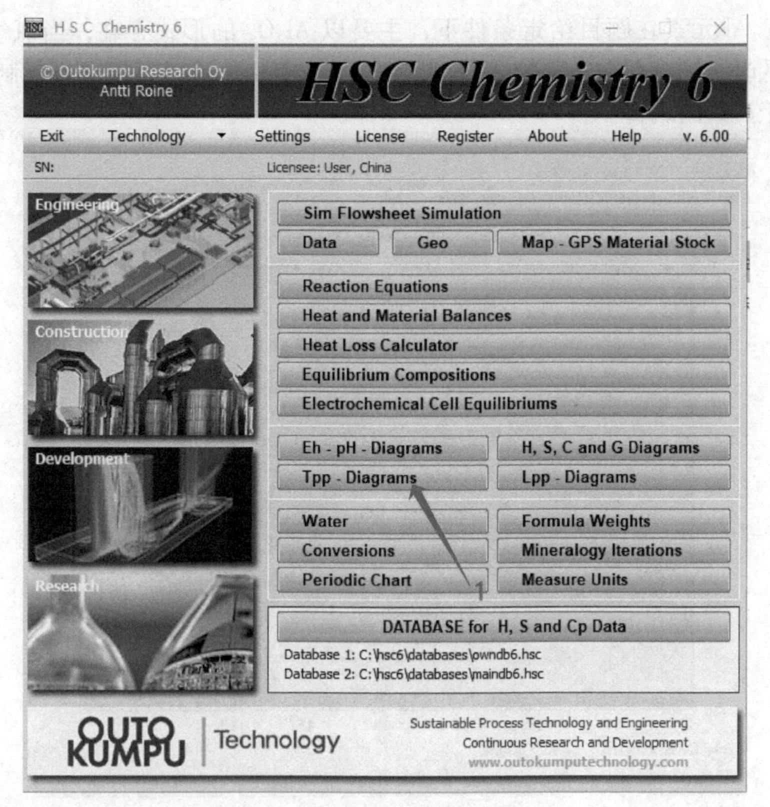

图 15-7 “Tpp-Diagrams” 模块

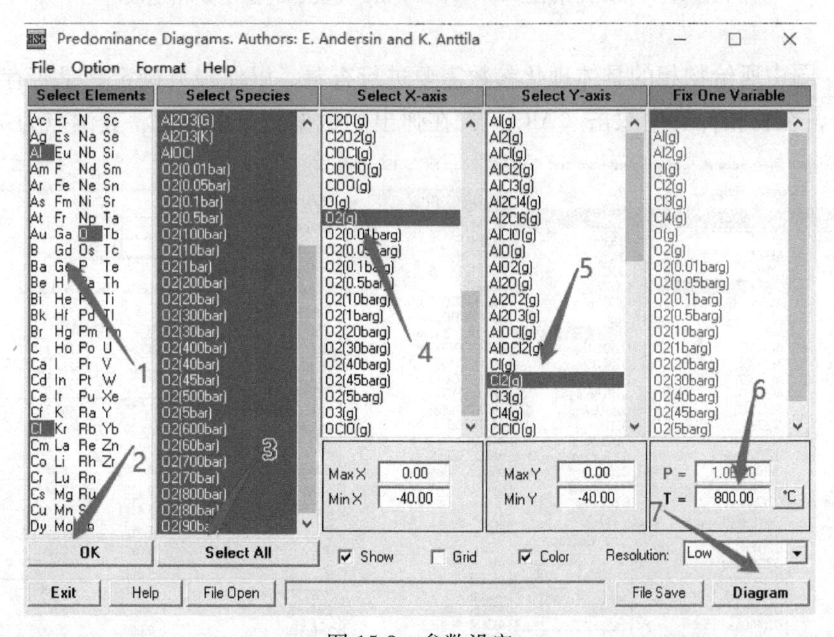

图 15-8 参数设定

（3）物相结果分析。单击作图后，软件迅速给出制定温度和气氛条件下某一金属元素的稳定物相组成图，如图 15-9 所示。其中，横坐标为氧气分压，纵坐标为氯气分压。由

图 15-9 可知，Al 元素在题目给定条件下，主要以 Al_2O_3 的形式存在，当氯气分压较高、氧气分压较低时，则会存在一定的 $AlCl_3$ 相。对于该图片，可以直接进行复制、打印等操作，也可用于后续的编辑。

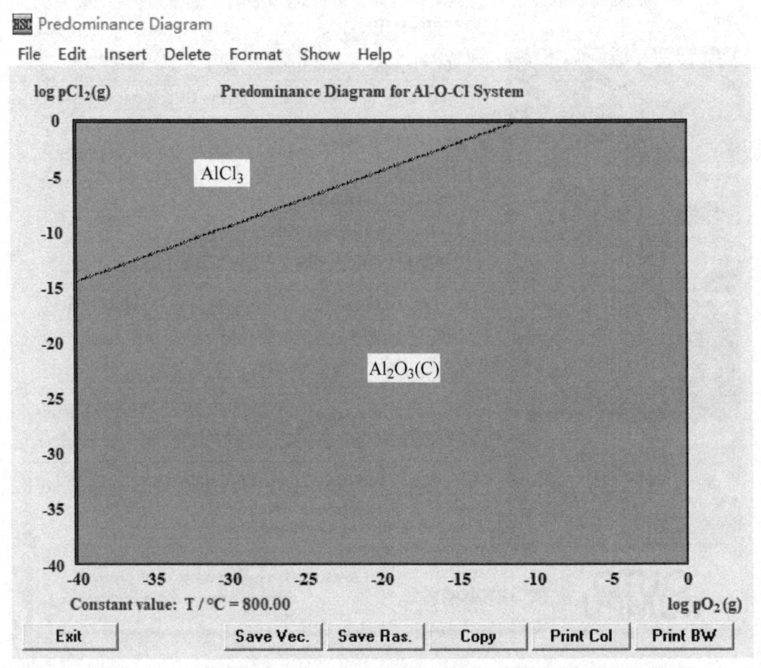

图 15-9 Al 元素在 800 ℃下 O_2-Cl_2 气氛中的稳定物相组成

另外，图中所给物相的具体理化参数需要进行查看，以便最终确定其是否存在。如图 15-10 所示，在物相种类中双击“$AlCl_3$”，在弹出的数据结果中可见，其沸点为 720 K，远

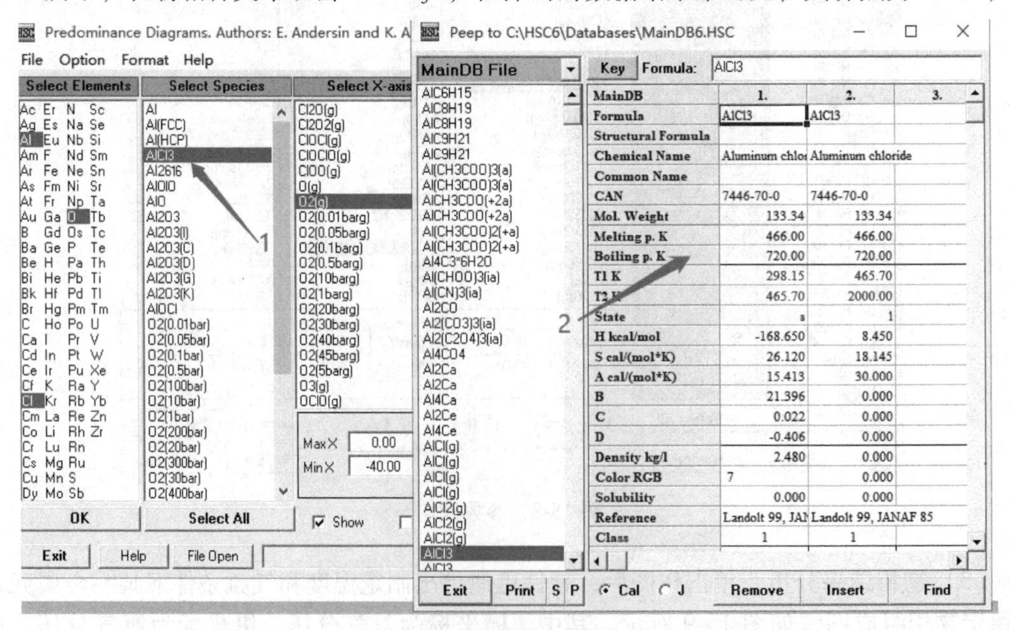

图 15-10 $AlCl_3$ 理化参数查看

低于题目中所给的 800 ℃。因此，在最终的腐蚀产物中，$AlCl_3$ 可以无须考虑。

重复操作（1）~（3），确定 Fe、Cr 元素的腐蚀产物的物相种类。

（4）化学反应吉布斯自由能的计算。按上述方法，确认给定条件下金属元素的腐蚀产物，对其相应的化学反应过程逐一进行热力学参数计算，确定吉布斯自由能变化的大小排序。打开软件 HSC 6.0，选择“Reaction Equations”模块，如图 15-11 所示。

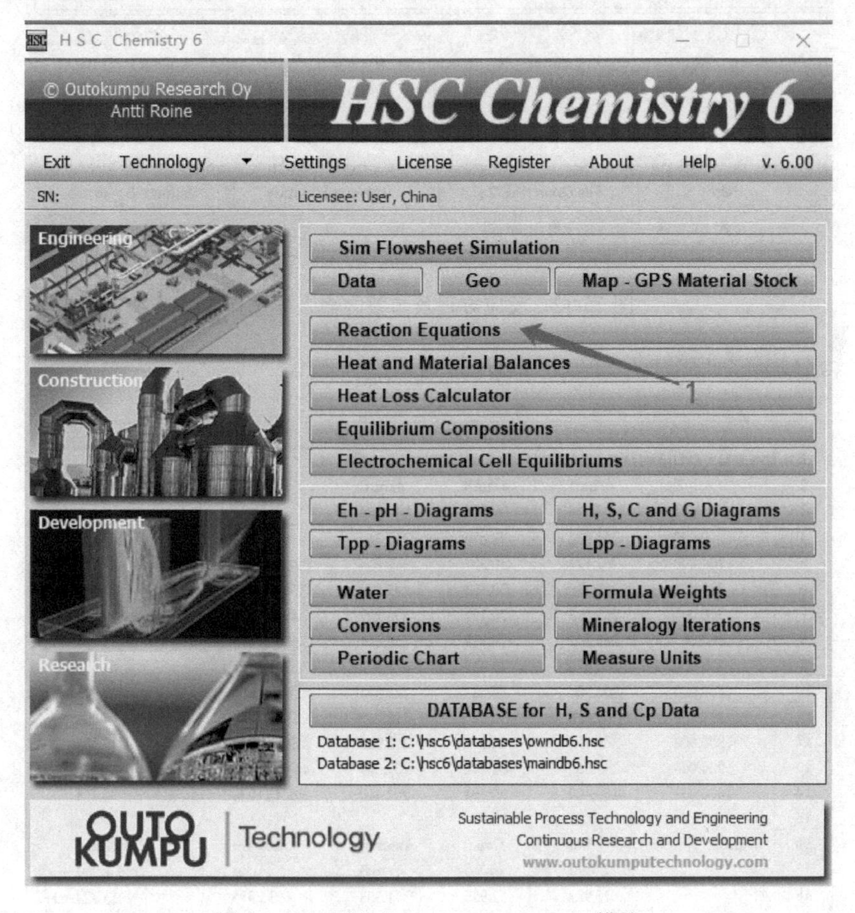

图 15-11　选择“Reaction Equations”模块

在弹出的化学反应方程式对话框中，依图 15-12 中所示标记的顺序，依次进行填写和选择。首先，输入金属元素与氧气反应生成氧化物的方程式（注意：气体一定要标记气体符号（g）），之后依次确定温度、温度单位、能量单位等信息。单击配平方程式“Balance Equation”按钮，软件自动配平方程式（注意：通常，方程式中的气体系数确定为“1”，如果气体前系数不为“1”，则需要手动将方程式中各个物相前的系数均除以气体前的系数，以保证气体系数为“1”）。最后单击计算按钮“Calculate”，进行热力学数据计算。

（5）计算结果分析。计算结果如图 15-13 所示，包含焓变、熵变、吉布斯自由能变化值、反应常数等信息。

通常，选择“deltaG”值来进行判断。“deltaG”值大于零的反应，在热力学上是不会自发进行的，“deltaG”值小于零的反应则是会自发进行的。拖动选择温度“T”和

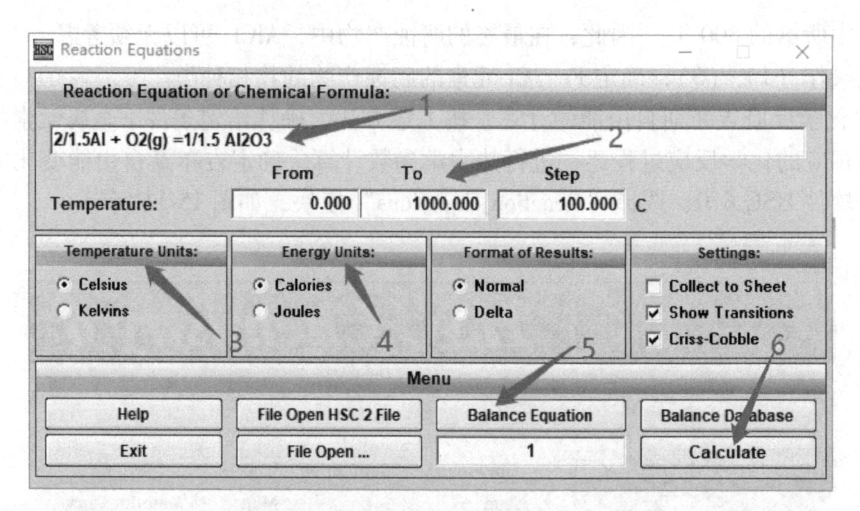

图 15-12 反应方程及参数的输入与选择

Results

File Edit Format Help

	T	Cp	H	S	G	Reference
1	2/1.5Al + O2 (g)=1/1.5 Al2O3					
2	T	deltaH	deltaS	deltaG	K	Log(K)
3	C	kcal	cal/K	kcal		
4	0.000	-266.932	-49.686	-253.360	5.404E+202	202.733
5	100.000	-267.124	-50.301	-248.354	2.952E+145	145.470
6	200.000	-267.130	-50.323	-243.320	2.509E+112	112.400
7	300.000	-267.013	-50.101	-238.297	7.473E+090	90.873
8	400.000	-266.842	-49.828	-233.301	5.642E+075	75.751
9	500.000	-266.690	-49.616	-228.330	3.534E+064	64.548
10	600.000	-266.584	-49.487	-223.375	8.230E+055	55.915
11	700.000	-269.898	-53.037	-218.285	1.063E+049	49.026
12	800.000	-269.750	-52.892	-212.989	2.395E+043	43.379
13	900.000	-269.583	-52.744	-207.707	4.984E+038	38.698
14	1000.000	-269.400	-52.594	-202.440	5.674E+034	34.754
15						
16	Formula	FM	Conc.	Amount	Amount	Volume
17		g/mol	wt-%	mol	g	l or ml
18	Al	26.982	52.925	1.333	35.975	13.324 ml
19	O2(g)	31.999	47.075	1.000	31.999	22.414 l
20						

Exit Help Print Clear Copy All Copy Save

图 15-13 热力学计算结果

“deltaG”值两列数据，粘贴至 Origin 软件。

用同样方法将所有腐蚀产物的“deltaG”值保存于同一个 Origin 数据表中，以温度、“deltaG”值作为 X 轴和 Y 轴数据作图，结果如图 15-14 所示。

（6）腐蚀产物分布。根据上述分析可知，“deltaG”值越低的化学反应其驱动力越大，反应越容易发生。因此，在只考虑热力学结果的前提下，在计算结果中越是位于下方的反应越容易发生，其对应的腐蚀产物越靠近合金基体位置。因此，由基体向外，腐蚀产物依次为 Al_2O_3、Cr_2O_3、Fe_3O_4 及 Fe_2O_3，如图 15-15 所示。

腐蚀产物分布

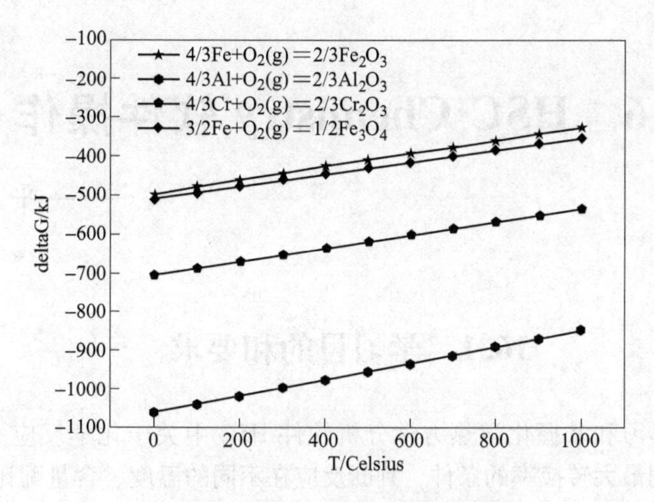

图 15-14 吉布斯自由能变化计算结果

图 15-15 腐蚀产物分布图

15.2.3 练习

904L 合金的主要成分为 Fe、Cr 和 Ni。当 904L 合金中掺杂 Ti 之后，合金在氧化性含 Cl_2 气氛中的耐蚀性能会提高，请根据热力学计算结果，分析可能的原因。

训练16 HSC Chemistry 软件操作（二）

——平衡组成计算

HSC 计算平衡组成

16.1 学习目的和要求

本训练要求学习和掌握化学热力学分析软件 HSC 中关于化学反应平衡组成的计算，用于判断反应达到最大转换率的条件，判断反应在不同的温度、含量配比等实验条件下进行的程度。

期望通过本训练的学习，掌握 HSC 软件中“Equilibrium Compositions”模块的使用和结果分析，能够使用理论分析化学反应的进行程度和反应的最佳条件。

16.2 软件操作

举例说明 HSC 软件中“Equilibrium Compositions”模块在材料分析中的应用。例如：利用 HSC 软件计算化学反应：

$$ZnO + CH_4 \xlongequal{} 2H_2 + CO + Zn$$

在不同温度下体系的平衡组成，确定实验开展的合理温度或温度范围。

16.2.1 物相及数据输入

（1）双击桌面 HSC 6.0 图标，打开软件界面，选择“Equilibrium Compositions”模块，如图 16-1 所示。该模块为平衡组成模块，可以给出一定温度范围内，由反应物出发，所得的产物与反应物体系的平衡组成。

（2）选择输入文件的创建方式。如图 16-2 所示，按照窗口选项，开始化学反应平衡计算所需输入文件的创建操作。若非对已有文件的计算，建议选择第一种方式，单击由给定元素生成输入文件“Create new Input File(give Elements)”。

（3）系统所含元素的确定。弹出的系统元素对话框中为元素周期表，对照反应方程式，选择体系中包含的所有元素。在本实验中，则为 H、Zn、C、O 四种元素。元素周期表下方包含体系的参数选择，如查找物相的模式（即系统中物相的状态）、体系压力等。确定好以后单击“OK”按钮，如图 16-3 所示。

（4）物相选择。根据确定元素及物相状态的设定，软件给出所有符合条件的物相，按住“Ctrl”键，逐一选择反应方程中涉及的所有物相。如图 16-4 所示，单击“Delete Unselected”，删除未选中物相，保留选中物相。若体系中无 N_2 参与，则去掉“Add $N_2(g)$”前的勾选，单击“Continue”按钮。

（5）反应物初始量、反应消耗量以及反应参数的输入。在弹出的对话框中，已经按照

图 16-2 平衡计算文件的创建

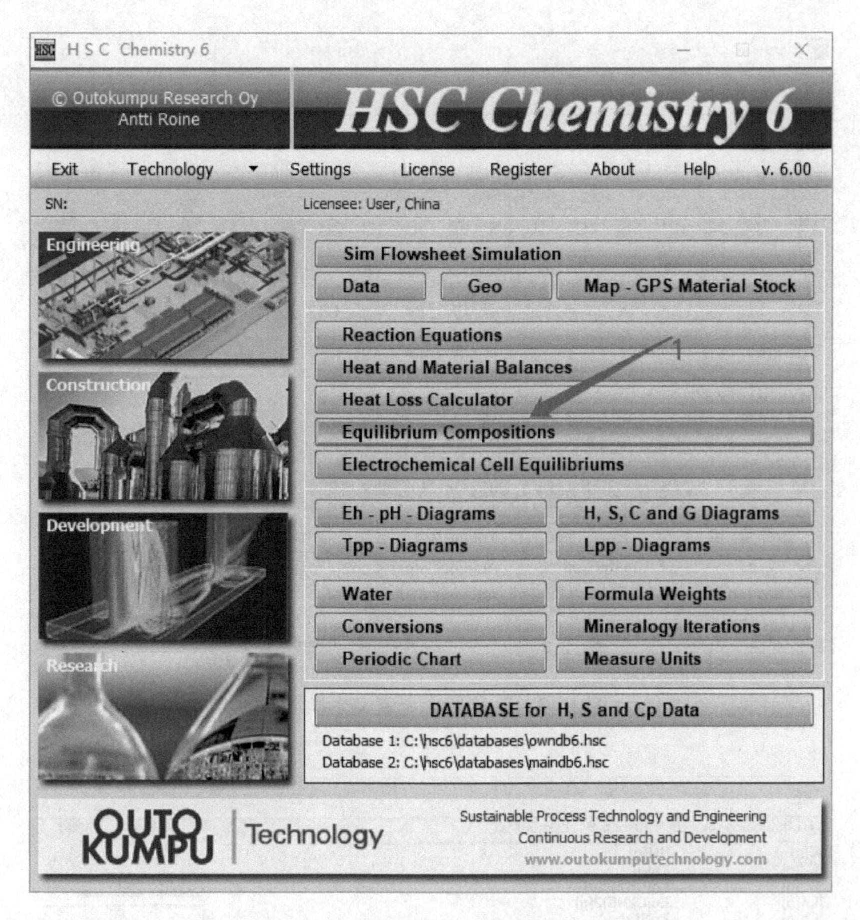

图 16-1 “Equilibrium Compositions” 模块

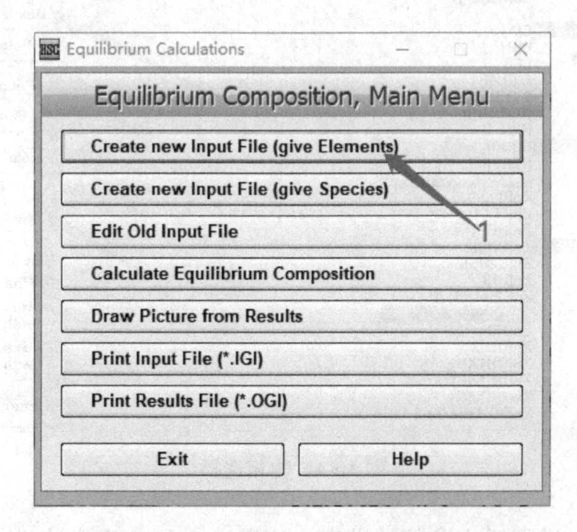

图 16-2 平衡计算文件的创建

物相的种类或状态对其进行了分类。在 “Species” 页面，输入反应原料 ZnO 和 CH_4 的量，并输入其中一种的消耗量 “Step”，如图 16-5 所示。

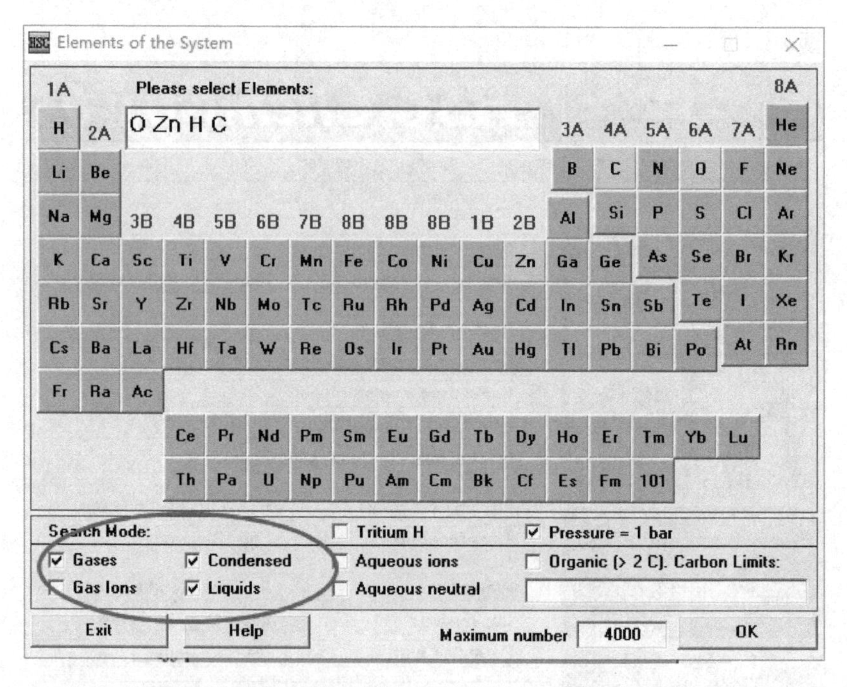

图 16-3 系统所含元素及参数确定

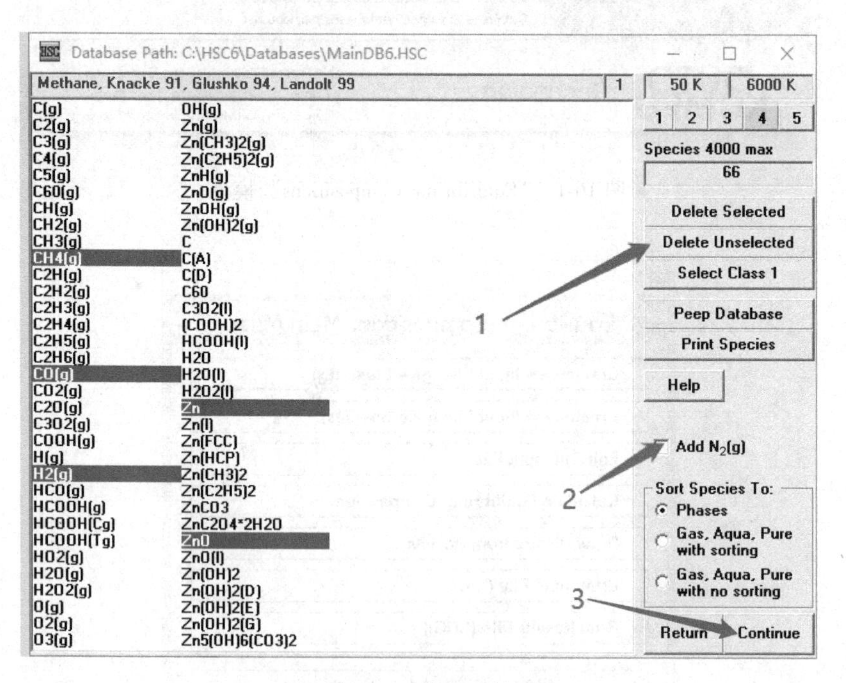

图 16-4 物相选择

单击“Options”，进行反应参数的设定，该窗口中包含反应步数、温度范围、平衡压力及其他一些参数。通常，按照实际情况需要对步数和温度进行修改。参数设定好后，单击“Save”，保存文件，如图 16-6 所示。

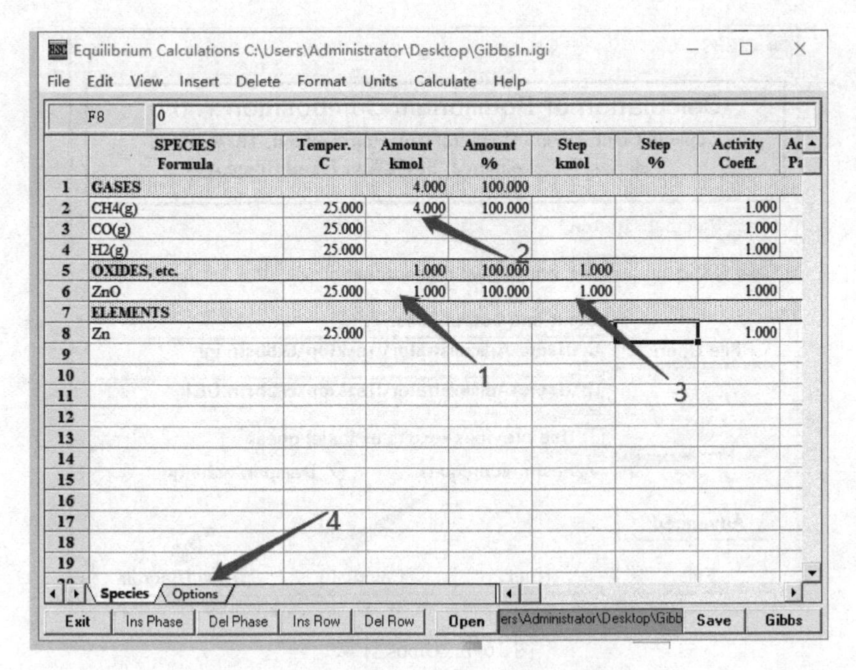

图 16-5 反应物初始量、反应消耗量输入

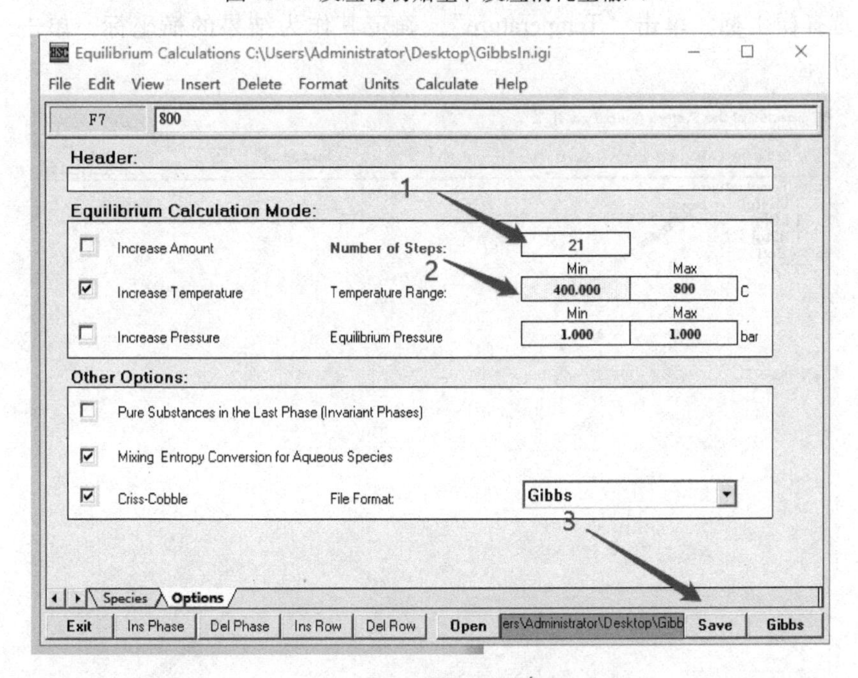

图 16-6 反应参数的确定

16.2.2 数据计算及作图

(1) Gibbs 计算。保存好文件后，在图 16-6 中单击 “Gibbs”，进入计算界面，如图 16-7 所示。勾选 “Fast calculations” 按钮，之后单击 “Calculate” 按钮，页面会出现计算完成提示。单击 “Draw Diagram”，进入结果输出绘图界面。

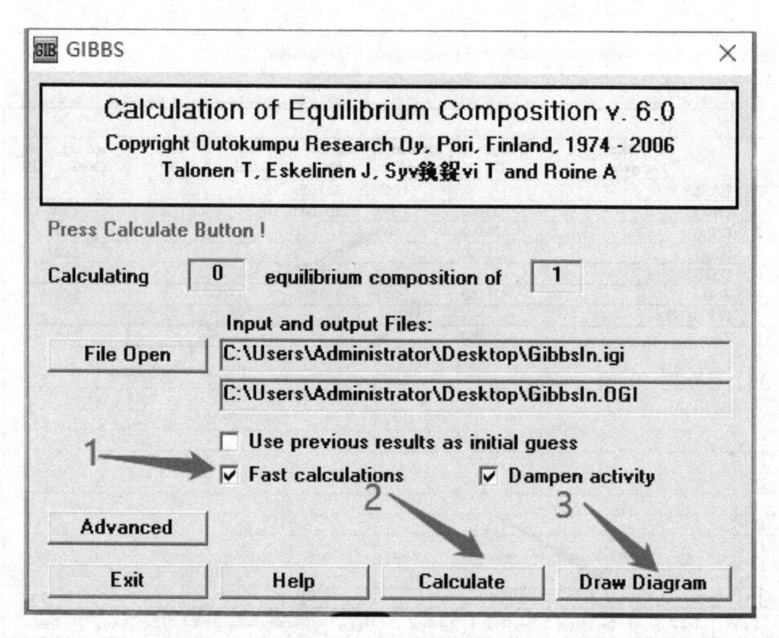

图 16-7 Gibbs 计算

（2）选择横坐标。单击“Temperature”，确定其作为结果的横坐标，单击“Next”，如图 16-8 所示。

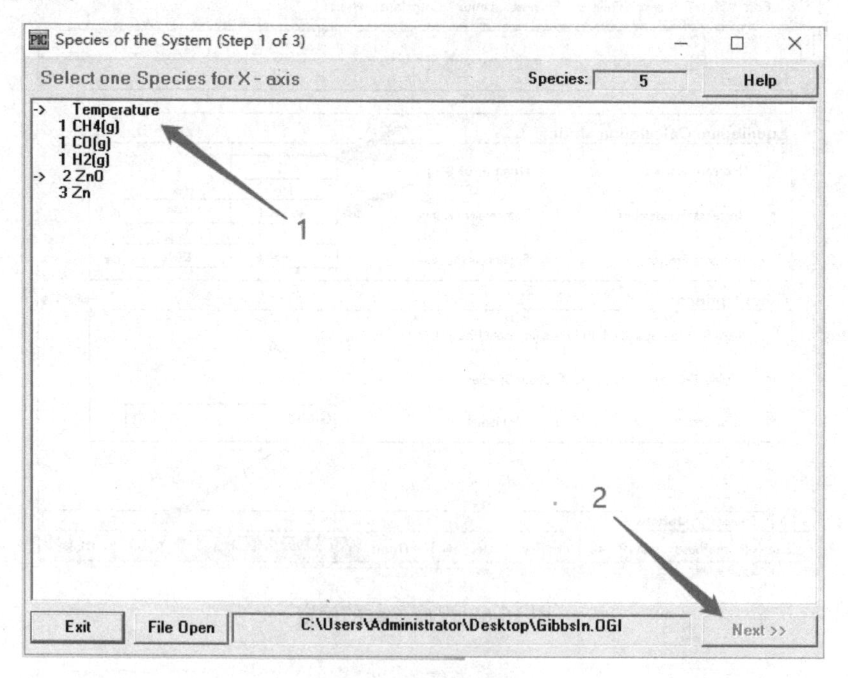

图 16-8 选择横坐标

（3）选择纵坐标。鼠标拖动，选中所有物相，其相应的数值将作为结果的纵坐标。单击“Next”，如图 16-9 所示。

（4）选择 X 轴和 Y 轴的数据种类。对话框中对于横纵坐标显示的数据，可以进行多种

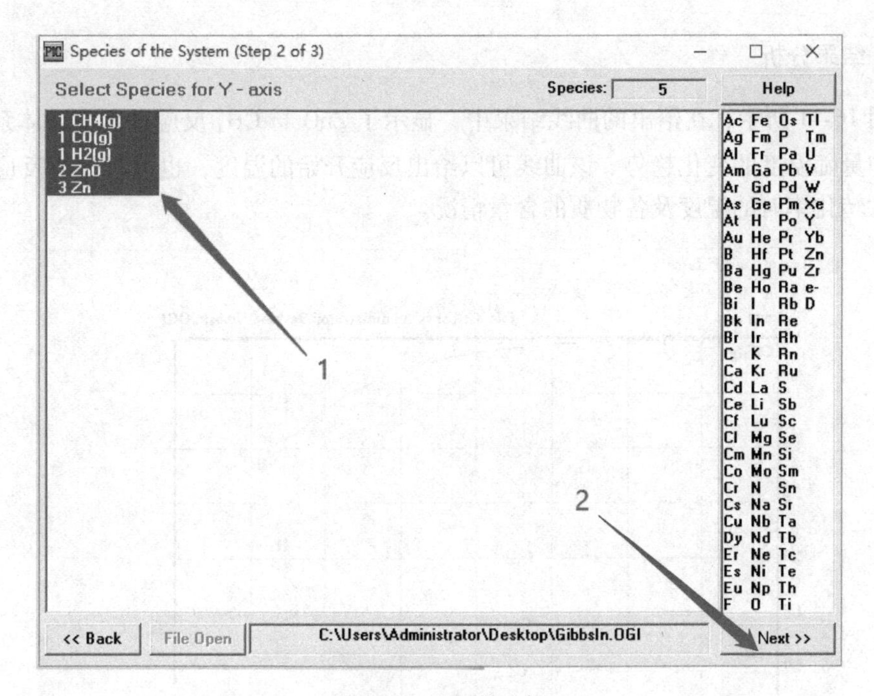

图 16-9　选择纵坐标

选择，如横坐标包括温度、平衡量、平衡组成、活度系数，纵坐标包括输入量、平衡量、平衡组成、活度系数、活度以及反应焓变。可以根据实际需要，进行多种结果的成图。同时，对于各物理量的单位也可进行调整。确定后，单击“Diagram”，如图 16-10 所示。

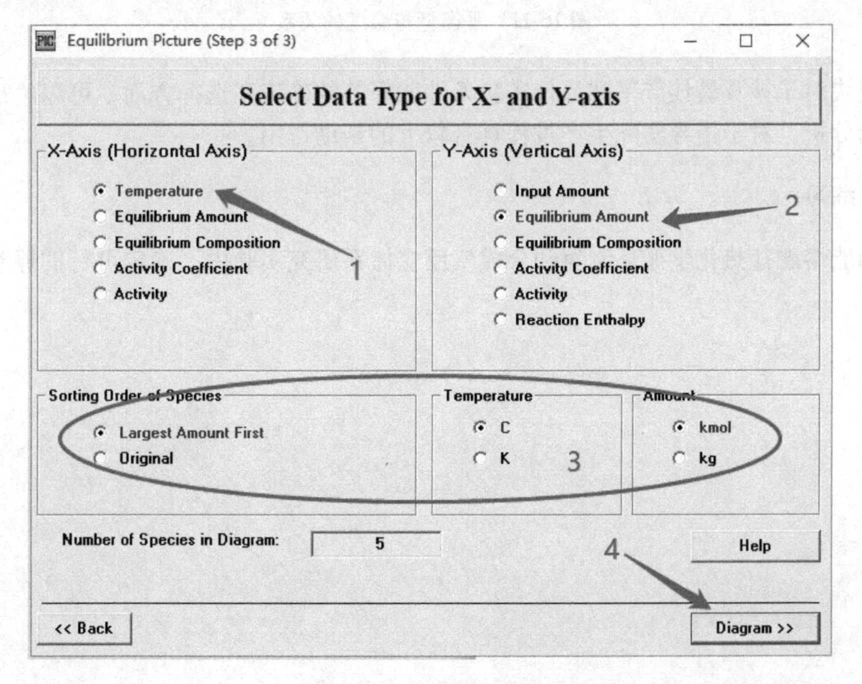

图 16-10　出图参数选择

16.2.3 结果分析

如图16-11所示，在给出的曲线结果中，显示了ZnO与CH_4反应过程中，体系中原料与产物的量随温度的变化趋势。该曲线可以给出反应开始的温度，也可以分析反应完成或达到最大转化率时的温度及各物质的含量情况。

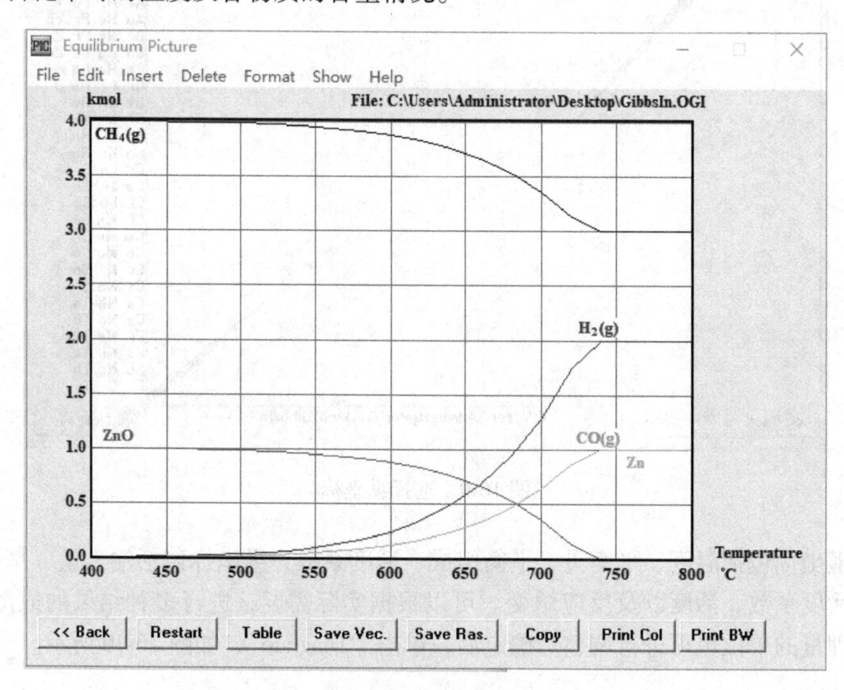

图16-11 平衡量与温度的关系

该模块对于涉及最佳产率和最佳实验条件选择等的确定和选择方面，可以给出较为合理的理论分析，对于指导实际生产过程具有较大的帮助作用。

16.2.4 练习

太阳能熔融盐热化学循环制氢和合成气反应体系研究实验中，确定可行的原料及反应温度。

训练 17　Image Tool 软件操作

Image Tool 软件计算组织百分比

17.1　学习目的和要求

Image Tool 是一个免费的、科学用途的图像处理和分析软件，可以显示、编辑、分析、处理、压缩、打印灰度图形或彩色图形。对于材料专业的学生、教师及科研工作者而言，从不同衬度的图片中（如电镜、金相图片等）分析不同组织或区域所占的比例，可以获得非常有价值的信息。通过分析材料的组织组成、特征区域占比等结果，结合材料的性能参数，实现综合分析材料的微观组成与性能之间的关系，有助于高性能材料的设计、制备工作。

通过本次训练，要求学习者能够运用 Image Tool 软件计算金相图片中不同组织的含量以及多孔材料的孔隙率。

17.2　软 件 操 作

17.2.1　软件的安装

软件解压后，包含了如图 17-1 所示的内容。单击“dll 翻译”文件夹，运行“ITdll. exe”补丁，如图 17-2 所示。提示“WinPatch 文件已经成功应用”后，即可正常使用软件。

名称	修改日期	类型	大小
Calibration	2004/3/4 9:47	文件夹	
Convolution Filters	2004/3/4 9:47	文件夹	
dll翻译 ← 1	2004/3/4 9:47	文件夹	
File Filters	2004/3/4 9:47	文件夹	
Help	2021/9/13 10:35	文件夹	
Images	2004/3/4 9:47	文件夹	
Palettes	2004/3/4 9:47	文件夹	
Plug-Ins	2004/3/4 9:47	文件夹	
Scripts	2004/3/4 9:47	文件夹	
DeIsL1.isu	2003/4/24 16:26	ISU 文件	9 KB
it.exe	2003/5/10 11:25	应用程序	1,907 KB
IT.HLP	1997/10/7 20:46	帮助文件	307 KB
itfiles.ini	2023/5/10 11:55	配置设置	1 KB
script language.chm	1998/1/29 8:08	编译的 HTML 帮助...	73 KB
注意.txt	2004/3/4 10:11	文本文档	1 KB

图 17-1　安装包内容

bds52f.dll	1997/3/25 5:02	应用程序扩展	82 KB
CW3230.DLL	1997/3/25 5:02	应用程序扩展	296 KB
dll.txt	2003/4/24 16:47	文本文档	1 KB
EZTW32.DLL	1997/9/12 15:41	应用程序扩展	62 KB
ITdll.exe	2003/5/21 9:09	应用程序	1,453 KB
LEAD51N.DLL	1995/5/25 0:00	应用程序扩展	894 KB
owl52f.dll	2003/5/10 14:02	应用程序扩展	886 KB
SS32D25.DLL	2003/5/10 14:03	应用程序扩展	520 KB
UTILib36.dll	2003/5/10 14:14	应用程序扩展	368 KB

图 17-2 运行补丁

17.2.2 图片前处理

采用 Image Tool 软件分析的图片需进行处理，以获得辨识黑、白两种颜色的灰度图片。因此，使用 Photoshop 软件（PS）首先对图片（图片来源于网络）进行编辑。

（1）在 PS 软件中打开需要计算的图片，如图 17-3 所示，确认“图像→模式→RGB 颜色（R）”。

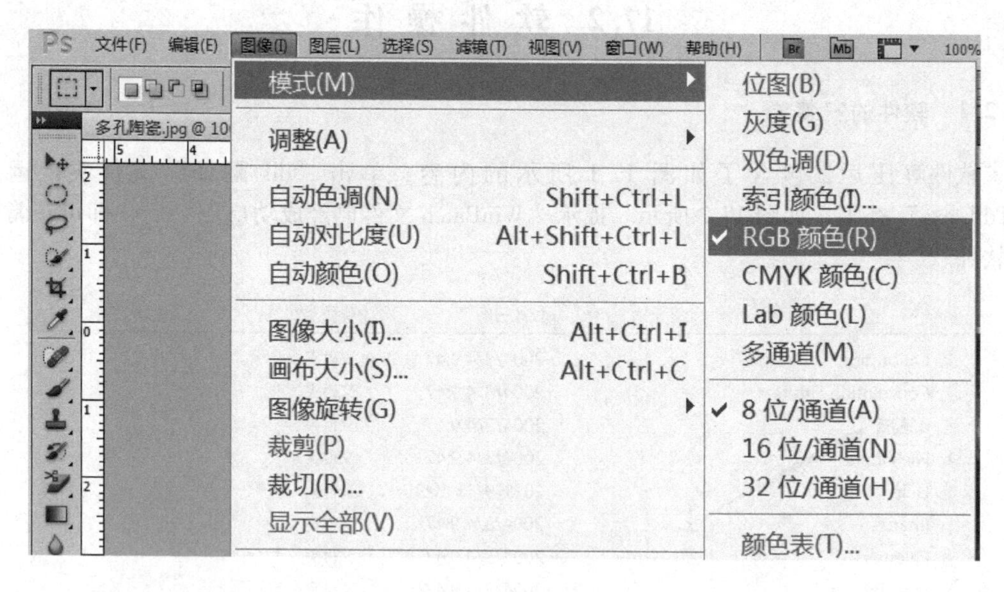

图 17-3 软件界面

（2）选择菜单功能“图像→调整→替换颜色”，如图 17-4 所示。

（3）在弹出的“替换颜色”对话框中，“选区”中勾选“图像”，光标在颜色最深处左键单击，之后在“替换”中将“明度”滚动条移动至最左侧，即颜色最暗；同理，选择图像中颜色最亮的区域，“明度”滚动条拖动至最右侧，设置为白色。黑白色替换好之后，单击“确定”，操作顺序如图 17-5 所示。

（4）单击“图像→模式→灰度”，修改图片模式，如图 17-6 所示。

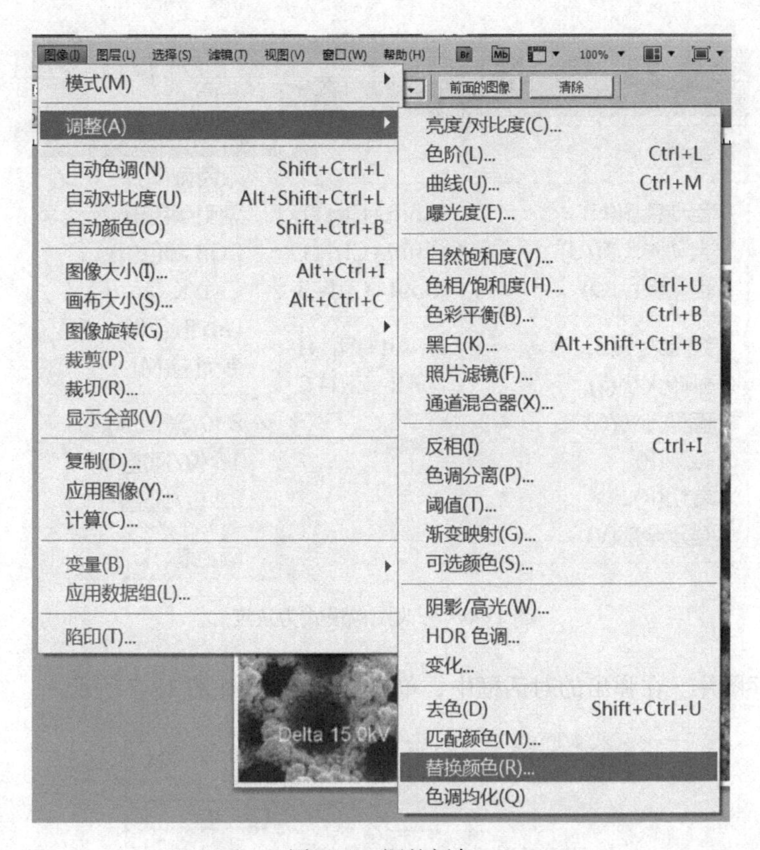

图 17-4 调整颜色

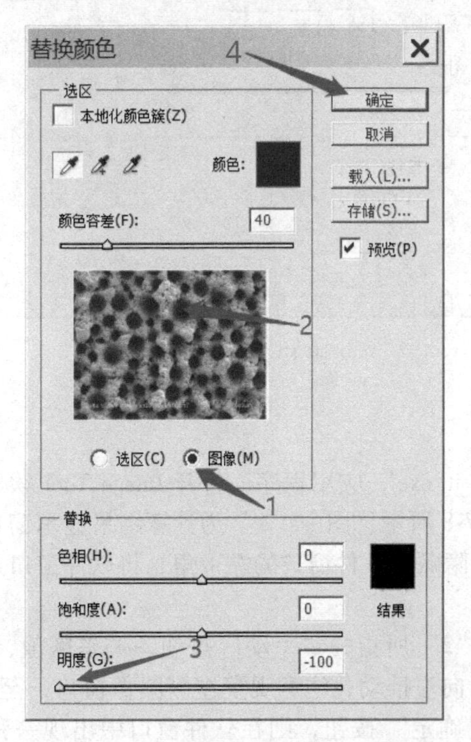

图 17-5 替换颜色

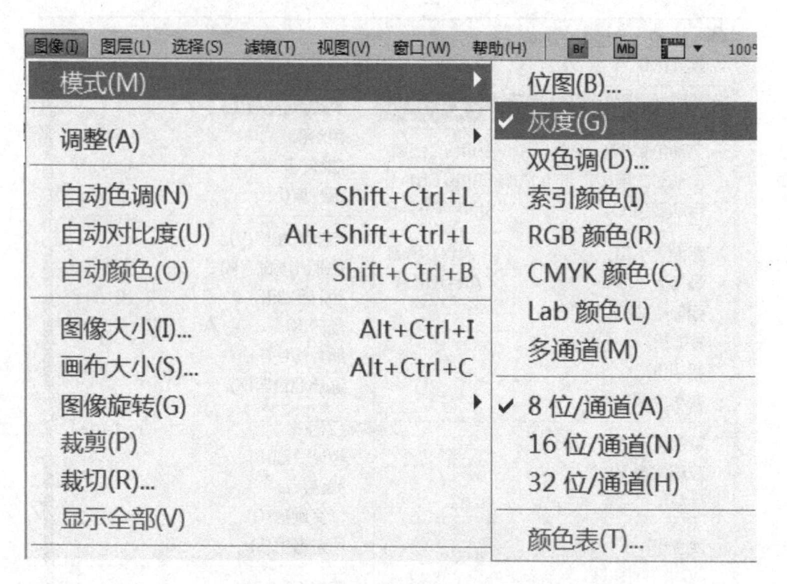

图 17-6 修改图像模式为灰度

（5）保存图片。在弹出的对话框中，单击“确定”，如图 17-7 所示。

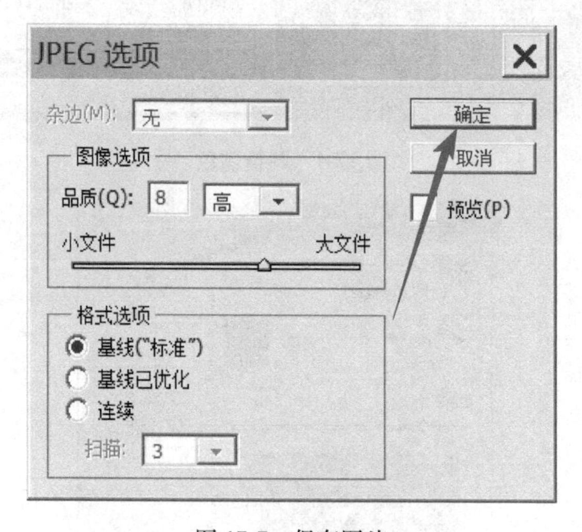

图 17-7 保存图片

17.2.3 孔隙率计算

（1）单击文件夹中“it. exe”应用程序，打开 Image Tool 软件，将处理好的图片拖入软件工作窗口中，如图 17-8 所示。图中“1”为计算结果显示窗口，分析结果可以在表中实时给出。该窗口有时会隐藏在软件窗口的左下角，将软件窗口最大化即可发现计算结果窗口。

（2）单击图 17-8 中“2”所指的“手动”按钮，调整阙值，如图 17-9 所示。将“阙值”窗口中的滚动条由右向左推动，注意观察左侧图像窗口，至黑白两相刚好明确区分，停止推动滚动条，单击“确定”按钮，则在软件窗口中出现一张处理后的黑白分明的图片，如图 17-10 所示。

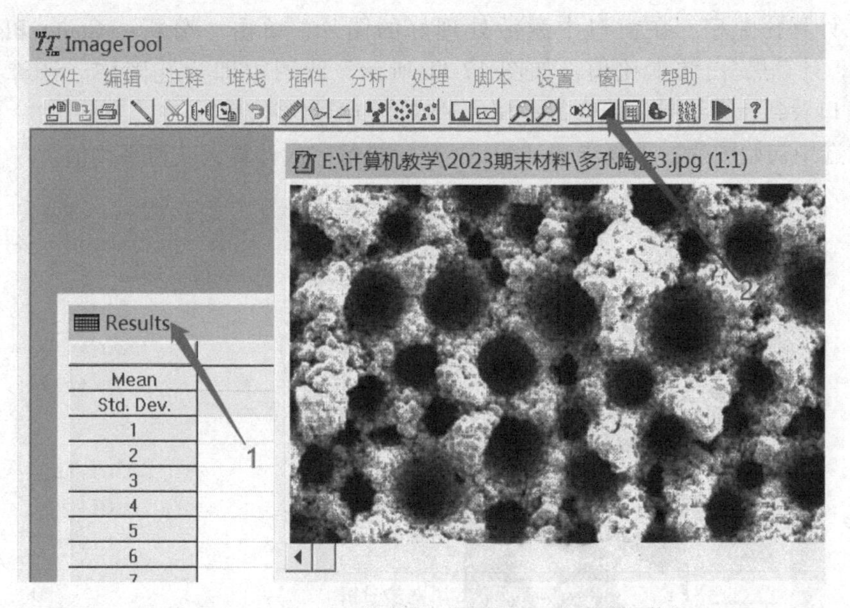

图 17-8 Image Tool 软件打开图片（图片来自网络）

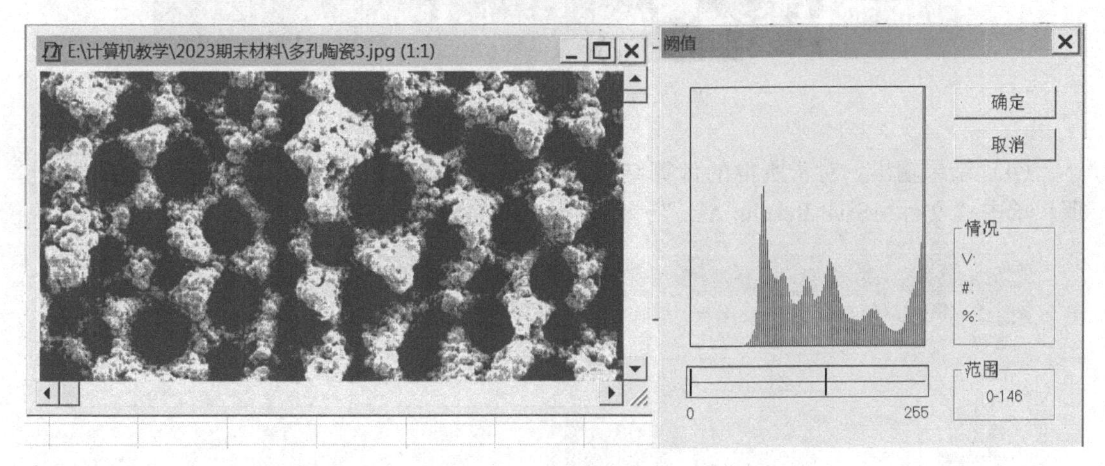

图 17-9 手动调整阈值

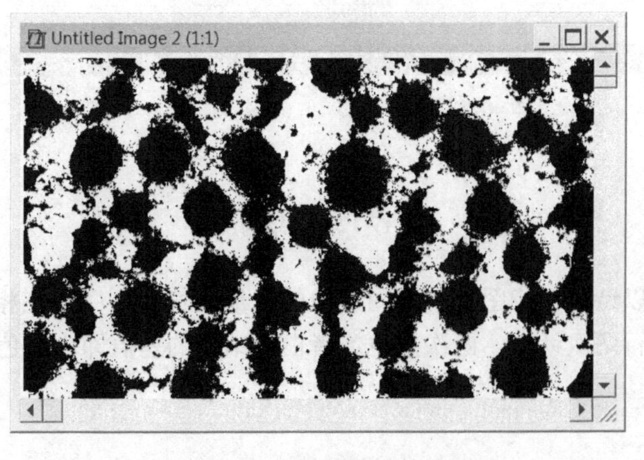

图 17-10 调整阈值后的图片

（3）计算孔隙率。在窗口中激活处理好的图片，单击“分析→Count Black/White Pixels...”，计算黑/白像素比值，如图 17-11 所示，此图中即为孔隙率。计算后，可在 Results 窗口看到计算结果，包含每一相的平均值和误差等信息。

再次选中初始图片，重复步骤（2）、（3），进行多次计算，获得平均值。

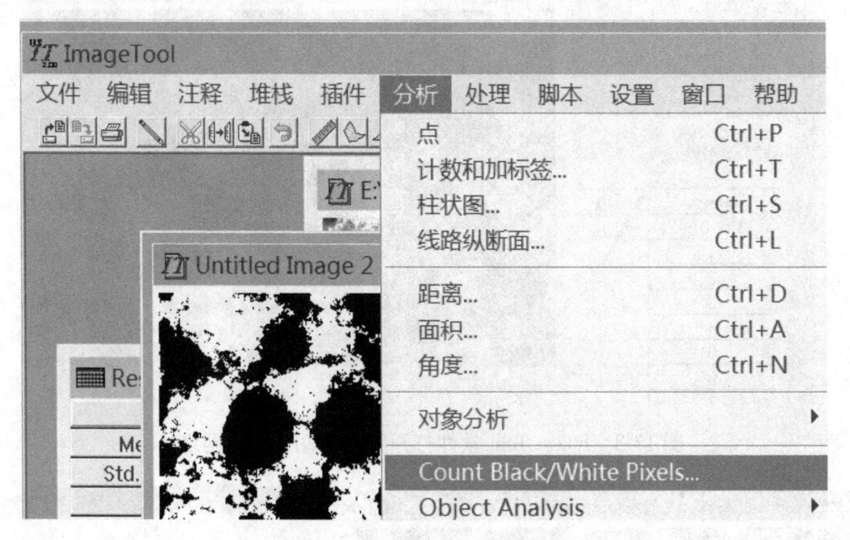

图 17-11 计算黑/白像素比值

（4）结果输出。对于所得的计算结果，可保存为 Text 格式文件，用于后续编辑和处理。单击“文件→Save Results As...”，保存为 Text File，如图 17-12 所示。

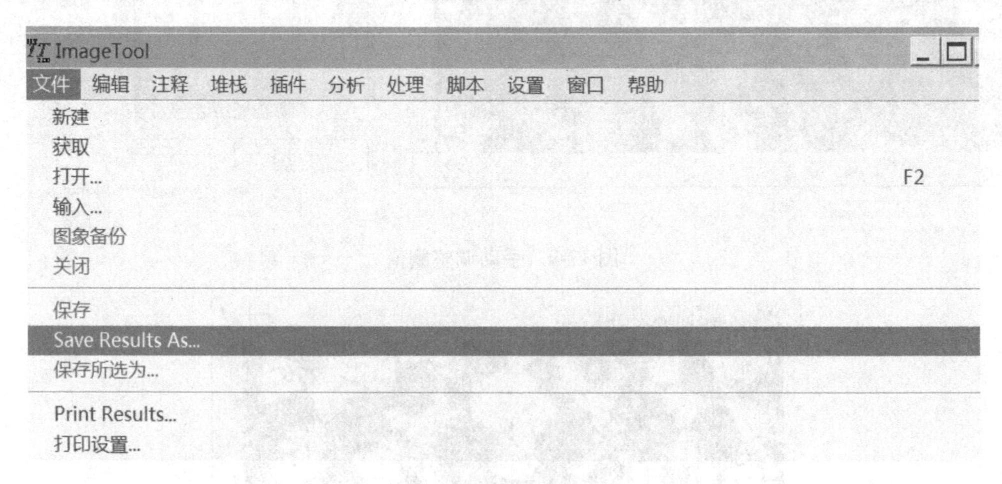

图 17-12 结果输出

同样道理，可以计算金相图片中不同组织的含量。若为黑白灰三相，则灰色相分别置于黑色和白色中进行两次计算，两次黑色或者白色结果的差值即为灰色相的含量。

17.2.4 练习

计算图 17-13 中不同组织的含量。

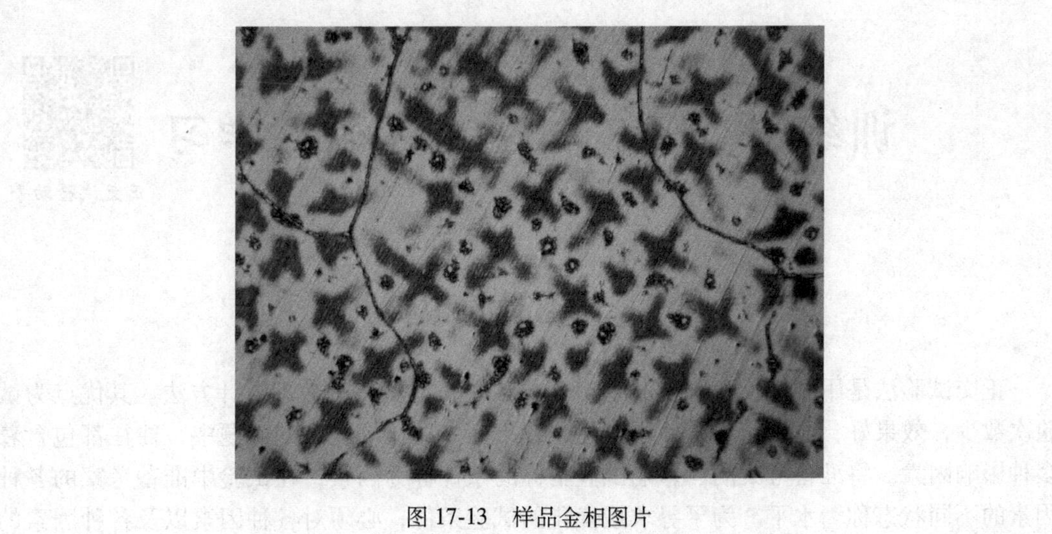

图 17-13　样品金相图片

训练 18　正交试验助手软件学习

正交试验助手

18.1　学习目的和要求

正交试验法是用“正交表”安排和分析多因素试验的一种数理统计方法。其优点为试验次数少，效果好，方法简单，使用方便，效率高。在比较复杂的问题中，往往都包含着多种影响因素。将准备考察的、影响试验指标的条件称为因素；在试验中准备考察的各种因素的不同状态称为水平。为了寻求最优化的试验条件，必须对各种因素以及各种因素的不同水平进行试验，即多因素优选问题。

在材料、化工等领域的研究中，经常遇到化工产品的产率、合金材料的优化设计等一系列问题。若将全部因素和水平考虑开展试验，工作量巨大，耗时耗力，耗费能源。正交试验助手软件则可以很好地解决这一问题，在实际的生产和科研工作中发挥不可替代的作用。正交试验法作为安排组织试验的一种科学方法，利用一套规格化的表格，即正交表来设计试验方案和分析试验结果，能够在很多的试验条件中，选出少数几个代表性强的试验条件，并通过这几次试验的数据，找到较好的生产条件，即最优的或较优的方案。

正交试验助手软件内容丰富，不仅可以解决多因素选优问题，还可以用来分析各因素对试验结果影响的大小，抓住主要影响因素。

本训练要求学习者学习和掌握正交试验助手软件的操作，通过该软件建立合理的实验，包括实验数量及相应的实验参数；同时，能够分析实验因素对结果的影响程度，以及确定最佳工艺等。

18.2　软 件 操 作

例如，使用 Al、Ti、Y 三种元素对 904L 合金进行改性，设计高耐腐蚀性的改性合金。分析各改性元素对合金耐蚀性的影响程度的大小顺序，确定最佳工艺参数。改性元素的掺入量及相应的实验结果见表 18-1。

表 18-1　改性元素的掺入量（水平数）　　（原子数分数/%）

水平	Al	Ti	Y
1	5	5	0.1
2	10	10	0.2
3	15	15	0.5

采用正交试验法设计实验，选择正交表“L9_3_4”，所得结果见表 18-2。

表 18-2 实验方案及结果

因素	Al	Ti	Y	①	实验结果（耐蚀性提高数据）
实验 1	1	1	1	1	85
实验 2	1	2	2	2	84
实验 3	1	3	3	3	86
实验 4	2	1	2	3	90
实验 5	2	2	3	1	92
实验 6	2	3	1	2	93
实验 7	3	1	3	2	95
实验 8	3	2	1	3	91
实验 9	3	3	2	1	89

①本列数据为系统自动生成。

18.2.1 新建实验

（1）打开软件，单击“文件→新建工程”，如图 18-1 所示。

（2）选择工具栏“实验→新建实验”，弹出对话框，编辑“实验说明”，选择“标准正交表”，如图 18-2 所示。

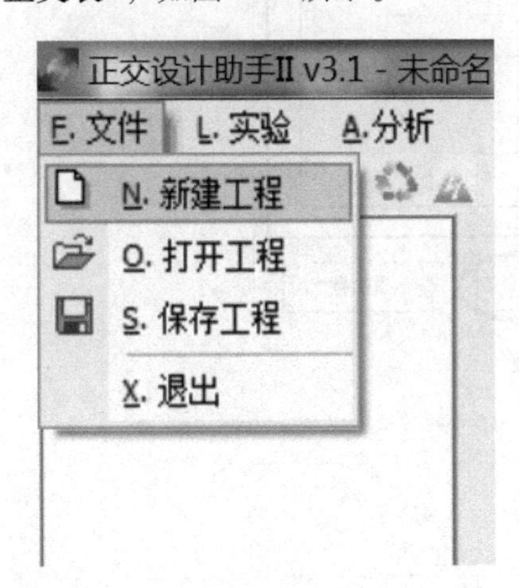

图 18-1 新建工程

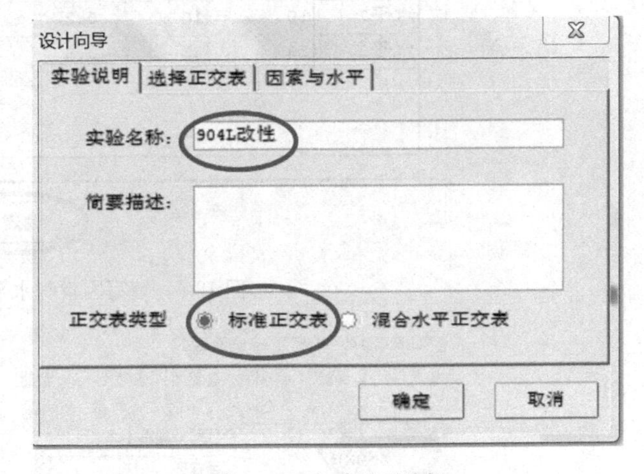

图 18-2 实验说明编辑

（3）选择正交表“L9_3_4”，如图 18-3 所示。

（4）选择“因素与水平”，输入题目中的因素名称和各自的水平数值，单击“确定”，如图 18-4 所示。

（5）单击“未命名工程—904L 改性”，依据题目数据填写实验结果，如图 18-5 所示。

18.2.2 结果分析

单击“分析”按钮，可以发现在其下拉菜单中有四个选项，分别为“直观分析”“因素指标“交互作用”及“方差分析”，如图 18-6 所示。

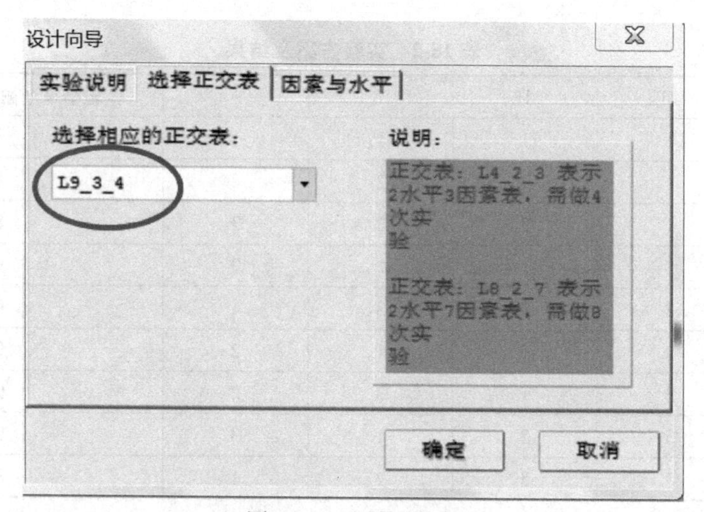

图 18-3 选择正交表

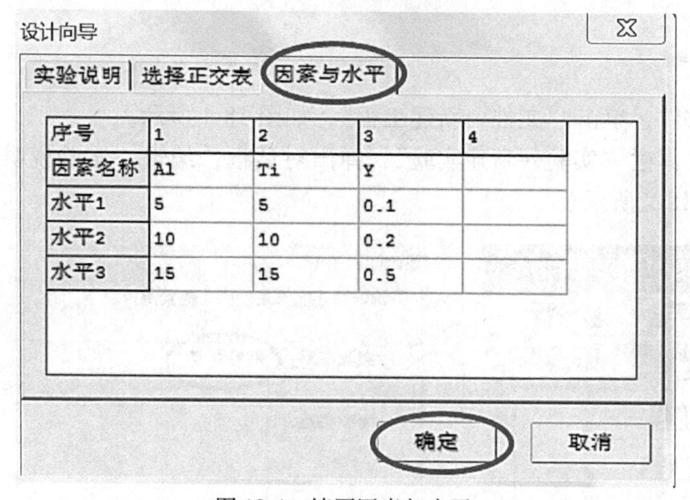

图 18-4 填写因素与水平

正交设计助手II v3.1 - 未命名工程

F.文件 L.实验 A.分析 O.输出 V.视图 H.帮助

未命名工程

904L改性

实验计划表

所在列	1	2	3	
因素	Al	Ti	Y	实验结果
实验1	5	5	0.1	85
实验2	5	10	0.2	84
实验3	5	15	0.5	86
实验4	10	5	0.2	90
实验5	10	10	0.5	92
实验6	10	15	0.1	93
实验7	15	5	0.5	95
实验8	15	10	0.1	91
实验9	15	15	0.2	89

图 18-5 填写实验结果

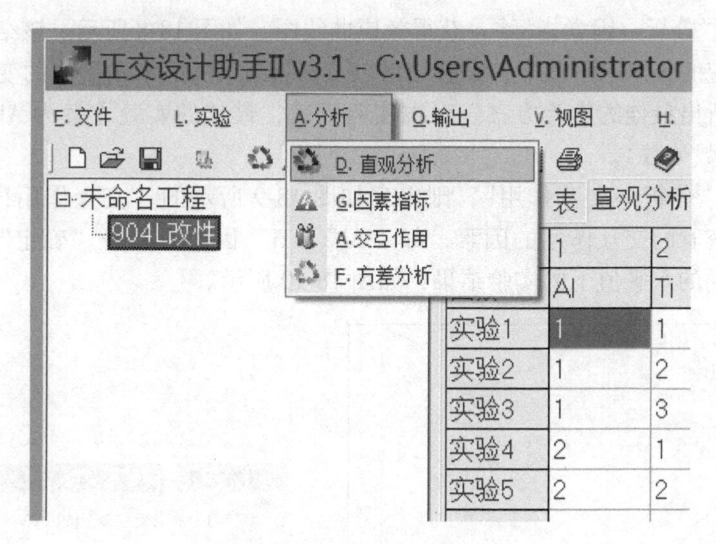

图 18-6 分析功能按钮

（1）单击“直观分析”，则会在窗口中给出“直观分析表”，如图 18-7 所示。在表格的下方给出了“均值”和“极差”的结果。以位于 Al 元素下方的“均值 1”为例，它表示当 Al 元素的水平数为 1（即 Al 元素含量为 5%时），所得的三个实验结果“85、84、86”的平均值，结果为“85.000”。同理，Al 元素下方的均值 2、均值 3 分别表示 Al 元素的水平数为 2、3 时，所得实验结果的平均值。位于元素下方的极差值，则表示该元素在不同水平下所得的均值结果中，最大值与最小值之间的差值。以 Al 元素为例，最大均值为 91.667，最小均值为 85.000，则 Al 元素的极差值为“91.667-85.000”等于 6.667。极差值的大小可以反映实验结果与其所对应因素的敏感程度，极值越大，该因素对实验结果的影响越明显。

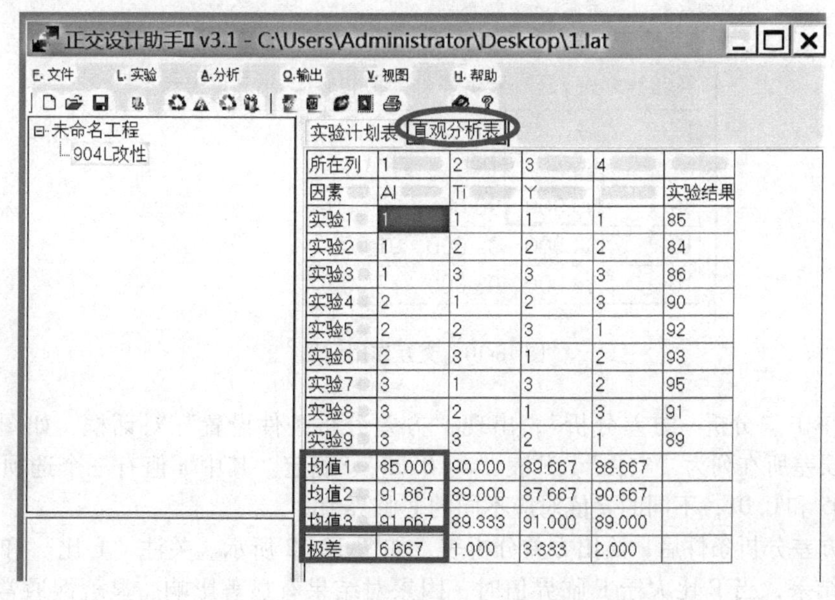

所在列	1	2	3	4	
因素	Al	Ti	Y		实验结果
实验1	1	1	1	1	85
实验2	1	2	2	2	84
实验3	1	3	3	3	86
实验4	2	1	2	3	90
实验5	2	2	3	1	92
实验6	2	3	1	2	93
实验7	3	1	3	2	95
实验8	3	2	1	3	91
实验9	3	3	2	1	89
均值1	85.000	90.000	89.667	88.667	
均值2	91.667	89.000	87.667	90.667	
均值3	91.667	89.333	91.000	89.000	
极差	6.667	1.000	3.333	2.000	

图 18-7 直观分析

（2）单击“分析→因素指标”，获得效应曲线图，如图 18-8 所示。该结果能够给出每一个因素所对应的各个水平值下的实验结果以及实验结果随因素水平值的变化趋势。由此结果，可以分析出最佳的实验方案。对本实验而言，最佳的实验方案为 Al-15%、Ti-5%、Y-0.5%（原子数分数）。

（3）单击“分析→交互作用”，则出现如图 18-9 所示的“交互作用设置”对话框，勾选两项需要查看的交互作用的因素，如“Al”“Ti”因素，单击“确定”，则给出两种因素分别在不同的水平值下的实验结果，如图 18-10 所示。

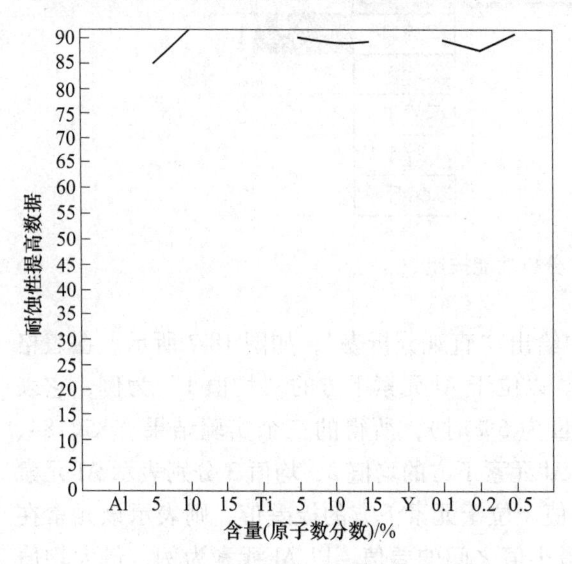

图 18-8　效应曲线图

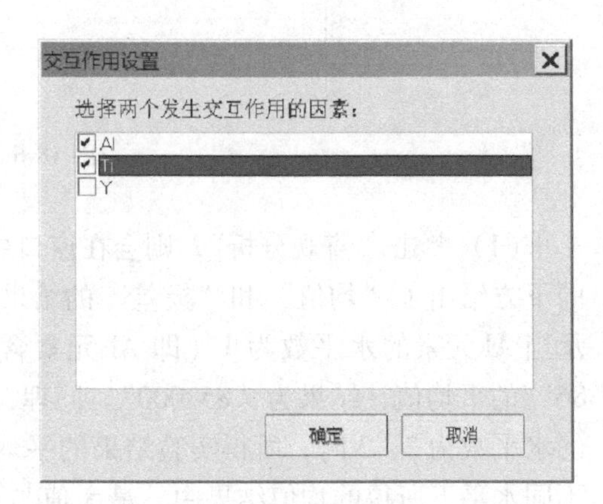

图 18-9 “交互作用设置”对话框

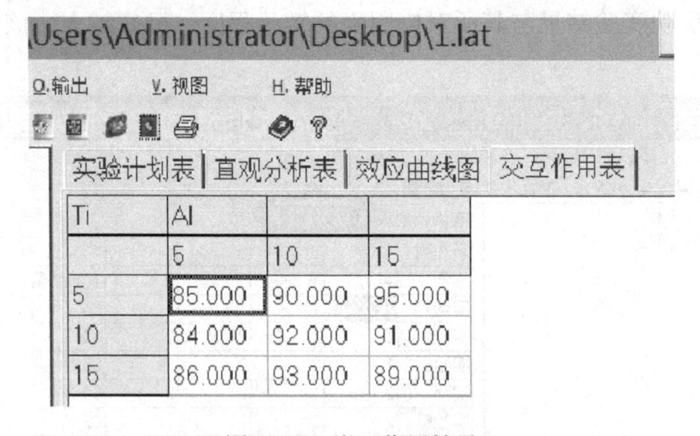

Ti	Al		
	5	10	15
5	85.000	90.000	95.000
10	84.000	92.000	91.000
15	86.000	93.000	89.000

图 18-10　交互作用结果

（4）单击“分析→方差分析”，出现“方差分析条件设置”对话框，如图 18-11 所示。勾选误差所在列为“空白”，F 表“a=0.05”，确定。其中 a 值有三个选项，分别为 0.10、0.05 和 0.01，不同的 a 值对应不同的 F 临界值。

确定方差分析条件后，给出方差分析表，如图 18-12 所示。关注“F 比”和“F 临界值”列的结果，当 F 比大于 F 临界值时，因素对结果有显著影响。显著性通常由“ * ”标记。

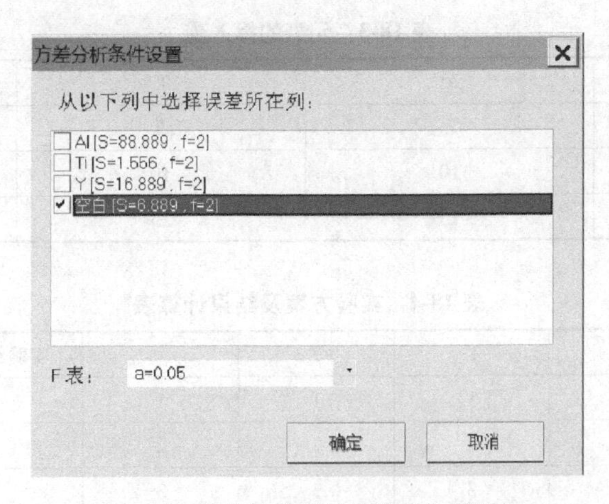

图 18-11 “方差分析条件设置”对话框

实验计划表 | 直观分析表 | 方差分析表

因素	偏差平方	自由度	F比	F临界值
Al	88.889	2	12.903	19.000
Ti	1.556	2	0.226	19.000
Y	16.889	2	2.452	19.000
误差	6.89	2		

图 18-12 方差分析结果

对于所有的实验结果及分析结果，可以采用不同的输出方式，如 RTF、CSV、图形等，可以按照需求来选择，如图 18-13 所示。

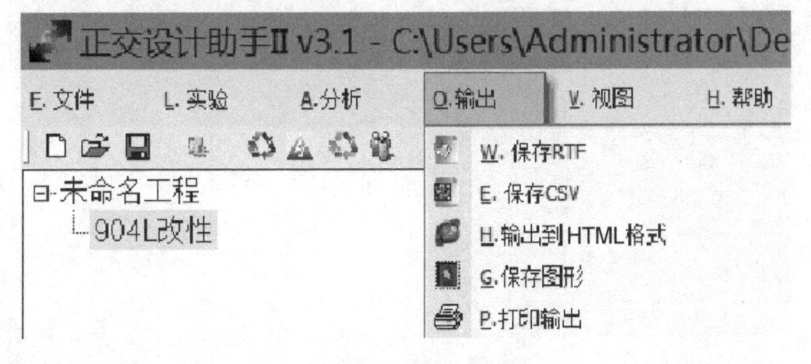

图 18-13 输出方式

18.2.3 练习

采用正交实验设计方法对一种 306L 合金掺杂元素（Al、Ti、Y）设计改性耐腐蚀合金工艺进行优化，分析各因素参数区间内影响合金耐蚀性的因素从主到次的顺序，确定最佳工艺参数，见表 18-3 和表 18-4。

表18-3 元素的掺入量 （原子数分数/%）

水平	Al	Ti	Y
1	5	5	0.1
2	10	10	0.2
3	15	15	0.5

表18-4 实验方案及结果计算表

因素	Al	Ti	Y	①	实验结果（耐蚀性提高数据）
实验1	1	1	1	1	84
实验2	1	2	2	2	83
实验3	1	3	3	3	86
实验4	2	1	2	3	90
实验5	2	2	3	1	91
实验6	2	3	1	2	90
实验7	3	1	3	2	95
实验8	3	2	1	3	91
实验9	3	3	2	1	80

①本列数据为系统自动生成。

训练 19　Nano Measurer 软件操作

19.1　学习目的和要求

Nano Measurer 是一款专门用于尺寸测量的软件，对于材料分析的工作非常简便实用。对扫描电镜获得的图片上物质的尺寸进行测量并给出报告，这是一项非常常见的工作。通常，这项工作是通过制作刻度尺，然后手工测量来完成的，虽然简单，但是枯燥、冗长、准确性差。有了 Nano Measurer 软件的帮助，这一工作就简单易行了，准确性和效率都有了很大的提高。

19.2　软 件 操 作

19.2.1　软件的安装

软件解压后，包含如图 19-1 所示的内容。单击安装后，可以看到其运行图标，如图 19-2 所示。

软件介绍及安装

图 19-1　安装包内容

19.2.2　图片的导入及数据采集

（1）Nano Measurer 软件可以打开 .jpg 和 .bmp 格式的图片。双击软件图标，运行软件，如图 19-3 所示。

（2）选择菜单功能“文件→打开”，选择图片，如图 19-4 所示。

图 19-2　软件图标

软件使用

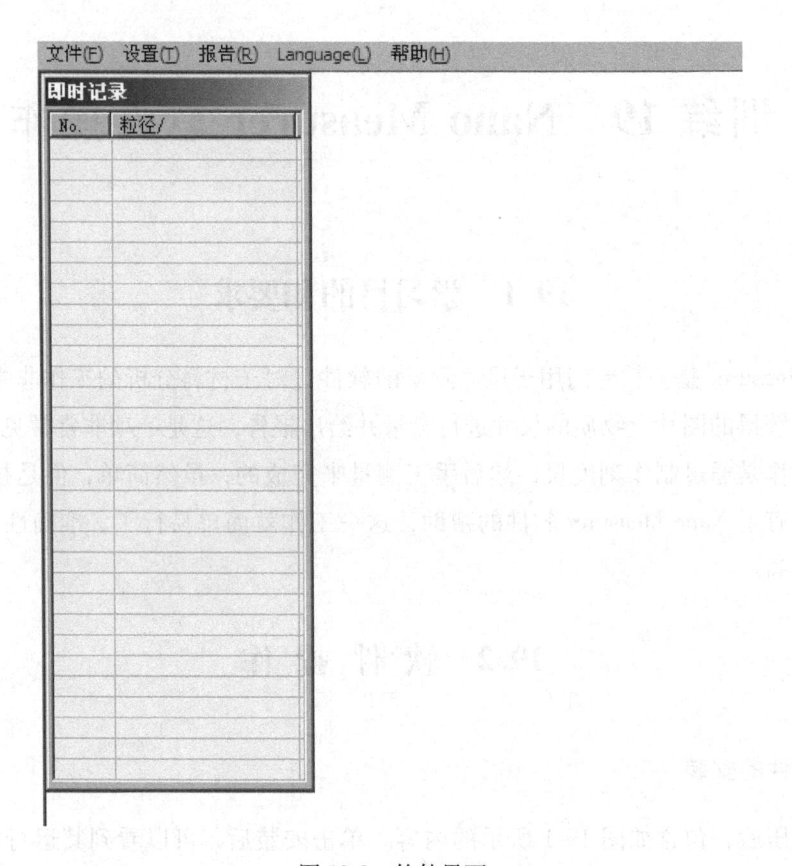

图 19-3 软件界面

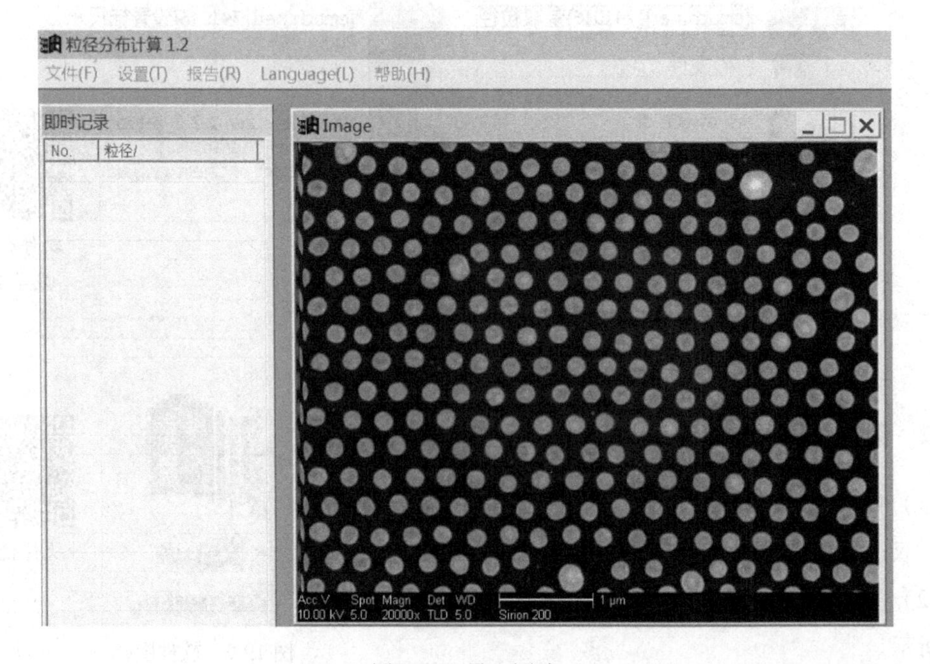

图 19-4 导入图片

如果图片不是软件能够打开的格式，可以对其格式进行修改，最简单的方法如下：

1）鼠标右键单击图片，选择“打开方式”为“画图”，如图 19-5 所示；

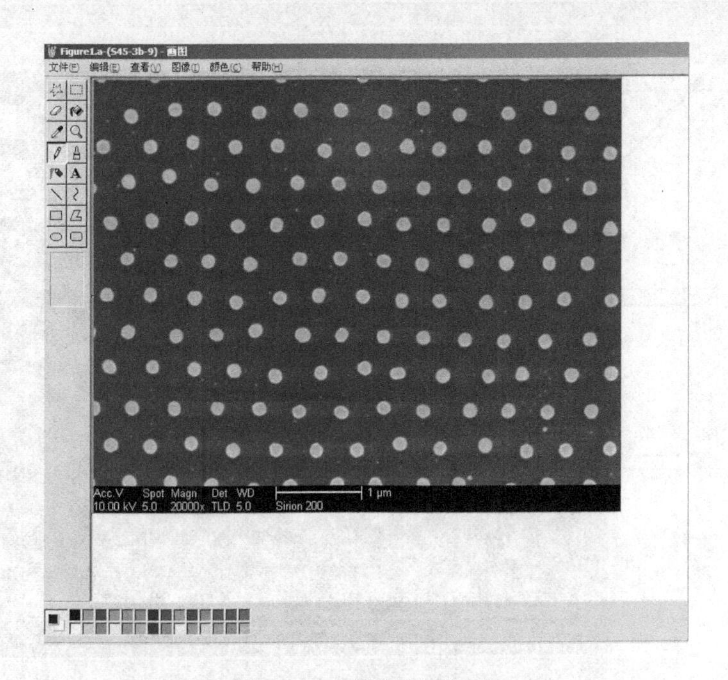

图 19-5　画图板打开图片

2）选择菜单功能“文件→另存为”，修改保存类型为软件能够打开的格式，如图 19-6 所示。

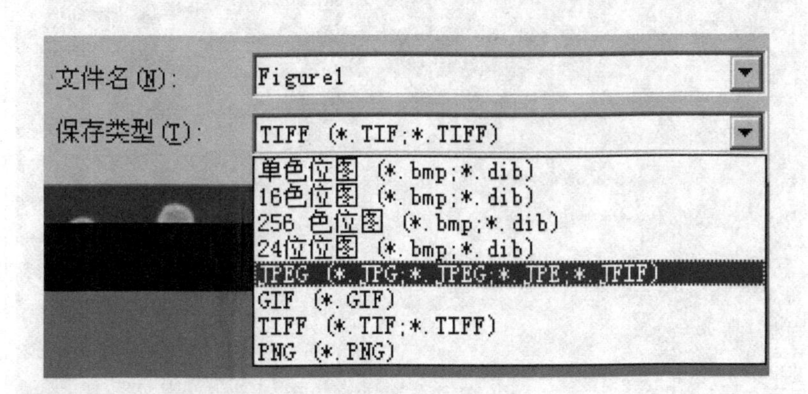

图 19-6　设置保存类型

（3）设置标尺。用鼠标在图片的刻度尺位置拉出同样长度的一条线，然后选择功能“设置→设置标尺”，在弹出的“设置标尺”对话框中选择单位并输入图中的长度代表的数值，单击“确定”，如图 19-7 所示。

（4）测量尺寸。用鼠标在颗粒的中心拉出其直径的长度（见图 19-8），则在左侧的即时报告中，可以看到测量结果，如图 19-9 所示。

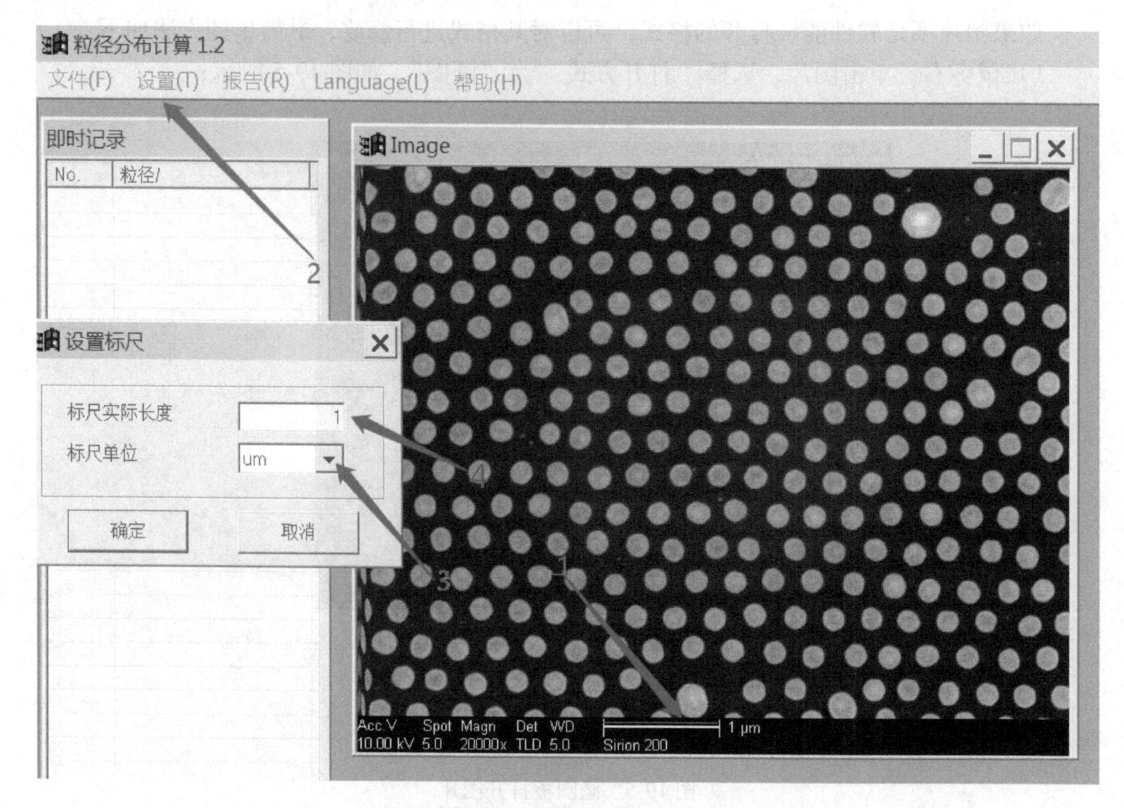

图 19-7 设置标尺功能键

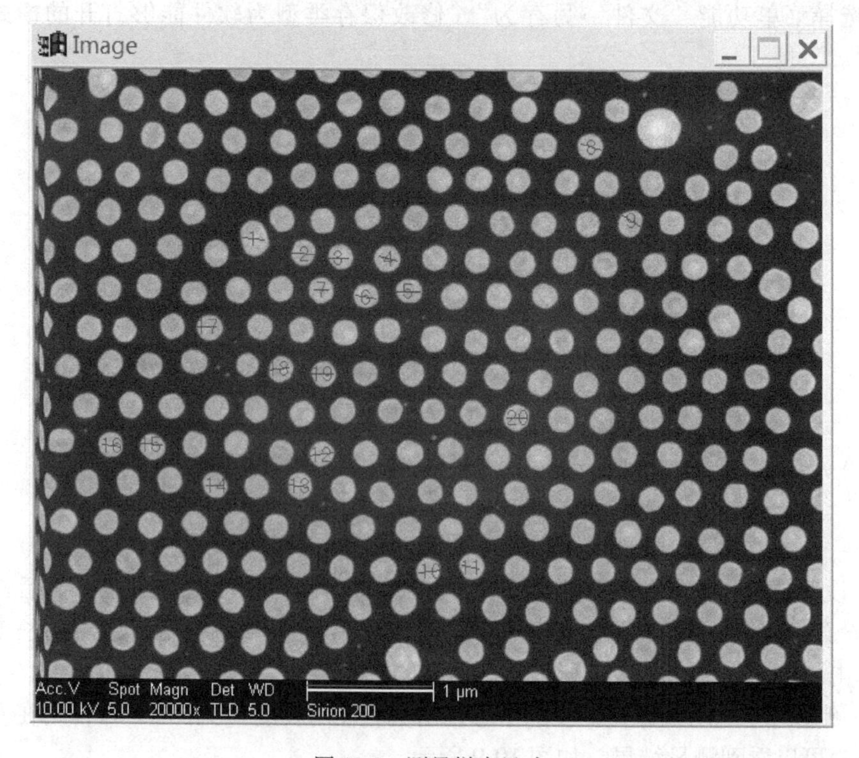

图 19-8 测量样本尺寸

即时记录

No.	粒径/μm
1	0.19
2	0.19
3	0.18
4	0.15
5	0.20
6	0.17
7	0.13
8	0.17
9	0.18
10	0.19
11	0.15
12	0.22
13	0.17
14	0.15
15	0.19
16	0.16
17	0.16
18	0.19
19	0.19
20	0.17

图 19-9 即时记录

（5）给出报告。该软件可选择至少 20 个数据点，选择数量视样本特点而定，给出报告，选择功能“报告→查看报告”，即可获得测试数据的基本报告、统计报告以及粒径分布的柱状图，如图 19-10 所示。

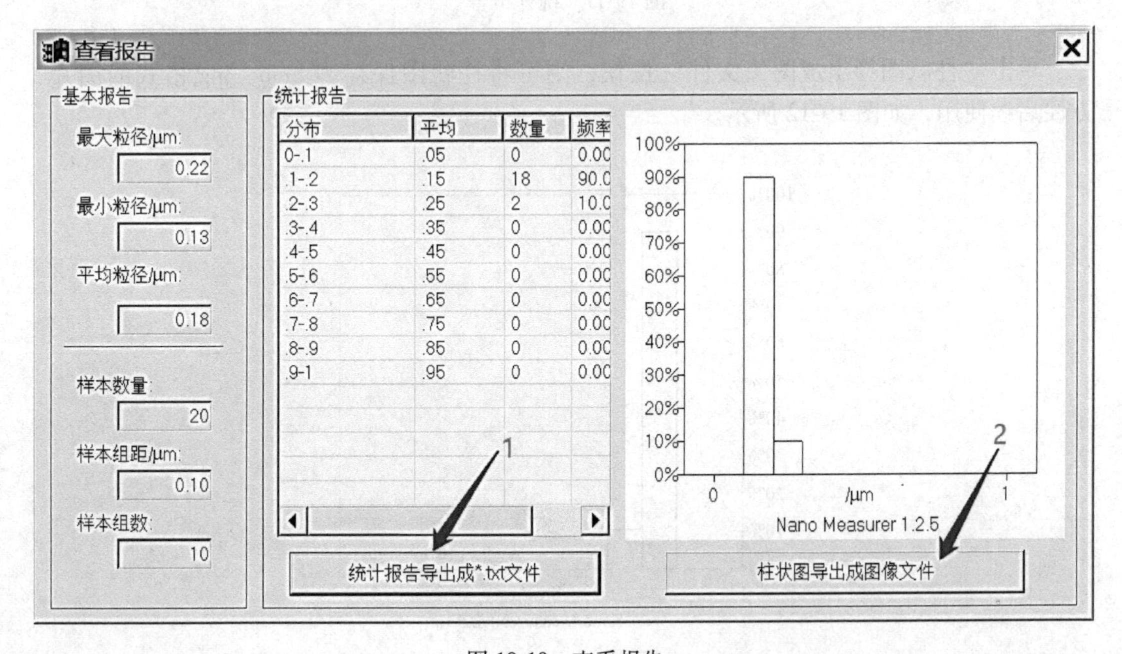

图 19-10 查看报告

（6）导出报告及图片。对于所得的报告及柱状图文件，均可以导出。单击图 19-10 中的“1”，即可生成 txt 格式的统计报告，如图 19-11 所示。

1.txt - 记事本

文件(F) 编辑(E) 格式(O) 查看(V) 帮助(H)

```
1        0.19
2        0.19
3        0.18
4        0.15
5        0.20
6        0.17
7        0.13
8        0.17
9        0.18
10       0.19
11       0.15
12       0.22
13       0.17
14       0.15
15       0.19
16       0.16
17       0.16
18       0.19
19       0.19
20       0.17
==============Statistical report==============
Distr./μm        Mean/μm Amount  Freq.
0-.1     .05     0       0.00%
.1-.2    .15     18      90.00%
.2-.3    .25     2       10.00%
.3-.4    .35     0       0.00%
.4-.5    .45     0       0.00%
.5-.6    .55     0       0.00%
.6-.7    .65     0       0.00%
.7-.8    .75     0       0.00%
.8-.9    .85     0       0.00%
.9-1     .95     0       0.00%
```

图 19-11 统计报告

单击“柱状图导出成图像文件”按钮，则可将柱状图保存为 bmp、jpg 格式的图片，方便后续使用，如图 19-12 所示。

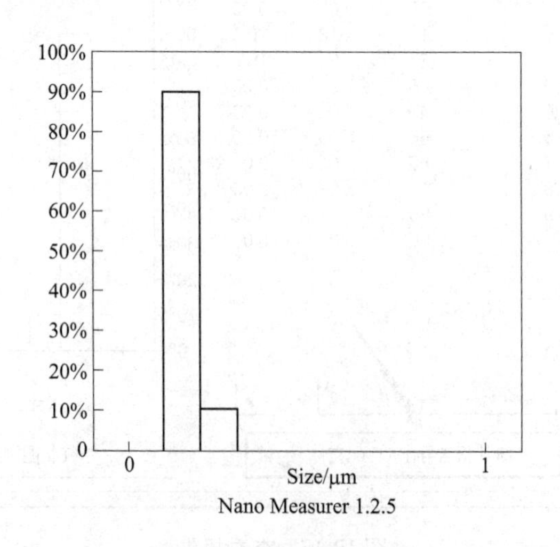

图 19-12 柱状图保存为图片

19.2.3 粒径分布拟合

Nano+Origin

通常情况下，需要给出粒径分布的拟合曲线。在这里，应用 Origin 软件对所得的结果进行数据处理和拟合。

（1）打开 Origin 软件，新建工作表，将 Nano Measurer 软件测量所得报告中的数据复制并且粘贴到工作表中。选择“B(Y)”列，单击“Statistics→Descriptive Statistics→Frequency Counts→Open Dialog...”，打开统计“B(Y)”列数据频率计算对话框，如图 19-13 所示。

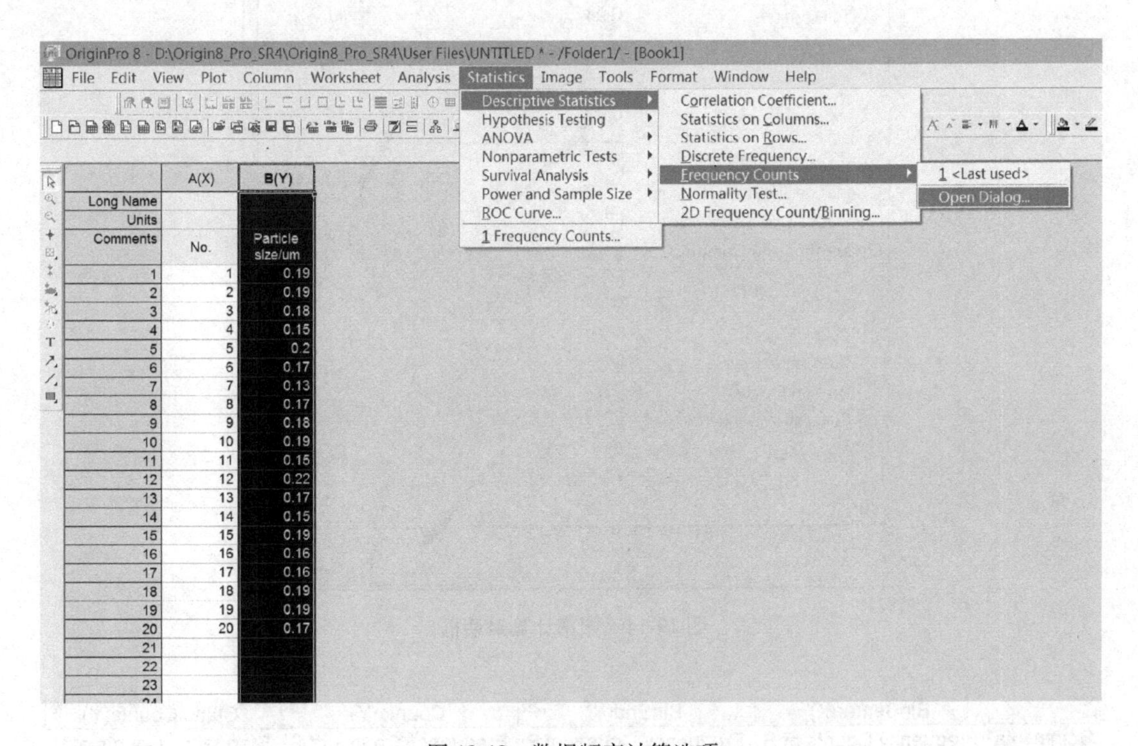

图 19-13 数据频率计算选项

（2）在出现的对话框中，可以对“Increment”选项进行编辑，去掉其后方“Auto”前的勾选，即可修改其数值。该数值对频率的分布范围进行修改，可以对拟合的准确性进行调整。修改后确认（见图 19-14），则在 Origin 界面出现频率计算数据表，如图 19-15 所示。

（3）选中“Counts(Y)”列，绘制柱状图，结果如图 19-16 所示。

（4）鼠标左键单击柱状图，选中图形，依次选择“Analysis→Fitting→Nonlinear Curve Fit→Open Dialog...”，选择非线性曲线拟合功能键，如图 19-17 所示。

在拟合对话框中，Category 选择“Origin Basic Functions”，Function 选择“Gauss”，单击“Fit”按钮进行拟合，如图 19-18 所示。大部分粒径分布的结果可以按照高斯拟合进行，也可以根据自己分析结果的实际情况选择其他方程进行。

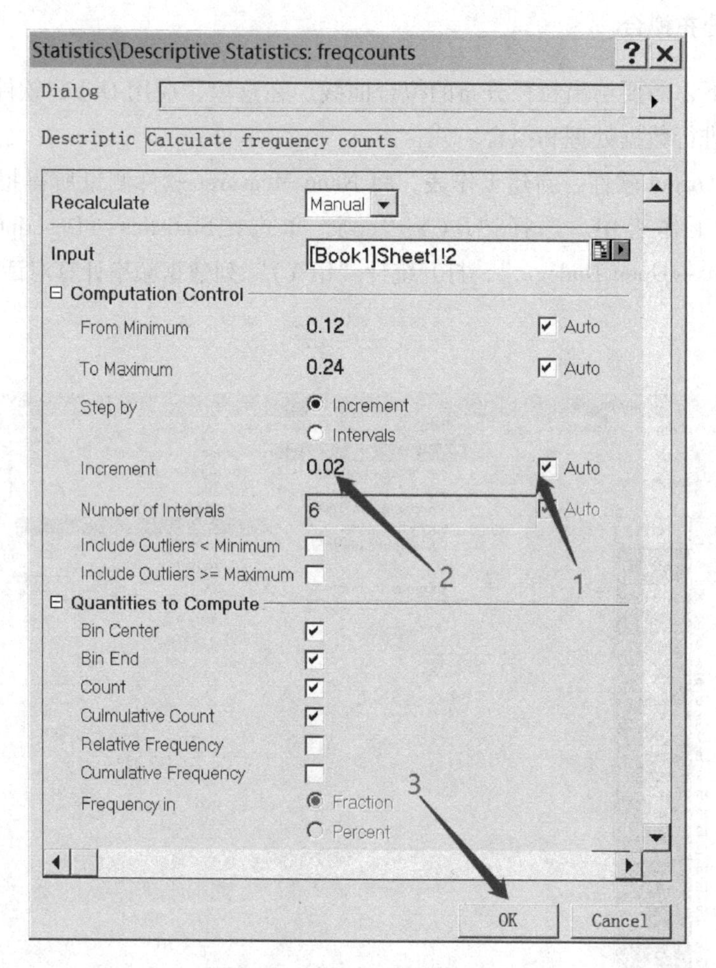

图 19-14 频率计算对话框

	BinCenter(X)	BinEnd(Y)	Counts(Y)	CumulCounts(Y)
Comments	Frequency Counts of B	Frequency Counts of B	Frequency Counts of B	Frequency Counts of B
Long Name	Bin Center	Bin End	Count	Cumulative Count
1	0.135	0.15	1	1
2	0.165	0.18	9	10
3	0.195	0.21	9	19
4	0.225	0.24	1	20
5	0.255	0.27	0	20
6				
7				
8				

图 19-15 频率计算结果

拟合曲线随即出现在柱状图窗口，同时，拟合的数据也一并获得，如图 19-19 所示。其中的“Adj. R-Square”数值越接近 1，拟合结果准确度越高。所得拟合曲线即为样品的粒径分布拟合曲线，可以用于分析样品粒径分布的特征。

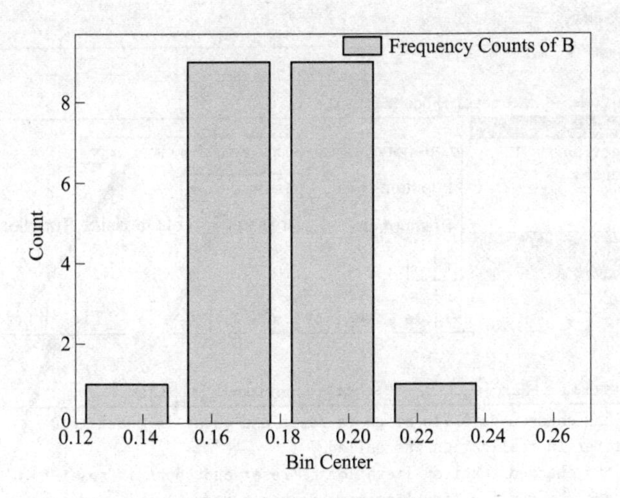

图 19-16 粒径分布柱状图

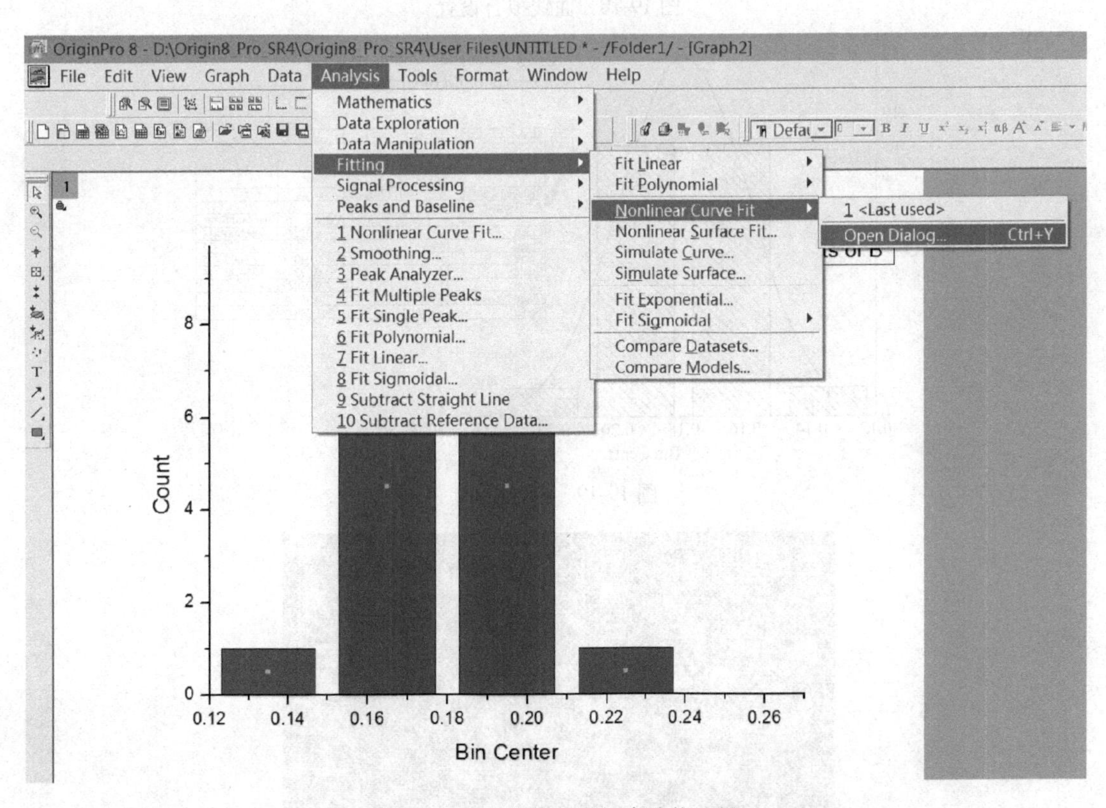

图 19-17 非线性曲线拟合功能选择

19.2.4 练习

对如图 19-20 所示的图片的平均尺寸给出报告，包括条状图形分布图以及粒径分布拟合曲线。

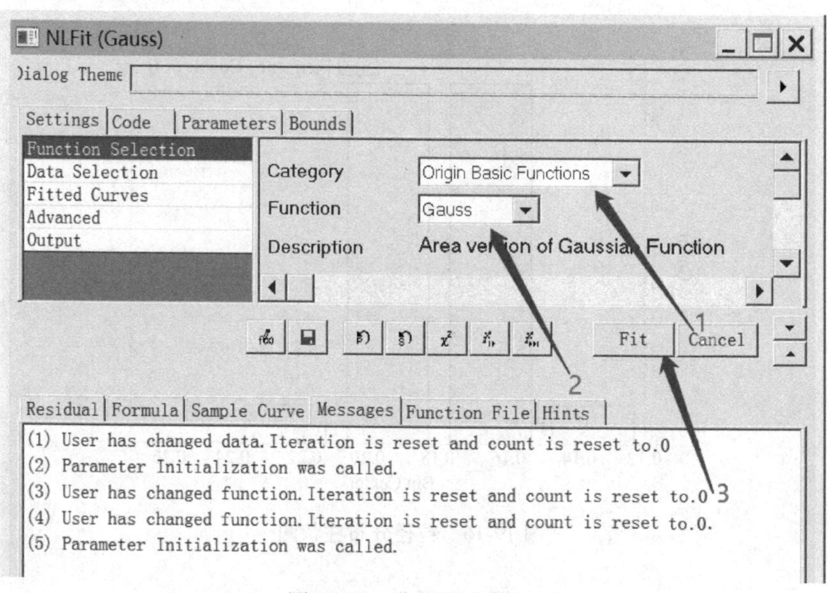

图 19-18　曲线拟合设置

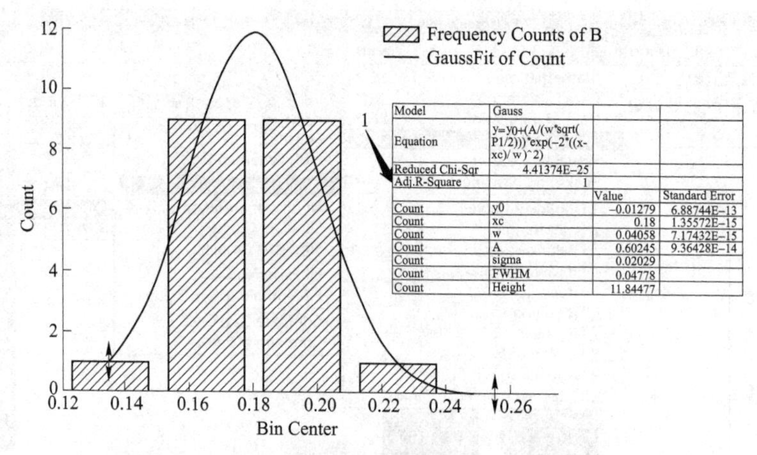

图 19-19　拟合结果

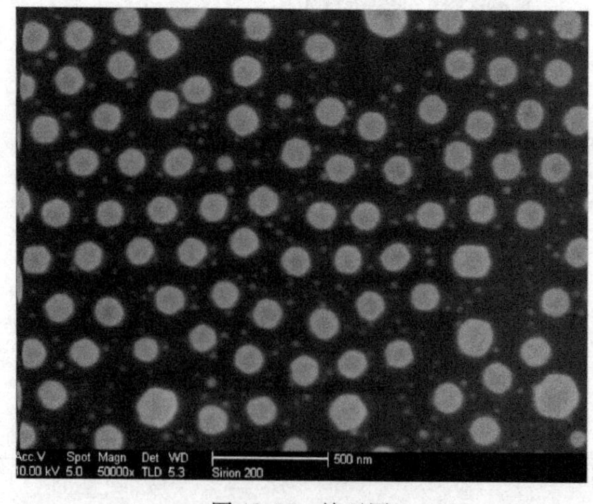

图 19-20　练习图

参考文献

[1] 展晓元，张如良．计算机在材料科学中的应用［M］．2版．徐州：中国矿业大学出版社，2018.
[2] 周志敏，孙本哲．计算材料科学数理模型及计算机模拟［M］．北京：科学出版社，2013.
[3] 叶卫平．计算机在材料科学中的应用［M］．北京：机械工业出版社，2003.
[4] 李辉平．计算机在金属材料中的应用［M］．北京：化学工业出版社，2022.
[5] 张立文．计算机在材料科学与工程中的应用［M］．大连：大连理工大学出版社，2016.
[6] 杨明波，胡红军，唐丽文．计算机在材料科学与工程中的应用［M］．北京：化学工业出版社，2016.